感測器原理與應用實習

鐘國家、侯安桑、廖忠興　編著

全華圖書股份有限公司

感測器原理與應用實習

　　本書共十五章，內容計分幾大部份：溫度、光、聲音、壓力、近接等感測單元以及 F/V、V/F、ADC、DAC 等應用電路。依實習目的、相關知識、電路原理、電路方塊圖、檢修流程圖、實習步驟等順序加以編著，顧名思義，本書書名—感測器原理與應用實習，有基本原理的相關知識說明以及實務的應用實習，本書是以理論(原理)主導實務(應用)，實務驗證理論的原則及心態下加以撰寫的。

　　本書有下列幾個特色：

1. 各個章節所採用的電路都已經在國立高雄應用科技大學電子系（所）試教過，因此讀者在裝配該應用電路所獲致之成功率會提高許多。

2. 各感測模組及應用電路的元件儘量採用一般市面上，常用或比較容易購買得到且價格適中的感測元件及積體電路加以實施之。

3. 每一感測器元件使用相對應實用電路，經由該實用電路的原理說明以及實習步驟，藉以突顯出該感測器元件之特點。

4. 在原理說明中，首先對該單元全部電路有一綜觀全貌的概略性說明後，再加以做各細部電路之說明，並且將試教、試做過後的各點實際測試之波形加以"秀"出，以昭公信。

5. 讀者若是所裝配之電路在依據實習步驟，卻不能達到應有功能時，編著者「**建議**」不急著將所組裝之電路"全部"拆掉而重新接過，建議首先參考本書每一章節後"獨特"之『**電路方塊圖**』，其次先找出電路相對應之各測試點，最後再利用『**檢修流程圖**』 "依序"地 step by step 加以檢修，或許會有意想不到之效果呢？藉由 Know → Know what → Know how → Know why 等四部曲，達成「按圖施工，保證成功」之效。

6. 本書附錄 A 至附錄 N 為各章節所參考到之相關資料，有積體電路之接腳圖、符號、一般特性或內部電路圖等，附錄 O 為各章節所使用的儀器及使用材料一覽表，使讀者在參考資料之查閱、測試儀器及使用材料的準備上較為方便。

　　完成本書之餘，除感謝教育部「**教學卓越計畫**」及教育部「**技職院校技術研發中心強化人才培育計畫**」等部份執行成果及經費支援之鼎力配合外，並感謝葉森泉老師所提供的部份資料以及寶貴意見，還有要感謝研究生彭鵬亮、大學部張楷欣、翁千惠及曾姿鳳等同學的功勞及苦勞。

　　雖然在編著及校對過程中以謹嚴的態度完成了，謬誤恐所難免，敬祈諸君及專家惠予指正，以做為修訂時之參考，則不勝感激！

鐘國家、侯安桑、廖忠興

謹識於國立高雄應用科技大學電子系（所）

感測器原理與應用實習

　　「系統編輯」是我們的編輯方針，我們所提供給您的，絕不只是一本書，而是關於這門學問的所有知識，它們由淺入深，循序漸進。

　　本書內容詳述各種感測器之應用電路，各種單元均先將原理及方塊圖加以解說再輔以實習驗證，使學習者能夠了解其原理。本書適合科大、技術學院電子、電機、機械系「感測器原理與應用」、「感測量測與實習」之課程使用。

　　同時，為了使您能有系統且循序漸進研習相關方面的叢書，我們以流程圖方式，列出各有關圖書的閱讀順序，以減少您研習此門學問的摸索時間，並能對這門學問有完整的知識。若您在這方面有任何問題，歡迎來函連繫，我們將竭誠為您服務。

相關叢書介紹

書號：0070606
書名：電子學實驗(第七版)
編著：蔡朝洋
16K/576 頁/500 元

書號：06164027
書名：電子學實習(下)(第三版)
　　　(附 Pspice 試用版光碟)
編著：曾仲熙
16K/208 頁/250 元

書號：06186036
書名：電子電路實作與應用(第四版)
　　　(附 PCB 板)
編著：張榮洲.張宥凱
16K/296 頁/450 元

書號：0295902
書名：感測器應用與線路分析
　　　(第三版)
編著：盧明智
20K/864 頁/620 元

書號：06163027
書名：電子學實習(上)(第三版)
　　　(附 Pspice 試用版及
　　　IC 元件特性資料光碟)
編著：曾仲熙
20K/200 頁/250 元

書號：0253477
書名：感測與量度工程(第八版)
　　　(精裝本)
編著：楊善國
20K/272 頁/350 元

◎上列書價若有變動，請
以最新定價為準。

流程圖

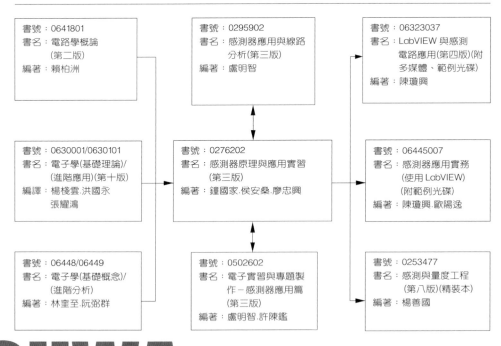

書號：0641801
書名：電路學概論
　　　(第二版)
編著：賴柏洲

書號：0295902
書名：感測器應用與線路
　　　分析(第三版)
編著：盧明智

書號：06323037
書名：LabVIEW 與感測
　　　電路應用(第四版)(附
　　　多媒體、範例光碟)
編著：陳瓊興

書號：0630001/0630101
書名：電子學(基礎理論)/
　　　(進階應用)(第十版)
編譯：楊棧雲.洪國永
　　　張耀鴻

書號：0276202
書名：感測器原理與應用實習
　　　(第三版)
編著：鐘國家.侯安桑.廖忠興

書號：06445007
書名：感測器應用實務
　　　(使用 LabVIEW)
　　　(附範例光碟)
編著：陳瓊興.歐陽逸

書號：06448/06449
書名：電子學(基礎概念)/
　　　(進階分析)
編著：林奎至.阮弼群

書號：0502602
書名：電子實習與專題製
　　　作－感測器應用篇
　　　(第三版)
編著：盧明智.許陳鑑

書號：0253477
書名：感測與量度工程
　　　(第八版)(精裝本)
編著：楊善國

Chapter 1

電阻式溫度檢知器 (Pt100)

1-1 實習目的

1. 瞭解 Pt100 的特性、構造及各種測定方式。
2. 學習如何利用 Pt100 來做溫度的測量。
3. 瞭解 Pt100 線路之零點(Zero)及跨距(Span)之調整。
4. 學習 Pt100 溫度-電壓線性度之測量。

1-2 相關知識

1-2-1 Pt 式感溫元件

　　Pt100 是一種「溫度-電阻」型的電阻式溫度檢測器(簡稱 RTD：Resistance temperature detectors)，具有低價格與高精度的優點，而且測量範圍大約$-200\,°C \sim +630\,°C$，故常使用在工業控制系統中溫度檢測裝置上。Pt100 導體電阻與溫度兩者間的關係，是隨著溫度的上升而電阻變大，因此 RTD 導體具有正溫度係數(PTC：Positive temperature coefficient)，Pt100 導體電阻 R_T 與溫度 T 的關係，可以表示為：

$$R_T(T) = R_0(1 + \alpha_1 T + \alpha_2 T^2 + \alpha_3 T^3 + \ldots\ldots) \tag{1-1}$$

其中 $R_T(T)$：導體在 $T\,°C$ 時的電阻(單位：Ω)

　　R_0：導體在參考溫度 $0\,°C$ 時的電阻(單位：Ω)

　　α_1，α_2，α_3……：導體材料的電阻溫度係數(單位：$\% /°C$)

　　T：攝氏溫度(單位：$°C$)

從(1-1)式中可以看出 RTD 導體，有某種程度的非線性特徵，但若使用在一固定溫度測定範圍內，例如約 0℃~100℃時，則上式可以化簡為

$$R_T(T) = R_0(1 + \alpha_1 T + \alpha_2 T^2 + \alpha_3 T^3 + \ldots\ldots) \tag{1-2}$$

RTD 通常使用純金屬材料，例如鉑(簡稱 Pt：Platinum)、銅或鎳等材料所製成，這些物質材料在特定溫度範圍內，每個溫度都有其固定的電阻值。圖 1-1 所示為鉑(俗稱白金)、銅及鎳三種金屬材料的「溫度(℃)-電阻(Ω)」特性曲線，一般實用場合大都以鉑測溫電阻體，所製成的感溫元件最為常見，主要的原因是因為鉑金屬的白金線之純度，可製作高達 99.999 ％以上，且具有極高的精密度以及安定性的要求。目前國際間，並以 0℃時感溫電阻為 100Ω 之白金線，作為製作時的標準規格，也就是我們一般俗稱的"Pt100"。

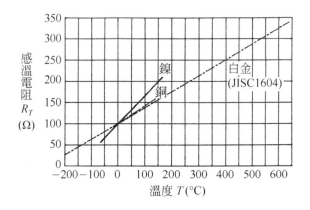

圖 1-1　Pt100 溫度 T(℃)-感溫電阻 R_T(Ω)之特曲線

另外，"純度的基準"的定義，是以 100℃時的電阻值 R_{100} 與 0℃時的電阻值 R_0，比較數位 R_{100}/R_0 來表示。表 1-1 所示為 Pt100 之「溫度 T (℃)-電阻 R_T(Ω)」特性規格標準表，白金測溫電阻體在市面上所販售的有 0℃為 100 Ω 的 Pt100 以及 0℃為 50 Ω 的 Pt 50，本章節所討論的是使用 0℃為 100 Ω 的 Pt100 為探討內容。

表 1-1　Pt100 之 T (℃)與 R_T(Ω)關係表

T(℃)	R_T(Ω)	T(℃)	R_T(Ω)	T(℃)	R_T(Ω)
−200	17.31	80	131.42	360	235.47
−190	21.66	90	135.30	370	239.02
−180	25.98	100	139.16	380	242.55

表 1-1　Pt100 之 T (℃)與 R_T (Ω)關係表(續)

T (℃)	R_T (Ω)	T (℃)	R_T (Ω)	T (℃)	R_T (Ω)
−170	30.27	110	143.01	390	246.08
−160	34.53	120	146.85	400	249.59
−150	38.76	130	150.68	410	253.09
−140	42.97	140	154.49	420	256.57
−130	47.97	150	158.30	430	260.05
−120	51.32	160	162.09	440	263.51
−110	55.47	170	165.87	450	266.96
−100	59.59	180	169.64	460	270.40
−90	63.70	190	173.40	470	273.83
−80	67.79	200	177.14	480	277.25
−70	71.87	210	180.88	490	280.65
−60	75.93	220	184.60	500	284.04
−50	79.97	230	188.31	510	287.43
−40	84.00	240	192.01	520	290.97
−30	88.02	250	195.70	530	294.15
−20	92.03	260	199.37	540	297.50
−10	96.02	270	203.03	550	300.83
0	100.00	280	206.69	560	304.15
10	103.97	290	210.33	570	307.47
20	107.93	300	213.95	580	310.76
30	111.87	310	217.57	590	314.05
40	115.81	320	211.17	600	317.33
50	119.73	330	224.77	610	320.59
60	123.64	340	228.35	620	323.84
70	127.64	350	231.92	630	327.08

1-2-2　Pt100 之構造

　　最常見的 Pt100 元件，其外觀為最常見的如圖 1-2 所示，圓柱泡之外形，而 Pt100 之結構，主要是將一支細長的鉑的白金導線，纏繞在一絕緣的小圓柱上，此圓柱之材質可以為玻璃、電木、陶瓷等。由於白金線並沒有絕緣的外層，因此白金線在纏繞時，需避免相互觸碰，並且須注意白金線在相鄰繞組間的絕緣程度，同時要避免因遭受溫度變化時，所造成的白金線本體之伸縮變形，導致溫度變化所引起的誤差，因而影響了測量結果。

圖 1-2　Pt 元件的外型

　　完成繞線之後，便將其放入保護管中，使 Pt100 更適用於各種惡劣的環境之中，由於 Pt100 元件加裝有保護管，因而使得其反應速度會較慢，若無附加保護管時，雖然反應速度較快，但其適用的測量範圍會降低。

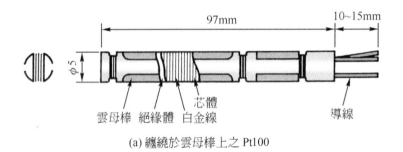

(a) 纏繞於雲母棒上之 Pt100

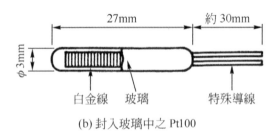

(b) 封入玻璃中之 Pt100

圖 1-3　(a) (b)分別為纏繞於雲母棒上及封入玻璃中，兩種 Pt100 的基本
結構圖

(c) 不鏽鋼包裝保護管之剖面

圖 1-3　(c)為利用不鏽鋼包裝所構成的保護管

1-2-3　Pt100 的測定方式

　　當 Pt100 被連接至待測物或轉換電路時，連接 Pt100 的連接線，就自然被視同為 Pt100 元件電阻 R_T 的一部份，因此便會造成約有數℃的溫度自然誤差。同時由於銅線在接近 Pt100 處的溫度較高，因銅線本身約有 0.433 %/℃之電阻溫度係數，故於測定高溫時，誤差值將變得更大。為了考慮連接導線之電阻的影響，而有以下三種不同的測定方法的選擇及不同特點的呈現，以便消除或減低測量時的誤差，分述如下：

1.　二線式測定法(定電壓驅動)

　　　　二線式測定法其優點為配線費用便宜以及接線最為簡單，但其缺點為造成的測量誤差最大。如圖 1-4 所示為 Pt100 元件放置於橋式電路之一邊，假設 R_{l1} 與 R_{l2} 為 Pt100 元件的導線接觸電阻，則 R_{l1} 與 R_{l2} 將會被視為 Pt100 等效電阻 R_T 的一部份，因而產生誤差。例如圖 1-4 R_T 為 Pt100 引線端 AB 兩端真正的等效電阻，但由於導線接觸電阻 R_{l1} 與 R_{l2} 的關係，在電路所"真正"測定的感測端不是 Pt100 的"AB 兩端"，而是"A' 與 B'"兩端的等效電阻為 $R_T+R_{l1}+R_{l2}$ 並聯 $R_1+R_2+R_3$，因此產生了誤差。一般二線式測定法是採取定電壓 V_{ref} 的驅動方式，比較適用於 Pt100 感測器在連接線與控制器之間，使用距離較短的場合。

2.　三線式測定法(定電壓或定電流驅動)

　　　　在二線式的接法中，若由 Pt100 某一端子(如圖 1-5 B 端)，另外拉出一根與原二端子之導線相同的電線(如 C 端 R_{l3})，則由圖 1-5 中不難看出 R_{l1} 與 R_{l2} 變成分別在電橋電路的兩邊，於是 R_{l1} 與 R_{l2} 對 Pt100 之影響便互相抵消，但卻有 R_{l3} 所產生的誤差，若我們選擇條件 $R_2 = R_3$ 且 $R_2 \gg R_{l3}$ 及 $R_3 \gg R_{l3}$，其引起的誤差則會大幅的減少，此種測定法比較適用於 Pt100 感測器與控制器之距離比較長的場合。

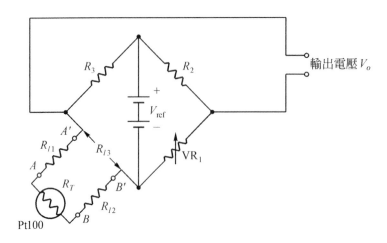

圖 1-4 二線式測定法(定電壓驅動)

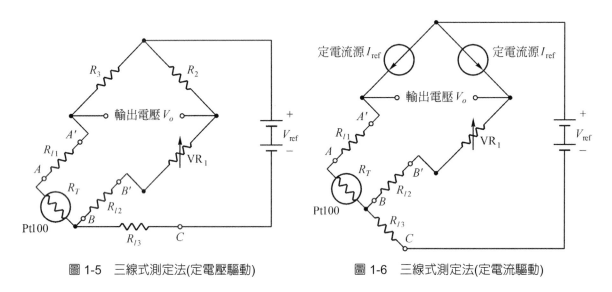

圖 1-5 三線式測定法(定電壓驅動)　　　圖 1-6 三線式測定法(定電流驅動)

　　若圖 1-5 中的 $R_2 = R_3$，以定電流源 I_{ref} 代替，如圖 1-6 所示，則 R_{l3} 之影響便完全消失了，本章節所使用的 Pt100 溫度-電壓轉換電路(如圖 1-9 所示)，採用如圖 1-5 三線式測定法的定電壓驅動方式。

3. 四線式測定法(定電流驅動)

　　由於在三線式測定法之中，必須保證各銅線的材質、長度及電阻值皆相等，否則仍然會有誤差的產生，因而最理想的方式是如圖 1-7 或圖 1-8 四線式的配線結構方式。其定電流 I_{ref} 流經 R_{l1}、Pt100 以及 R_{l2} 時，因而在上面產生壓降，再由具高阻抗($Z_i \fallingdotseq \infty$)的電壓表來量取 Pt100 上之壓降大小，便可推估及知道溫度的大小。由於採用高輸入阻抗型的電表，所以理論上 R_{l3} 與 R_{l4} 上就不會有電流流過，因而就不會產生壓降。故所測定到的是 Pt100 兩端的"真正壓降"，而可將 R_{l1}、R_{l2}、R_{l3}、R_{l4} 所產生的誤差排除。

圖 1-8 是採用高輸入阻抗的運算放大器(OPA：Operational Amplifier)，所構成的定電流源 I_{ref}驅動電路，其基本原理與圖 1-7 相同。

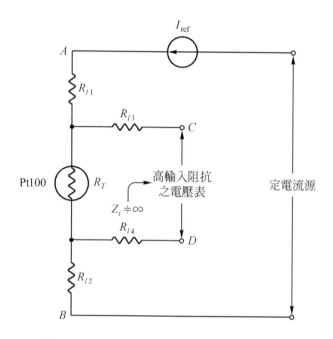

圖 1-7　四線式測定法(利用高輸入阻抗電壓表)

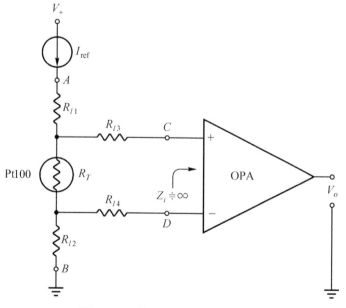

圖 1-8　四線式測定法(利用 OPA)

1-3 電路原理

圖 1-9 為利用如圖 1-5 所示三線式測定原理(定電壓驅動)，完成的 Pt100 溫度-電壓轉換電路，利用接於 T_2 對地端的 Pt100 感溫元件本體，加以感測外界的溫度變化。所感測到的外界溫度 $T(℃)$時，則在如表 1-1 中，呈現出相對應的 Pt100 電阻體的電阻值 R_T，再經過定電壓電路、電橋電路、濾波電路以及差動放大電路等，所組合成 Pt100 感測溫度，造成的電阻值 R_T 對測試端 T_4 的輸出直流電壓值。

對於 Pt100 感溫電阻體而言，每當感測到 1℃ 的溫度變化時，則在測試端 T_4 有 10mV 的直流輸出電壓之變化量，T_4 端的輸出直流電壓值，則以 mV 為單位，將這些 mV 為單位的讀數值再除 10 mV 或者是小數點往左移一位，則換算後的讀數值，即為溫度的指示值。例如測試端 T_4 的輸出直流電壓值若為 2V (= 2000 mV)時，則除以 10 mV (或將小數點左移一位後)的溫度指示值為 200.0℃ (2000 mV ÷ 10 mV/℃ =200.0℃)，解析度為 ± 0.1℃。

定電壓電路是利用具可調精確分流調整器功能的 IC(編號為 TL431、LM431 或同等品)所組合而成的，主要是用來提供及決定整個“溫度-電壓轉換電路”的精確參考電壓 5.000V(T_1)，因此當調整定電壓可變電阻器 VR$_1$(5kΩ)，使得測試點 T_1 的電壓越接近 5.000V 時，則電路的準確度愈高。由 R_4 (4.7kΩ)、R_5 (4.7kΩ)、R_T (Pt100 電阻體的電阻)以及 R_6 (100Ω) 所構成的惠斯頓電橋(Wheat-stone bridge)電路，用以做為 Pt100 的測定及不平衡檢出，經由測試點 T_3 相對於 T_2 而輸出，可變電阻器 VR$_3$ (500Ω)，用以校調整個溫度-電壓轉換電路，「低點溫度」測定的零點調整(Zero adjust)。

當惠斯頓電橋有不平衡輸出時，測試點 T_3 及 T_2 分別經過由 R_7 (4.7kΩ)、C_3 (33μF)及 R_9 (4.7kΩ)、C_4 (33μF)所構成的低通濾波電路後，再經由 R_8 (3.3kΩ)及 R_{10} (3.3kΩ)加到由 IC$_1$(OP 07 或同等品)所構成的差動放大電路，加以輸出到測試端 T_4，可變電阻 VR$_4$ (100kΩ)則做為「高點溫度」測定的跨距調整(Span adjust)。

整個溫度-電壓轉換電路的電源濾波電容 C_5 (0.1μF)、C_6 (0.1μF)在做實習電路時，可以選擇性的取捨，但在實際應用電路或商用產品化時則不可或缺。

如圖 1-9 所示，Pt100 溫度-電壓轉換電路，各個單元電路的原理分述如下：

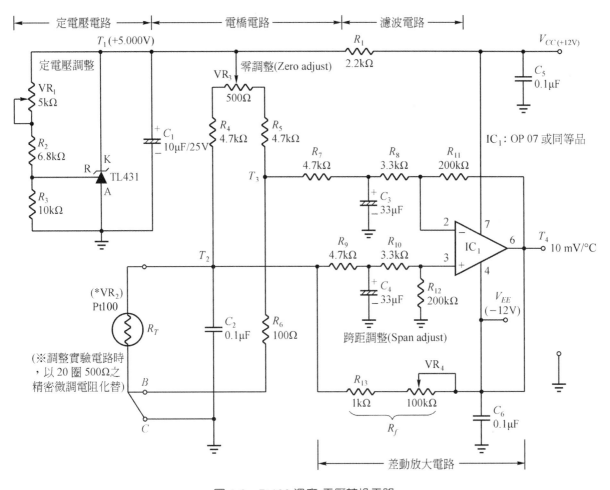

圖 1-9　Pt100 溫度-電壓轉換電路

1-3-1　定電壓電路

　　定電壓電路是由具有可調精確分流調整器(Adjustable precision shunt regulator)功能的 IC(編號為 TL431)所組成，負責供給下一級的電橋電路所需的精確參考電壓，定電壓電路如圖 1-10 所示，可以提供 5.000V 的穩定電壓值。

　　穩壓的電壓值 V_Z 可以經由(1-3)式中求得：

$$V_Z = V_{\text{REF}} + R_2'\left(\frac{V_{\text{REF}}}{R_3} + I_{\text{REF}}\right) = V_{\text{REF}} + \frac{R_2'}{R_3} \times V_{\text{REF}} + I_{\text{REF}} \times R_2'$$

$$= V_{\text{REF}}\left(1 + \frac{R_2'}{R_3}\right) + I_{\text{REF}} \times R_2' \tag{1-3}$$

(註： $R_2' = \text{VR}_1 + R_2$)

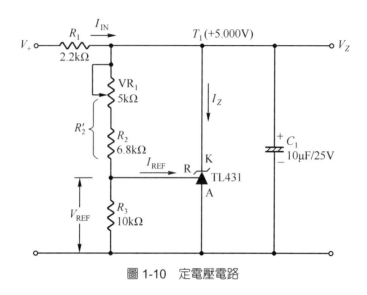

圖 1-10　定電壓電路

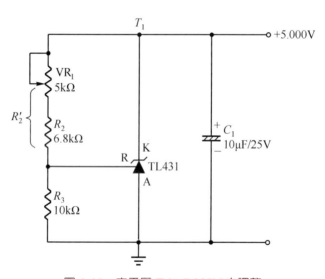

圖 1-11　定電壓 $T_1(+5.000V)$之調整

　　圖 1-9 的定電壓+5.000V 調整電路如圖 1-11 所示，當調整 $VR_1(5k\Omega)$為 3.2kΩ 電阻值時，使得 $R_2+VR_1=R_2'=10k\Omega$；若 $V_{REF}=2.495V$，$I_{REF}=2\mu A$，當 $R_2'=R_3=10k\Omega$ 的條件時，利用(1-3)式求得

$$V_Z = 2.495\left(1+\frac{10\times10^3}{10\times10^3}\right)+2\times10^{-6}\times10\times10^3 \fallingdotseq 5.000V \qquad (1-4)$$

定電壓電路的電壓，若是沒有適度調整好時，對下面幾級的電橋電路，差動放大電路的影響會很大，輕則會使整個電路的誤差增大外，重則甚至會導致錯誤動作或不動作。依作者之實作及教學經驗，以四位半$\left(4\dfrac{1}{2}\right)$的數字式電表測量，調整 5.000V 的變化量應維持在 ± 5 mV ($\pm$5LSD)的變化量為佳。

1-3-2　電橋電路

電橋電路主要是用來作為溫度的測定及檢出之用途，如圖 1-12 所示，由於 Pt100 鉑金屬感溫元件的規格(參考表 1-1)，當溫度為 0℃時，呈現的電阻為 100.00Ω(及表 1-1「灰底部分」)，因此 Pt100 感溫元件可以使用 20 圈阻值為 500Ω 的精密微調電阻 VR_2 來模擬，並調整為 100.00Ω，當零點調整(Zero adjust)用的可變電阻器 VR_3 維持在中間時，則

$$I_1 = \frac{5\text{ V}}{R_{12} + R_4 + VR_2} = \frac{5\text{ V}}{250\ \Omega + 4.7\text{ k}\Omega + 100\ \Omega} \doteqdot 1\text{mA} \tag{1-5}$$

$$I_2 = \frac{5\text{ V}}{R_{23} + R_5 + R_6} = \frac{5\text{ V}}{250\ \Omega + 4.7\text{ k}\Omega + 100\ \Omega} \doteqdot 1\text{mA} \tag{1-6}$$

$$I_1 = I_2 \doteqdot 1\text{mA} \tag{1-7}$$

$$I = I_1 + I_2 \doteqdot 2\text{mA} \tag{1-8}$$

為了使定電壓電流維持在 5.000V 並且 I 為 2 mA，R_1 的最大值約為

$$R_{1\max} = \left(V_{CC} - 5\text{ V}\right)/2\text{ mA} = (12\text{V} - 5\text{ V})/2\text{ mA} = 3.5\text{ k}\Omega \tag{1-9}$$

本電路採 R_1 為 2.2kΩ 之電阻，由於 R_4(4.7kΩ)、R_5(4.7kΩ)為電橋電路的比例臂，R_6(100Ω)為標準臂，及 VR_2 (500Ω)為測量臂，「理論上」若調整 VR_2=100.00Ω 時，則電橋為平衡狀態，電橋輸出電壓 $V_o \doteqdot$ 0V，但由於電橋的各個元件都含有誤差存在，因此使用 VR_3 (500Ω)的零調整來加以「適度」校正。圖 1-12 電橋電路在調整 VR_2 (500Ω)為 100.00Ω 時，即模擬 Pt100 元件在 0℃時的電阻值，I_1 流向 AB 端使 T_2 及 T_3 的輸出電壓 V_o 為

$$T_2 = I_1 \times VR_2 = 1\text{ mA} \times 100\ \Omega = 100\text{ mV} \qquad (\text{當}VR_2\text{調為}100\ \Omega\text{時}) \tag{1-10}$$

$$T_3 = I_2 \times R_6 = 1\text{ mA} \times 100\ \Omega = 100\text{ mV} \tag{1-11}$$

因此電橋電路輸出端 $V_o \doteqdot$ 0V。

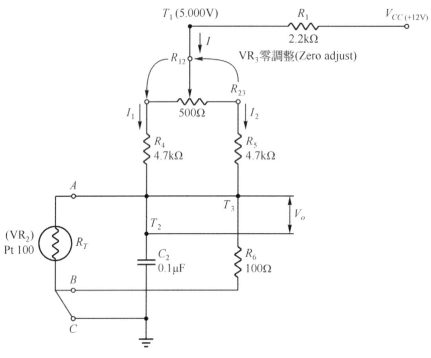

圖 1-12　電橋電路

1-3-3　濾波電路

R_7 (4.7kΩ)、C_3 (33μF)及 R_9 (4.7kΩ)、C_4 (33μF)等元件，則分別構成低通濾波器(LPF：Low pass filter)，如圖 1-13 所示，其截止頻率 f_c 由(1-12)式求得：

$$f_c = \frac{1}{2\pi R_7 C_3} = \frac{1}{2\pi R_9 C_4} = \frac{1}{2 \times 3.14 \times 4.7 \times 10^3 \times 33 \times 10^{-6}} \doteqdot 1.026\text{Hz} \tag{1-12}$$

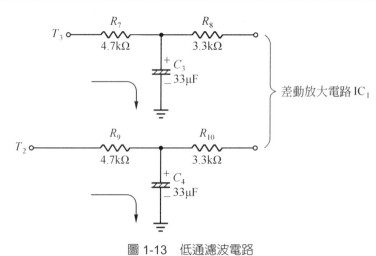

圖 1-13　低通濾波電路

　　因此對於 Pt100 所檢測到的直流電壓準位，理論上頻率為 0Hz 的直流電壓準位可以通過，而這些低通濾波元件對於變動量超過截止頻率 f_c 以上的信號，則不會經由 IC$_1$ 所組成的差動放大電路放大，而低於 f_c 以下的直流電壓信號，則可以放大輸出。

1-3-4　差動放大電路

　　Pt100 經電橋電路，檢測到因溫度變化所產生的電位差，經過濾波電路以後，便傳送到差動放大電路來，由此差動放大電路加以放大並輸出，藉以顯示溫度值。差動放大電路的等效電路如圖 1-14 所示，V_1 (T_3 端)、V_2 (T_2 端)代表著由電橋電路的對地輸出電壓值，若引用重疊定理，圖 1-14 差動放大等效電路，可以化簡為圖 1-15(a)(b)兩個電路討論之，分述如下：

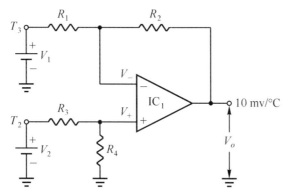

圖 1-14　差動放大等效電路

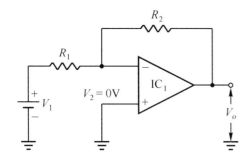
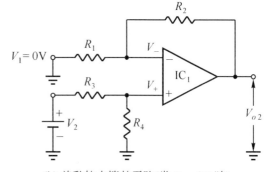

(a) 差動放大等效電路(當 $V_2 = 0V$ 時)　　　　(b) 差動放大等效電路(當 $V_1 = 0V$ 時)

圖 1-15

1.　當 V_2 短路時($V_2=0$)，如圖 1-15(a)所示

$$V_{o1} = -\frac{R_2}{R_1} \times V_1 \tag{1-13}$$

2.　當 V_1 短路時($V_1=0$)，如圖 1-15(b)所示

$$V_{o2} = \frac{V_-}{R_1}(R_1+R_2) = \left(1+\frac{R_2}{R_1}\right)V_- \tag{1-14}$$

$$\text{而 } V_+ = \frac{R_4}{R_3+R_4}\times V_2 \text{，且} V_- = V_+ \tag{1-15}$$

$$\therefore V_{o2} = \left(\frac{R_1+R_2}{R_1}\right)V_- = \left(\frac{R_1+R_2}{R_1}\right)V_+ \tag{1-16}$$

$$= \left(\frac{R_1+R_2}{R_1}\right)\left(\frac{R_4}{R_3+R_4}\right)V_2 \tag{1-17}$$

重疊(1-13)式及(1-17)式的關係，如(1-18)式

$$V_o = V_{o1} + V_{o2} = -\frac{R_2}{R_1}V_1 + \left(\frac{R_1+R_2}{R_1}\right)\left(\frac{R_4}{R_3+R_4}\right)V_2 \tag{1-18}$$

當 $R_1=R_3$，$R_2=R_4$ 時

$$V_o = -\frac{R_2}{R_1}V_1 + \left(\frac{R_1+R_2}{R_1}\right)\left(\frac{R_4}{R_3+R_4}\right)V_2$$
$$= -\frac{R_2}{R_1}V_1 + \frac{R_2}{R_1}V_2 = (V_1-V_2)\frac{R_2}{R_1} \tag{1-19}$$

　　圖 1-16 的差動放大電路中，R_7 (4.7kΩ)串聯 R_8 (3.3kΩ)以及 R_9 (4.7kΩ)串聯 R_{10} (3.3kΩ)的值為 8kΩ (即 4.7kΩ＋3.3kΩ)，相當於圖 1-14 的 R_1 及 R_3，而 R_{11} 及 R_{12} 則分別相當於圖 1-14 的 R_2 及 R_4，圖 1-16 差動放大電路的放大倍數為

$$R_{11}/(R_7+R_8) = R_{12}/(R_9+R_{10})$$
$$= 200\,k\Omega/(4.7\,k\Omega+3.3\,k\Omega) = 25 \tag{1-20}$$

電容 C_3 (33μF)、C_4 (33μF)只有對於交流信號回路才有作用，對於直流電壓放大的回路則視為開路。電阻 R_{13} (1kΩ)及可變電阻 VR_4 (100kΩ)兩者構成等值的回授電阻 R_f，做為跨距調整用途，它是依據電橋電路的電阻值與差動放大電路 IC 的增益，用來校調為最佳的 T_4 輸出電壓值，使溫度與每變化 1℃時則有 10mV 的輸出。

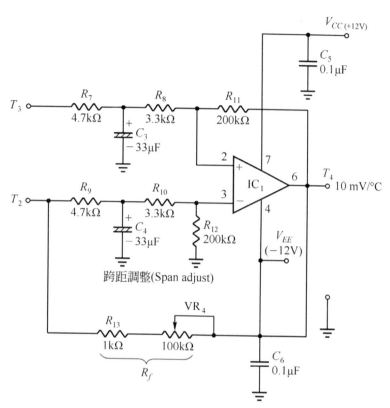

圖 1-16　差動放大電路

1-4　電路方塊圖

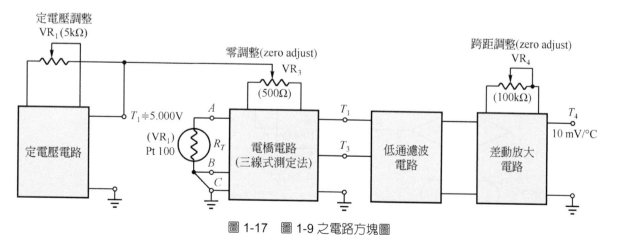

圖 1-17　圖 1-9 之電路方塊圖

1-5 檢修流程圖(模擬－100℃～＋500℃)

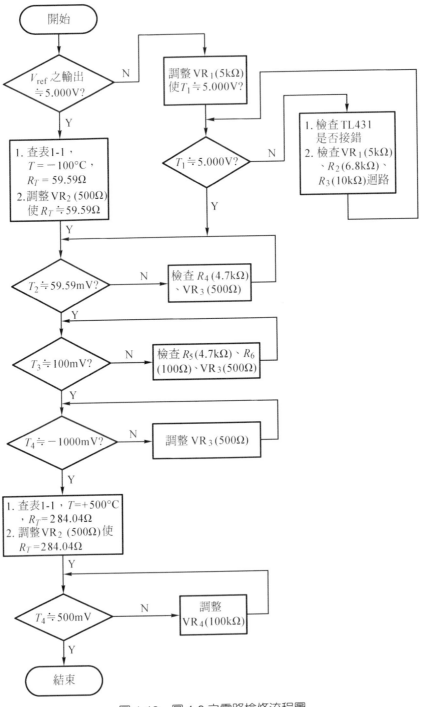

圖 1-18　圖 1-9 之電路檢修流程圖

1-6　實習步驟

1. 如圖 1-9 電路之裝配，並接上 V_{CC}(+12V)、V_{EE}(−12V)及地(0V)的電源，做−100℃ ~ +500℃ 之溫度-電壓之轉換電路實習。

2. 將 $4\frac{1}{2}$ 數字式複用表(DMM)置於直流電(DCV) 20V 檔，連接到 T_1 端。

3. 調整 VR_1(5kΩ)，使定電壓測試端(T_1 端)為 5.000V 左右(註：T_1 端調整愈準確，對整個電路動作效果愈好)。

4. 將 Pt100 以 20 圈左右之精密微調電阻 VR_2 (500Ω)代替而接於 T_2 與地端，並加以模擬下列步驟之各項溫度 T，對應於 Pt100 感溫電阻 R_T 的關係。

5. 將 VR_2 於開路條件下，調整為 59.59Ω，以便模擬如表 1-1 所示，−100℃的溫度條件下的電阻值，$4\frac{1}{2}$ DMM 置於 DCV 2V 檔並連接 T_4 端，調整零點校調用的可變電阻 VR_3 (500 Ω)，使 T_4 端之直流電壓讀數為−1.000V 左右，即 10 mV/℃ × (−100℃) = −1.000mV 的溫度條件下的電阻值。

6. 將 VR_2 於開路條件下，調整為 284.04Ω，以便模擬如表 1-1 所示，+500℃的溫度條件下的電阻值，$4\frac{1}{2}$ DMM 置於 DCV 20V 檔並連接 T_4 端，調整跨距校調可變電阻 VR_4(100 kΩ)，使 T_4 端之直流電壓讀數為+5.000V 左右即 10mV/℃ × (+500℃) = 5000mV 的溫度條件下的電阻值。

7. 互調步驟 5.及 6.，使 VR_2 分別在 59.59Ω (即 −100℃時)及 284.04Ω (即 +500℃時)兩個模擬溫度條件下，更接近 −1000mV 及+5000mV。

8. 如表 1-2 所示，從 −100℃到 +500℃，每間隔 50℃ 之模擬溫度，查表 1-1 之相對應溫度條件下的電阻值，並改變 VR_2 (500Ω)以 $4\frac{1}{2}$ DMM 測量 T_4 之輸出電壓值，記錄於表 1-2 T_4 實測值 V_M (mV)表格中，並且依表 1-2 下所示的參數說明中，計算誤差值 ε (mV) 及誤差百分比(%)，詳填於表 1-2 相關項目中。

表 1-2　溫度(℃)與 V_M、ε、ε_0 之關係

項次	溫度 T(℃)　數值　項目	−100	−50	0	50	100	150	200	250	300	350	400	450	500
1	電阻值 R_T(Ω)	59.59	79.97	100.00	119.73	139.16	158.30	117.14	195.70	213.95	231.92	249.59	266.96	284.04
2	T_4 眞正值 V_T(mV)	−1000	−500	0	500	1000	1500	2000	2500	3000	3500	4000	4500	5000
3	T_4 實測值 V_M(mV)													
4	誤差值 ε(mV)													
5	誤差百分比 ε_0(%)			✕										

註：表 1-2 各個參數之說明：
　　項次 1. R_T：電阻值 R_T(Ω)爲查表 1-1 各個溫度相對應的等效電阻值。
　　項次 2. V_T：圖 1-9 電路的測試端 T_4 每一℃變化有 10mV 輸出，將溫度(℃)值乘以 10mV 即得到 T_4 眞正值 V_T，並以 mV 爲單位。
　　項次 3. V_M：T_4 實測值爲以數位式複用表直流電壓檔實際測到 T_4 的電壓值 V_M，並以 mV 爲單位。
　　項次 4. ε：誤差值 ε 爲項次 3 的 T_4 實測值 V_M，減去項次 2 的 T_4 眞正值 V_T，所得到的並以 mV 爲單位的數位
　　項次 5. ε_0：誤差百分比 ε_0(%)，爲項次 4 誤差值 ε 除以項次 2，T_4 眞正值再乘以 100%

項次 6. ε：$\varepsilon = V_M - V_T$

項次 7. ε_0：
$$\varepsilon_0 = \frac{\varepsilon}{V_T} \times 100\% = \frac{V_M - V_T}{V_T} \times 100\% = \left(\frac{V_H}{V_T} - 1 \right) \times 100\%$$

9.　將表 1-2 溫度 T(℃)-實測值 T_4 (mV)及溫度 T(℃)-誤差百分比 ε_0 (%)兩者關係曲線，分別繪於如圖 1-19 及圖 1-20 中。

10.　於圖 1-19 中，將 VR$_2$(500Ω)拿掉，以實際的 Pt100 感溫電阻體元件，接於 T_2 及地端，並實際測出室溫，記錄 T_4＝_____ mV，現在 Pt100 所感側溫度＝_____℃(T_4 除以 10mV 即爲現在溫度)。

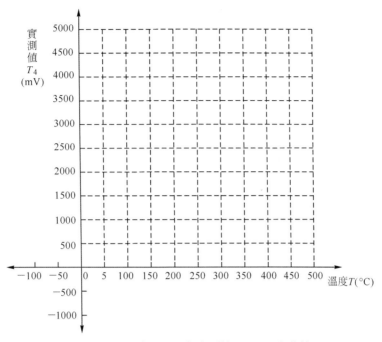

圖 1-19　溫度 T (℃)與實測值 T_4(mV)之曲線

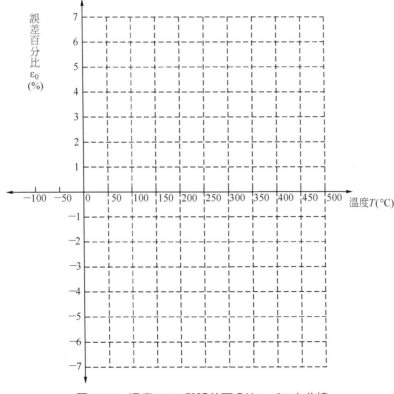

圖 1-20　溫度 T(℃)與誤差百分比 ε_0(%)之曲線

1-7 問題與討論

1. Pt100 的導體電阻 R_T 與溫度 T 的關係為何？

2. 寫出下列關鍵字的中英文全名：(1)RTD (2)PTC (3)Pt100。

3. 繪出 Pt100 的溫度 $T(℃)$ 及感溫電阻 $R_T(\Omega)$ 的特性曲線，並加以說明之。

4. Pt100 與 Pt50 有何差異？

5. Pt100 之構造為何？

6. 繪圖及解釋 Pt100 二線式、三線式及四線式測定法之：(1)驅動方式 (2)優點 (3)缺點？

7. 何謂零點調整(Zero adjust)及跨距調整(Span adjust)？

8. 定電壓電路之動作原理為何？

9. 繪圖及說明電橋電路之動作原理。

10. 低通濾波電路的截止頻率如何決定？

11. 繪出差動放大電路的等效電路，並導出輸出 V_o 與輸入 V_1 與 V_2 之關係。

12. 繪圖及說明 Pt100 溫度-電壓轉換電路之方塊圖。

13. 繪出 Pt100 溫度-電壓轉換電路之檢修流程圖，並加以說明之。

Chapter 2

IC 型溫度感測器 (AD590)

2-1 實習目的

1. 瞭解 AD590 的原理與特性。
2. 學習使用 IC 型的感溫元件來量測溫度。
3. 瞭解 AD590 電路之單點及雙點調整法。
4. 學習 AD590 之絕對溫度(K)及攝氏溫度(℃)之使用電路。

2-2 相關知識

2-2-1 IC 型感溫元件-AD590

以「感溫電晶體」再配合「放大電路」，且以「IC 型態存在」的電路則稱為 IC 型感溫元件。至於其他型態的感溫元件，如熱敏電阻及白金測溫電阻體等，都需要配合外加的線性化電路及技術，使用上並不十分方便。因此，便有 IC 化型態的溫度感測器，將各種信號處理電路及感溫元件做成一體，如此便幾乎不用其他的外加電路，尤其是具有電流輸出型的 IC 型感溫元件 AD590，則具有下列之優點：

(1) 輸出電流小($1\mu A/K$)。
(2) 直線性良好。
(3) 使用電源範圍廣(+4V ~ +30V)。
(4) 體積小。

圖 2-1 為 IC 型感溫元件 AD590 的電路結構，電源電壓+V_{CC}使用範圍從 +4V 的值，一直到+30V 的寬廣供應電壓範圍值。圖 2-2 為 AD590 電源電壓V_{CC}－輸出電流I_o的特性曲線。當電源電壓V_{CC}在 4V 以下時，輸出電流I_o幾乎是隨著電源電壓V_{CC}的增加，而做直線性的上升。但是當電源電壓V_{CC}在 4V 以後一直到 30V 這一段範圍，輸出電流I_o的值則維持一定的輸出。而且輸出電流I_o的大小隨著溫度來改變，如圖 2-2 所示。溫度在+25℃時，I_o為

298μA，溫度在 150℃時，I_o 為 423μA，因此只要電源電壓 V_{CC} 在 4V～30V，則 AD590 能顯示電流 I_o 與溫度的關係，也就是一種「定電流」輸出的型式。

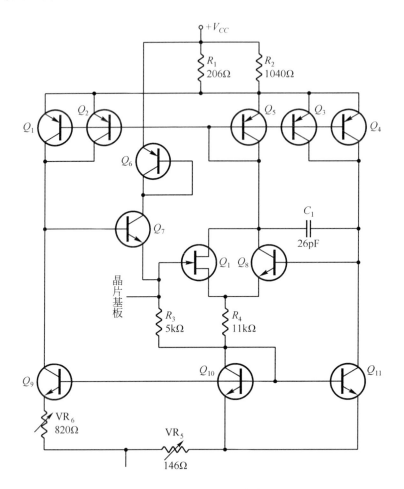

圖 2-1　AD590 電路結構

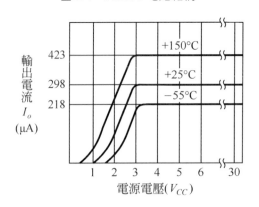

圖 2-2　AD590 之電源電壓 V_{CC} － 輸出電流 I_o 特性

表 2-1   AD590 系列規格

項目		AD590I	AD590J	AD590K	AD590L	AD590M
絕對最大額定	順向電壓	+44V	+44V	+44V	+44V	+44V
	反向電壓	−20V	−20V	−20V	−20V	−20V
	崩潰電壓	±200V	±200V	±200V	±200V	±200V
	工作溫度	−55~150℃	−55~150℃	−55~150℃	−55~150℃	−55~150℃
	儲存溫度	−65~175℃	−65~175℃	−65~175℃	−65~175℃	−65~175℃
	端子溫度	+300℃	+300℃	+300℃	+300℃	+300℃
工作電壓範圍		+4~30V	+4~30V	+4~30V	+4~30V	+4~30V
輸出	輸出電流(25℃)	298.2μA	298.2μA	298.2μA	298.2μA	298.2μA
	溫度係數	1μA/℃	1μA/℃	1μA/℃	1μA/℃	1μA/℃
	校正誤差	±10.0℃	±5.0℃	±2.5℃	±1.0℃	±0.5℃
	絕對誤差(額定工作溫度範圍內)					
	沒有外部調整時	±20.0℃	±10.0℃	±5.5℃	±3.0℃	±1.7℃
	經校正誤差調整後	±5.8℃	±3.0℃	±2.0℃	±1.6℃	±1.0℃
	非線性度	±3.0℃	±1.5℃	±0.8℃	±0.4℃	±0.3℃
	再現性	±0.1℃	±0.1℃	±0.1℃	±0.1℃	±0.1℃
	長期穩定性	±0.1℃	±0.1℃	±0.1℃	±0.1℃	±0.1℃
	電流雜訊	$40\rho A/\sqrt{Hz}$	$40\rho A/\sqrt{Hz}$	$40\rho A/\sqrt{Hz}$	$40\rho A/\sqrt{Hz}$	$40\rho A/\sqrt{Hz}$
	電源變動之影響					
	+4V≦VS≦+SV	0.5μA/V	0.5μA/V	0.5μA/V	0.5μA/V	0.5μA/V
	+5V≦VS≦+15V	0.2μA/V	0.2μA/V	0.2μA/V	0.2μA/V	0.2μA/V
	+15V≦VS≦+30V	0.1μA/V	0.1μA/V	0.1μA/V	0.1μA/V	0.1μA/V
	絕緣電阻	$10^{10}\Omega$	$10^{10}\Omega$	$10^{10}\Omega$	$10^{10}\Omega$	$10^{10}\Omega$
	電容量	100pF	100pF	100pF	100pF	100pF
	上升時間	20μs	20μs	20μs	20μs	20μs
	反向源電流	100pA	100pA	100pA	100pA	100pA

表 2-1 爲 AD590 系列的規格，從表中可知 AD590I 的「校正誤差」爲±10.0℃，而 AD590M 的校正誤差較小，約爲 ±0.5℃，兩者相差約 20 倍。在一額定工作溫度範圍內，絕對溫度的誤差值，在沒有外部調整或經校正誤差調整後以及非線性度方面，AD590I 都比 AD590M 的值來得大。

2-2-2　AD590 的調整法

在使用感溫 IC 前，都需經過相關調整步驟，其調整方法有兩種：

1.　單點調整法

　　單點調整法的電路結構如圖 2-3 所示，其中 VR(200Ω)爲可變電阻，目的在調整過程中，改變此一電阻值，使輸出電壓 V_o 的變化維持爲 1 mV/K 的輸出，而圖 2-4 所示爲單點調整法的溫度與絕對誤差關係。

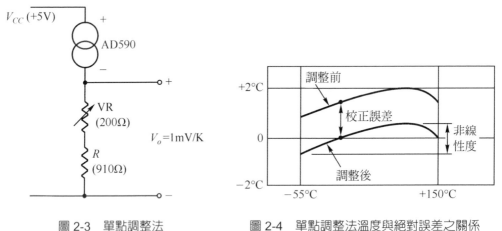

圖 2-3　單點調整法　　　　　　　圖 2-4　單點調整法溫度與絕對誤差之關係

2.　雙點調整法

　　圖 2-5 所示爲雙點調整法的電路結構，其中 VR$_1$(2kΩ)的零點調整，可使 0℃時輸出電壓 V_o 爲 0V，稱爲零點調整(Zero adjust)。而 VR$_2$(10kΩ)則是當 100℃時調整到輸出電壓 V_o 爲 10V。此即 0℃爲 0V，而 100℃爲 10V 即(100 mV/℃×100℃=10V)的溫度計輸出電壓，亦即是輸出變化爲 100 mV/℃ 的溫度計，VR$_2$ 稱之爲跨距調整(Span adjust)，圖 2-6 所示爲雙點調整溫度與絕對誤差之關係。

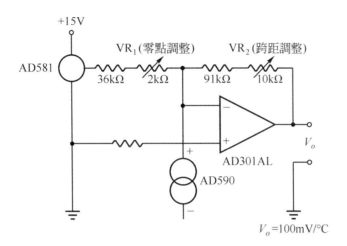

圖 2-5　雙點調整法

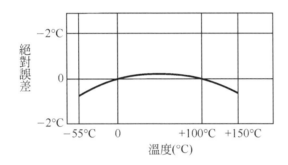

圖 2-6　雙點調整法溫度與絕對誤差之關係

2-2-3　感溫 IC 的基本應用電路

　　依據各種路線結構的不同，IC 型感溫元件可以使用在各種溫度測定的場合，對於不同的應用則需要做不同的測定選擇，如圖 2-7(a)～(f)所示為各種不同的基本應用電路。圖(a)是測量絕對溫度(K)指示的簡單型溫度計，圖(b)是測量攝氏溫度(℃)指示的溫度計組合，利用可變電阻器 VR_b 來調整流過微流計的電流，使外界溫度在 0℃時對應有 0μA 的輸出。

　　圖(c)(d)是利用電壓輸出的型式來顯示溫度，而不像圖(a)(b)是利用電流輸出的型式，經過微流計的電流指示來顯示溫度。其實我們也不難想像電流 I 乘以電阻 R，即是電壓 $V(V=I \times R)$，因此圖(c)及(d)只不過是將(a)(b)的輸出電流於流經電阻時，從電阻兩端加以取出電壓罷了。圖(c)與(d)分別是圖(a)與(b)的電壓輸出型式而已，圖(c)是絕對溫度(K)對電壓的轉換電路，輸出為 1 mV/K(即 1μA/K×1kΩ＝1 mV/K)，調整 VR_V 使 VR_V 串聯 R_1 的電阻為 1kΩ，當溫度為 0℃(即 273.2K)時，V_o 兩端的電壓為 273.2mV。圖(d)與圖(b)相似，為利用電阻 VR$_b$ 來改變流過的電流,使 0℃時輸出電壓為 0 mV,因此圖(d)是攝氏溫度(℃)對電壓的轉換電路,輸出電壓 V_o 的變化量,是以每℃有多少個單位 mV 的變化值來加以表示的。

圖(e)為最低溫度測定的應用電路,而圖(f)是用來測定各個感溫 IC 元件所感測到的溫度平均值。

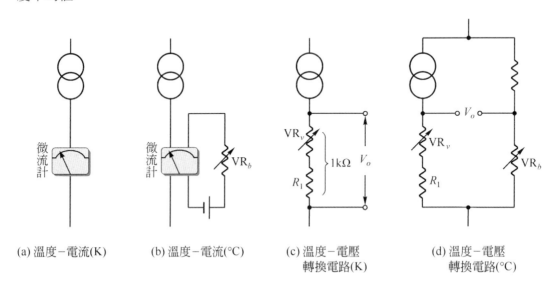

(a) 溫度-電流(K)　　(b) 溫度-電流(℃)　　(c) 溫度-電壓 　 (d) 溫度-電壓
　　　　　　　　　　　　　　　　　　　　　　　 轉換電路(K)　　　 轉換電路(℃)

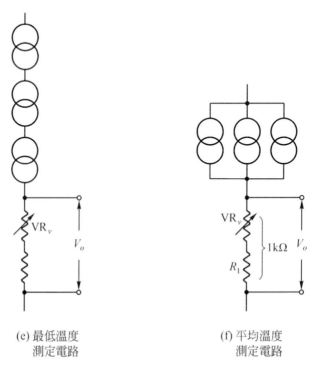

(e) 最低溫度　　　　　　　(f) 平均溫度
　 測定電路　　　　　　　　 測定電路

圖 2-7　IC 型感溫元件

2-2-4　AD590 在不同調整法的精準度(M.L.J.K.I 等五種型式)

表 2-2　【M 型】

調整數	溫度跨距 (℃)	非直線性(℃)							
		− 55	− 25	0	+25	+50	+75	+100	+125
無	10	0.6	0.5	0.6	0.6	0.7	0.7	0.7	0.9
無	25	0.8	0.8	0.7	0.7	0.8	0.8	1.0	1.1
無	50	1.0	0.9	0.8	0.9	0.9	1.1	1.2	—
無	100	1.3	1.4	1.3	1.4	1.5	—	—	—
無	150	1.5	1.6	1.6	—	—	—	—	—
無	205	1.7	—	—	—	—	—	—	—
1 點	10	0.2	0.1	0.1	0.1	0.1	0.1	0.1	0.2
1 點	25	0.4	0.3	0.2	0.2	0.2	0.2	0.3	0.4
1 點	50	0.5	0.4	0.3	0.3	0.3	0.4	0.5	—
1 點	100	0.8	0.8	0.7	0.7	0.8	—	—	—
1 點	150	0.9	0.9	0.9	—	—	—	—	—
1 點	205	1.0	—	—	—	—	—	—	—
2 點	10	0.1	*	*	*	*	*	*	0.1
2 點	25	0.1	*	*	*	*	*	*	0.1
2 點	50	0.2	*	*	*	*	*	0.2	—
2 點	100	0.2	0.1	*	0.1	0.2	—	—	—
2 點	150	0.3	0.2	0.3	—	—	—	—	—
2 點	205	0.3	—	—	—	—	—	—	—

* ±0.05℃以下

表 2-2　【L 型】

調整數	溫度跨距 (℃)	非直線性(℃)							
		−55	−25	0	+25	+50	+75	+100	+125
無	10	1.0	1.0	1.1	1.2	1.2	1.3	1.4	1.6
無	25	1.3	1.3	1.3	1.5	1.5	1.6	1.7	1.9
無	50	1.9	1.8	1.7	1.9	1.9	2.1	2.4	—
無	100	2.4	2.4	2.4	2.7	2.7	—	—	—
無	150	2.7	2.6	2.8	—	—	—	—	—
無	205	3.0	—	—	—	—	—	—	—
1 點	10	0.2	0.1	0.1	0.1	0.1	0.1	0.1	0.2
1 點	25	0.5	0.4	0.3	0.3	0.3	0.3	0.4	0.5
1 點	50	1.0	0.8	0.6	0.6	0.6	0.8	1.0	—
1 點	100	1.3	1.2	1.1	1.1	1.3	—	—	—
1 點	150	1.4	1.3	1.4	—	—	—	—	—
1 點	205	1.6	—	—	—	—	—	—	—
2 點	10	0.1	*	*	*	*	*	*	0.1
2 點	25	0.1	*	*	*	*	*	*	0.1
2 點	50	0.2	*	*	*	*	*	0.2	—
2 點	100	0.3	0.2	0.1	0.2	0.3	—	—	—
2 點	150	0.3	0.2	0.3	—	—	—	—	—
2 點	205	0.4	—	—	—	—	—	—	—

* ±0.05℃以下

表 2-2   【J 型】

調整數	溫度跨距(℃)	非直線性(℃)							
		− 55	− 25	0	+25	+50	+75	+100	+125
無	10	4.2	4.6	5.0	5.4	5.8	6.2	6.6	7.2
無	25	5.0	5.2	5.5	5.9	6.0	6.9	7.5	8.0
無	50	6.5	6.5	6.4	6.9	7.3	8.2	9.0	—
無	100	7.7	8.0	8.3	8.7	9.4	—	—	—
無	150	9.2	9.5	9.6	—	—	—	—	—
無	205	10.0	—	—	—	—	—	—	—
1 點	10	0.3	0.2	0.2	0.2	0.2	0.2	0.2	0.3
1 點	25	0.9	0.6	0.5	0.5	0.5	0.6	0.8	0.9
1 點	50	1.9	1.5	1.0	1.0	1.0	1.5	1.9	—
1 點	100	2.3	2.2	2.0	2.0	2.3	—	—	—
1 點	150	2.5	2.4	2.5	—	—	—	—	—
1 點	205	3.0	—	—	—	—	—	—	—
2 點	10	0.1	*	*	*	*	*	*	0.1
2 點	25	0.2	0.1	*	*	*	*	0.1	0.2
2 點	50	0.4	0.2	0.1	*	*	0.1	0.2	—
2 點	100	0.7	0.5	1.3	0.7	1.0	—	—	—
2 點	150	1.0	0.7	1.2	—	—	—	—	—
2 點	205	1.5	—	—	—	—	—	—	—

* ±0.05℃以下

表 2-2 【K 型】

調整數	溫度跨距(℃)	非直線性(℃)							
		−55	−25	0	+25	+50	+75	+100	+125
無	10	2.1	2.3	2.5	2.7	2.9	3.1	3.3	3.6
無	25	2.6	2.7	2.8	3.0	3.2	3.5	3.8	4.2
無	50	3.8	3.5	3.4	3.6	3.8	4.3	5.1	—
無	100	4.2	4.3	4.4	4.6	5.1	—	—	—
無	150	4.8	4.8	5.3	—	—	—	—	—
無	205	5.5	—	—	—	—	—	—	—
1 點	10	0.2	0.1	0.1	0.1	0.1	0.1	0.1	0.2
1 點	25	0.6	0.4	0.3	0.3	0.3	0.4	0.5	0.6
1 點	50	1.2	1.0	0.7	0.7	0.7	1.0	1.2	—
1 點	100	1.5	1.4	1.3	1.3	1.5	—	—	—
1 點	150	1.7	1.5	1.7	—	—	—	—	—
1 點	205	2.0	—	—	—	—	—	—	—
2 點	10	0.1	*	*	*	*	*	*	0.1
2 點	25	0.2	0.1	*	*	*	*	0.1	0.2
2 點	50	0.3	0.1	*	*	*	0.1	0.2	—
2 點	100	0.5	0.3	0.2	0.3	0.7	—	—	—
2 點	150	0.6	0.5	0.7	—	—	—	—	—
2 點	205	0.8	—	—	—	—	—	—	—

* ±0.05℃以下

表 2-2　【I 型】

調整數	溫度跨距 (℃)	非直線性(℃)							
		− 55	− 25	0	+25	+50	+75	+100	+125
無	10	8.4	9.2	10.0	10.8	11.6	12.4	13.2	14.4
無	25	10.0	10.4	11.0	11.8	12.0	13.8	15.0	16.0
無	50	13.0	13.0	12.8	13.8	14.6	16.4	18.0	—
無	100	15.2	16.0	16.6	17.4	18.8	—	—	—
無	150	18.4	19.0	19.2	—	—	—	—	—
無	205	20.0	—	—	—	—	—	—	—
1 點	10	0.6	0.4	0.4	0.4	0.4	0.4	0.4	0.6
1 點	25	1.8	1.2	1.0	1.0	1.0	1.2	1.6	1.8
1 點	50	3.8	3.0	2.0	2.0	2.0	3.0	3.8	—
1 點	100	4.8	4.5	4.2	4.2	5.0	—	—	—
1 點	150	5.5	4.8	5.5	—	—	—	—	—
1 點	205	5.8	—	—	—	—	—	—	—
2 點	10	0.3	0.2	0.1	*	*	0.1	0.2	0.3
2 點	25	0.5	0.3	0.2	*	0.1	0.2	0.3	0.5
2 點	50	1.2	0.6	0.4	0.2	0.2	0.3	0.7	—
2 點	100	1.8	1.4	1.0	2.0	2.5	—	—	—
2 點	150	2.6	2.0	2.8	—	—	—	—	—
2 點	205	3.0	—	—	—	—	—	—	—

* ±0.05℃以下

2-3 電路原理

圖 2-8 及圖 2-9 分別是使用 IC 型溫度感測元件(AD590)，完成的雙點調整及單點調整應用電路，而圖 2-9 是具有絕對溫度(°K)顯示的單點調整電路，顧名思義單點調整電路，為整個電路只有一點(即單點)的調整，若結合圖 2-9(即圖 2-8 的上半部的單點調整電路)及圖 2-8 的下半部電路，也就是說當圖 2-8 的單點調整電路輸出端 T_1，連接到圖 2-8 下半部電路時，即構成雙點調整(兩個調整點)的電路。

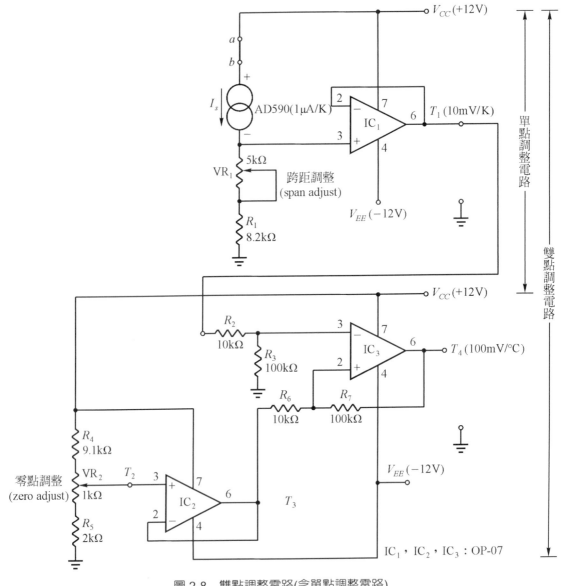

圖 2-8　雙點調整電路(含單點調整電路)

　　圖 2-9 單點調整只有一個具跨距調整(Span adjust)的可變電阻器 VR$_1$(5kΩ)，主要用來做為高點溫度測量的調整，若合併了圖 2-9 的跨距調整於圖 2-8 當中，另一個具零點調整(Zero adjust)的可變電阻器 VR$_2$ (1kΩ)主要用來做為低點(或稱之為零點)溫度測量的調整時，則具有雙點調整功能。

　　在圖 2-8 中，由於 AD590 感測到外界的溫度產生 1K 的變化，則有 1μA 的 I_S 電流變化，流過可變電阻 VR$_1$(5kΩ)及 R$_1$(8.2kΩ)串聯迴路時，若調整 VR$_1$ 使 VR$_1$ 及 R$_1$ 的串聯總電限為 10kΩ 時，則在圖 2-9 單點調整電路輸出端 T_1 的電壓值，為每當外界有 1K 溫度變化，則有 10 mV(即 1μA 乘以 10kΩ)輸出，做為絕對溫度(K)為單位的 10mV/K 輸出溫度指示值。

　　而圖 2-8 雙點調整電路使用可變電阻器 VR$_2$ (1kΩ)，將經由圖 2-9 輸出端 T_1 的絕對溫度 +273.2°K(即攝氏 0°C)，相對應輸出數值加以抵補(Offset)掉，以便做為輸出測試點 T_4 的攝氏溫度(°C)為單位的輸出溫度指示值，每當外界有 1°C 溫度變化，則 T_4 有 100mV 的輸出。

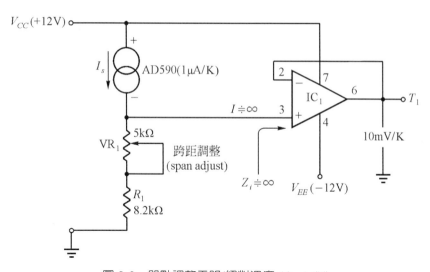

圖 2-9　單點調整電路(絕對溫度 10 mV/K)

2-3-1　單點調整電路(溫度 K-電壓轉換)

　　圖 2-9 為 AD590 溫度感測器，單點調整電路(絕對溫度 10mV/K)，由於 AD590 的線性電流源 I_s 的輸出變化量，每當感測到絕對溫度 1K 的變化時，則有 1μA 的電流值。利用運算放大器 IC$_1$(OP-07)當作電壓緩衝器(Buffer)，由於運算放大器具有極高的輸入阻抗 $Z_i \fallingdotseq \infty$，且具極小的輸入電流 $I \fallingdotseq 0$，使得流經 AD590 的電流源 I_s 完全流過 VR$_1$ (5kΩ)及 VR$_1$ (8.2kΩ)，當調整 VR$_1$(5kΩ)大約為 1.8kΩ 電阻值，使得 VR$_1$ + R$_1$ =1.8kΩ + 8.2kΩ=10kΩ 時，則圖 2-9 單點調整電路的輸出電壓測試點 T_1 為 10mV/K (即 1μA/K×10kΩ ＝ 10mV/K)，當

AD590 感測到室溫的 25℃(273.2+25=298.2K)時，則 I_s 為 298.2μA，則 T_1 的輸出電壓為 298.2μA，則 T_1 的輸出電壓為 298.2μA×10kΩ = 2982 mV = 2.982V。

2-3-2 雙點調整電路(溫度℃-電壓轉換)

由於有些場合使用攝氏(℃)單位比較適合及方便，就像一般我們常說的「幾度 C」，因此圖 2-8 主要功能，是用來將圖 2-9 的絕對溫度(K)為單位的輸出電壓值，再加以轉換為以℃為單位的電路，其輸出電壓變化為 100 mV/℃。

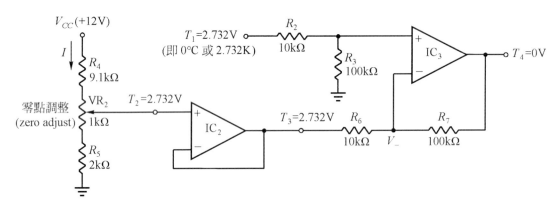

圖 2-10　溫度-電壓攝氏轉換等效電路

攝氏溫度 0℃為絕對溫度+273.2K，因此圖 2-8 當中 IC_2 (OP-07)除了是用來將絕對溫度 273.2K 加以偏移掉，使之成為攝氏的轉換電器外，IC_2 的另一用途是做為緩衝器用途的電壓隨耦器(Voltage follower)。從圖 2-9 輸出端 T_1 為 10mV/K，當 AD590 感測到 0℃(273.2K)的外界溫度時，則 T_1 的直流輸出電壓為 10mV /K×273.2 K=2732mV=2.732V。若要使圖 2-8 中 T_4 的電壓為 0V，即攝氏 0℃的顯示時，則 T_3 的電壓也應為 2.732V，如圖 2-10 所示，校調零點調整(Zero adjust)可變電阻 VR_2 (1kΩ)，使 T_2 及 T_3 都為 2.732V，因而差動放大級 IC_3 的反相輸入端電壓 V_- 及非反相輸入端電壓 V_+ 的值為

$$V_- = T_3 \times \frac{R_7}{R_6 + R_7} = 2.732V \times \frac{100k\Omega}{10k\Omega + 100k\Omega} = 2.4836V \qquad (2\text{-}1)$$

$$V_+ = T_1 \times \frac{R_3}{R_2 + R_3} = 2.732V \times \frac{100k\Omega}{10k\Omega + 100k\Omega} = 2.4836V \qquad (2\text{-}2)$$

圖 2-10 中 IC_3 為一放大率為 10 倍的差動放大級，放大率為 $R_7/R_6 = R_2/R_3 = 10$ 倍，然而零點調整可變電阻 VR_2 (1kΩ)，要如何調整使得 T_3 為 2.732V 呢？由電源 V_{CC}(+12V)所流經分壓電阻器 R_4 (9.1kΩ)、VR_2 (1kΩ)、R_5 (2kΩ)電流 I，幾乎完全流向這些分壓電阻器，因此

$$I = \frac{12}{R_4 + VR_2 + R_5} = \frac{12}{9.1k\Omega + 1k\Omega + 2k\Omega} \fallingdotseq 1mA \qquad (2\text{-}3)$$

只要 VR_2 調整到使 T_2 或 T_3 為 2.732V 即可。

　　以上所述的零點調整電路，配合圖 2-9 所述的跨距調整電路，構成了雙點調整電路如圖 2-8 所述的完整電路圖，在 T_1 的輸出為 10mV / K，在 T_4 的輸出則為 100mV / ℃。

2-4　電路方塊圖

1.　單點調整電路(如圖 2-9)

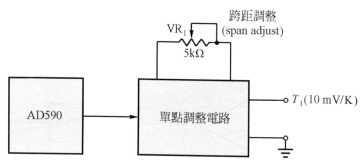

圖 2-11　單點調整電路(圖 2-9 之電路方塊圖)

2.　雙點調整電路(如圖 2-8)

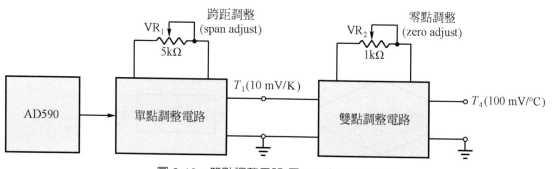

圖 2-12　雙點調整電路(圖 2-8 之電路方塊圖)

2-5 檢修流程圖

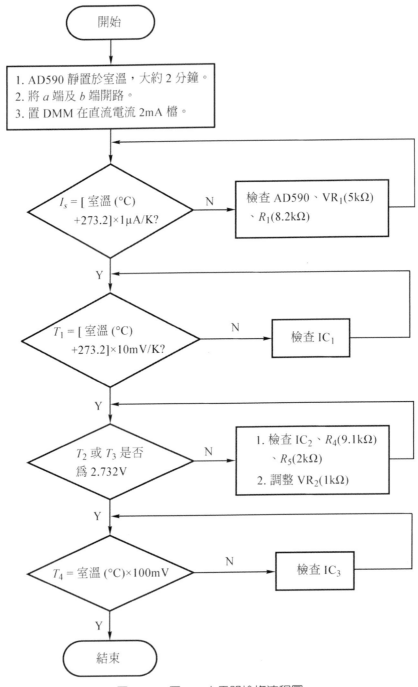

圖 2-13　圖 2-8 之電路檢修流程圖

2-6　實習步驟

1. 將溫度感測 IC 元件 AD590 靜置於室溫下約 2 分鐘左右。
2. 裝配如圖 2-8 之電路，並接上電源 V_{CC} (+12V)、V_{EE} (− 12V)及地電位(0V)。
3. 以 DMM 之直流電流(DCI) 2mA 檔，串接於圖 2-8 所示 V_{CC} (+12V)的 a 端及 AD590 的 b 端(註：ab 端跨接一串聯式電流表)。
4. 紀錄 I_S =＿＿＿＿＿＿mA =＿＿＿＿＿＿μA，由圖 2-2 的輸出電流與溫度關係，計算出相當於溫度 TMP1 =＿＿＿＿＿＿K。
5. 以 DMM 之直流電壓(DCV) 20V 檔測試 T_3，並調整 VR_2 (1kΩ)使 T_3 =2.732V，記錄 T_2 =＿＿＿＿＿＿V。
6. 以 DMM 之直流電壓(DCV) 2V 檔測試 T_1，記錄 T_1 =＿＿＿＿＿＿V，相當於溫度 TMP2 =＿＿＿＿＿＿K。
7. 以 DMM 之直流電壓(DCV) 20V 檔測試 T_4，記錄 T_4 =＿＿＿＿＿＿V，相當於溫度 TMP3 =＿＿＿＿＿＿K。
8. 實習步驟 4 之 TMP1(K)之讀數值，是否與實習步驟 6 之 TMP2(K)讀數值相同？為什麼？
9. 實習步驟 6 之 TMP2(K)的值減去步驟 7 的 TMP3(K)的值，是否為 273.2？為什麼？
10. 以手指觸摸 AD590 約 2 分鐘左右，重複實習步驟 3~實習步驟 9。

2-7　問題與討論

1. IC 型感溫元件(如 AD590)之原理及特性為何？
2. 繪圖及說明 AD590 之電源電壓(V_{CC})與輸出電流(I_o)的特性曲線。
3. 比較單點與雙點調整法之差異？
4. 繪圖及說明 IC 型感溫元件的下列各式基本應用電路：
   (a) 溫度-電流(K)。
   (b) 溫度-電流(℃)。
   (c) 溫度-電壓轉換電路(K)。
   (d) 溫度-電壓轉換電路(℃)。
   (e) 最低溫度測定電路。
   (f) 平均溫度測定電路。

5. 繪圖及說明如何利用 10mV/K 轉換為 100mV/℃ 之動作原理。

6. 繪圖及說明單點調整電路的工作原理？

7. 雙點調整電路的電壓轉換工作原理為何？

Chapter 3

熱電偶式溫度控制
(K 型或 CA 型)

3-1 實習目的

1. 瞭解熱電偶的原理、構造及特性。
2. 學習如何以熱電偶來測量溫度。
3. 學習如何將熱電偶做冷接點之補償。
4. 學習如何將類比信號放大及比較控制。

3-2 相關知識

3-2-1 熱電偶的原理與構造

當兩種不同性質的金屬,連接在一起而形成閉合迴路(Closed loop)時,若其中一接點之溫度高於另一接點,或者是兩個接點有溫差時,則在此迴路中會有電流流過,即在兩個接合點之間產生了電動勢(EMF:Electromotive force),稱為熱電效應(Thermoelectric effect)或席貝克效應(Seebeck Effect)。如圖 3-1 所示,兩種不同金屬 A 與 B,左邊溫度為 $T + \Delta T$,右邊溫度為 T,因此電動勢 EMF 的方向為由溫度 $T + \Delta T$ 往溫度 T 的方向。

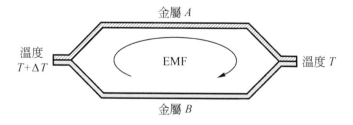

圖 3-1 席貝克效應(Seebeck effect)

由此 Seebeck 效應所形成的溫度感測器，稱為熱電偶(Thermocouple)。熱電偶的構造十分地簡單，如前所述，它只是使用兩種不同材料的均勻金屬或合金線所組合在一起而形成。其中，兩根金屬連接在一起的接點稱為熱接點(Hot junction)，此點常被置於"測溫處"，故其又稱為測量接點(Measuring junction)；兩根金屬的另外各一端，通常連接指示儀器，而構成有一電流流通的閉合迴路，而此與指示儀器連接的接點，稱為冷接點(Cold junction)或基準接點(Reference junction)，熱電偶基本連接電路如圖 3-2 所示。

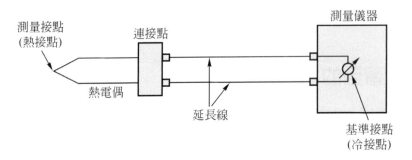

圖 3-2　熱電偶基本連接電路

由熱電偶的結構可知，其冷接點為開路構造，以便和測量儀器相連接，而熱接點則有如圖 3-3(a) ~ (f)所示的各種方法來接合，而形成良好的電性連接。圖 3-4(a) ~ (d)則為其各種包裝方式，其中(a)曝露型，主要使用於靜態或流動非腐蝕性氣體溫度的測量，這種接面能延伸超過保護套管，以得到快速的響應；(b)不曝露且不接地型，主要用於靜態或流動腐蝕性氣體和液體溫度的測量；而(c)(d)不曝露接地型，則比較適用於高壓的場合。

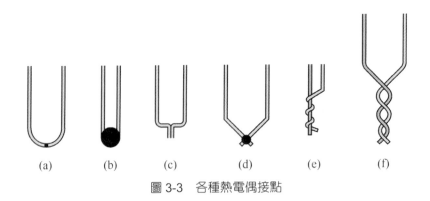

圖 3-3　各種熱電偶接點

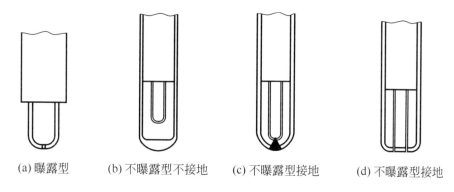

(a) 曝露型　　　(b) 不曝露型不接地　　　(c) 不曝露型接地　　　(d) 不曝露型接地

圖 3-4

　　由於熱電偶是兩種不同的金屬或合金所接合而成的，同時它所產生的電壓為直流電壓，因此使用時，必須加以注意其正極、負極的存在。然而，此電位差的大小與金屬的接觸面積與其形狀無關，卻是由金屬的種類與接合點的溫度差，來決定此電位差的大小，但是熱電流的大小，是依據在閉鎖迴路中，所產生的熱電勢與總電阻來決定的。公式(3-1)可描述 Seebeck 效應，也說明了所產生的電動勢 ε(EMF)與溫差(dT)成正比，且與金屬的熱傳導常數之差$(\theta_A - \theta_B)$成正比。因此若使用了相同材質的金屬，EMF 等於零；若溫度相同，EMF 也等於零。

$$\varepsilon = \int_{T_1}^{T_2} (\theta_A - \theta_B)\, dT \tag{3-1}$$

(3-1)式中，各符號代表之意義為

$\quad\quad \varepsilon$：產生的電動勢(V)

$\quad T_1$，T_2：接點溫度(K)

$\quad \theta_A$，θ_B：兩金屬的熱傳導常數(Thermal transport constant)

　　由於 θ_A、θ_B 幾乎與溫度無關，因此，我們可以得到一個如(3-2)式近似線性的公式

$$\varepsilon = \alpha(T_2 - T_1) \tag{3-2}$$

(3-2)式中

$\quad\quad \alpha$：常數(V/K)

$\quad T_1$，T_2：接點溫度(K)

但在要求高準確度時，仍需將 θ_A、θ_B 納入考慮。

3-2-2　帕提勒效應(Peltier effect)

　　若將前面所提及的 Seebeck 效應，卻以相反的方式考慮，如圖 3-5 所示，我們在由兩種金屬 A 及 B 構成的閉合迴路中，將一個外部電壓加入此一系統中，產生電流 I 在電路中流動，則因金屬有不同的熱電傳導性質，使得其中一個接點變熱，另一個接點會比較冷，此即為 Peltier 效應。

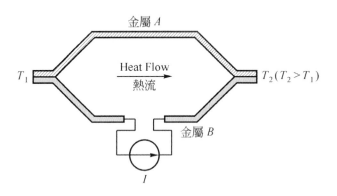

圖 3-5　帕提勒效應(Peltier effect)

3-2-3　熱電偶的種類

　　熱電偶主要依下面的兩個系統來分類，一個為美國的 ANSI(American national standards institute)系統，另一個為日本的 JIS(Japanese standards association)系統，分述如下：

1. 美國的 ANSI 系統：

　　其主要規格有 E、J、K、R、S 及 T，每一個熱電偶的正極及負極材料，如表 3-1 所示，表 3-2 為熱電偶的輸出電壓(mV/°F)、最低及最高溫度、線性度、使用環境及其優點、缺點相關比較表。

表 3-1　ANSI 材料

型號	正極材料	負極材料
T	銅(Cu)	康銅(constantan)
E	鎳鉻合金(chromel)	康銅
J	鐵(Fe)	康銅
K	鎳鉻合金	鎳錳合金(alumel)
R	鉑(Pt)	鉑~13% 銠(Rh)
S	鉑	鉑~10% 銠
B	鉑~ 6% 銠	鉑~30% 銠

表 3-2　熱電偶比較表

類型	mV/°F	溫度		線性度	使用環境	優點	缺點
		最低	最高				
E	0.015~0.042	−320	1830	良好	氧化	高 emf/°F	漂移大
J	0.014~0.035	−320	1400	良好，在 300~800°F 近似完全線性	還原	價格最便宜	—
K	0.009~0.024	−310	2500	良好	氧化	線性最佳	較 T 及 J 型價高
R	0.003~0.008	0	3100	高溫良好， 低於 1000°F 差	氧化	體積小，反應快	較 K 型價高
S	0.003~0.008	0	3200	如 R 型	氧化	如同 R 型	較 K 型價高
T	0.008~0.035	−310	750	良好，但低溫差	氧化及還原	—	—
B	0.003~0.006	32	3380	如 R 型	惰性或低氧化	—	—

　　圖 3-6(a)(b)及(c)，分別為各種 ANSI 熱電偶溫度 $T(°C)$—輸出電壓 V_o(mV)兩者的特性關係圖，圖(a)(b)為溫度 $T(°C)$ 在 0~1000°C 及 1000°C~2500°C 時，輸出電壓 V_o (mV)的特性，由圖(a)(b)中可以發現 E 型的輸出電壓 V_o 為最高，此為 E 型的優點，但其缺點為漂移大(如表 3-2)。圖 3-6(c)為熱電偶在溫度 $T(°C)$ 為負值時，其輸出電壓 V_o (mV)也為負值。

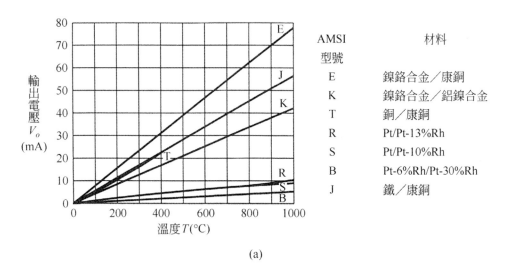

(a)

圖 3-6　各種 ANSI 熱電偶之溫度 T(°C)—輸出電壓 V_o (mV)特性

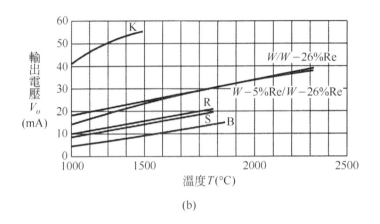

(b)

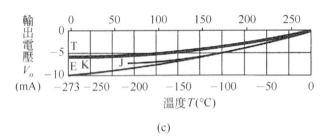

(c)

圖 3-6 各種 ANSI 熱電偶之溫度 T(℃)—輸出電壓 V_o (mV)特性(續)

2. 日本的 JIS 系統

其主要規格有 PR、CA、CC、CRC 及 IC 的型號分類，表 3-3 為其型號名稱、正極、負極材料表，以及美國的 ANSI 系統相對應的熱電偶型號，例如在日本 JIS 系統所稱的型號為 CA 之熱電偶，則在美國 ANSI 系統所稱為型號 K 之熱電偶與它相對應。

表 3-3　JIS 系統

型號	正極材料	負極材料	對應之 ANSI
PR	鉑	鉑~13%銠	R
CA	鎳鉻合金	鋁鎳合金	K
CC	銅	康銅	T
CRC	鎳鉻合金	康銅	E
IC	鐵	康銅	J

表 3-4 為日本 JIS 系統各種型號熱電偶，在−200℃~ +1780℃所產生的熱電動勢。表 3-5 分別為 JIS 系統與 ANSI 系統熱電偶類別、符號構成的正極、負極材料，以及

其優、缺點比較表。表 3-6 為各型熱電偶材料所使用的線徑(mm)、每單位長度的線電阻(Ω/m)、常用溫度及最高使用溫度等比較表。

表 3-4　熱電偶的電動勢(JIS C1620-1974)

溫度℃	PR	CA	CRC	IC	CC	溫度℃	PR	CA	CRC	IC	CC
−200		−5.891	−8.82	−7.89	−5.603	300	2.3939	12.207	21.03	16.33	14.860
−180		−5.550	−8.27	−7.40	−5.261	320	2.5895	13.039	22.60	17.43	16.0303
−160		−5.141	−7.63	−6.80	−4.865	340	2.7878	13.874	24.17	18.54	17.217
−140		−4.669	−6.91	−6.16	−4.419	360	2.9886	14.712	25.75	19.64	18.420
−120		−4.138	−6.11	−5.43	−3.923	380	3.1918	15.552	27.35	20.74	19.638
−100		−3.553	−5.24	−4.63	−3.378	400	3.3974	16.395	28.94	21.85	20.869
−80		−2.920	−4.30	−3.79	−2.788	420	3.6501	17.241	30.55	22.95	
−60		−2.243	−3.31	−2.89	−2.152	440	3.8149	18.088	32.16	24.05	
−40		−1.527	−2.25	−1.96	−1.475	460	4.0267	18.938	33.77	25.16	
−20		−0.777	−1.15	−1.00	−0.757	480	4.2406	19.788	35.38	26.27	
0	0.0000	0.000	0.00	0.00	0.000	500	4.4564	20.640	37.00	27.39	
20	0.1109	0.798	1.19	1.02	0.789	520	4.6740	21.493	38.62	28.51	
40	0.2316	1.611	2.42	2.06	1.611	540	4.8936	22.346	40.24	29.64	
60	0.3615	2.436	3.68	3.12	2.467	560	5.1150	23.198	41.85	30.78	
80	0.4996	3.266	4.98	4.19	3.357	580	5.3383	24.050	43.47	31.93	
100	0.6452	4.095	6.32	5.27	4.277	600	5.5635	24.902	45.09	33.10	
120	0.7976	4.919	7.68	6.36	5.227	620	5.7905	25.751	46.70	34.27	
140	0.9562	5.733	9.08	7.46	6.204	640	6.0194	26.599	48.31	35.46	
160	1.1206	6.539	10.05	8.56	7.207	660	6.2501	27.445	49.91	36.67	
180	1.2901	7.338	11.95	9.67	8.253	680	6.4828	28.288	51.51	37.89	
200	1.4643	8.127	13.42	10.78	9.286	700	6.7172	29.128	53.11	39.13	
220	1.6429	8.938	14.91	11.89	10.360	720	6.9536	29.965	54.70	40.38	
240	1.8255	9.745	16.42	13.00	11.456	740	7.1919	30.779	56.29	41.65	
260	2.0117	10.560	17.94	14.11	12.572	760	7.4320	31.629	57.87	42.92	
280	2.2012	11.381	19.48	15.22	13.707	780	7.6741	32.455	59.45	44.21	

表 3-4　熱電偶的電動勢(JIS C1620-1974) (續)

溫度℃	PR	CA	CRC	IC	溫度℃	PR	CA
800	7.9180	33.277	61.02	45.50	1300	14.549	52.398
820	8.1638	34.095	62.59	46.79	1320	14.829	53.093
840	6.4115	34.909	64.12	48.08	1340	15.109	53.782
860	8.6610	35.718	65.70	49.35	1360	15.390	54.466
880	8.9125	36.524	67.25	50.62	1380	15.671	
900	9.1657	37.325	68.78	51.88	1400	15.952	
920	9.4207	38.122	70.31		1420	16.233	
940	9.6776	38.915	71.84		1440	16.513	
960	9.9362	39.703	73.35		1460	16.794	
980	10.197	40.488	74.86		1480	17.074	
1000	10.458	41.269	76.36		1500	17.353	
1020	10.722	42.045			1520	17.909	
1040	10.987	42.817			1540	18.186	
1060	11.254	43.585			1560	18.462	
1080	11.522	44.349			1580		
1100	11.492	45.108			1600	18.736	
1120	12.063	45.863			1620	19.008	
1140	12.335	46.612			1640	19.280	
1160	12.608	47.356			1660	19.549	
1180	12.883	48.095			1680	19.816	
1200	13.158	48.825			1700	20.081	
1220	13.435	49.555			1720	20.343	
1240	13.712	50.276			1740	20.602	
1260	13.991	50.990			1760	20.859	
1280	14.270	51.697			1780	20.986	

表 3-5　各種熱電偶之結構材料及其比較

熱電偶類別及符號	構成材料		優點	缺點
	負極材料	正極材料		
B	銠 30%，其餘為鉑	銠 6%，其餘為鉑	1.可測得 1700℃的高溫 2.穩定性較 R 良好 3.還原性大氣中的劣化較 R 為小 4.不必設置補償導線	1.硬度較 R 為高，施工困難 2.價格高昂
R	銠 13%，其餘為鉑	鉑	1.精度高、誤差及劣化均小 2.抗藥性、抗酸性均極良好 3.可供作使用上的標準 4.可測定 1000℃以上之高溫 5.電阻較小	1.靈敏度不良 2.電動勢特性中的線性不良 3.不適於在還原性大氣中使用 4.無法測定 0℃以下的低溫 5.價格高昂
(PR)	銠 13%，其餘為鉑	鉑		
S	銠 13%，其餘為鉑	鉑		
K (CA)	鉻 30%，其餘為鎳	除少量的錳、鋁，及矽元素外，其餘為鎳(鋁鎳合金)	1.熱電動勢特性的線性良好 2.溫度在 1000℃以下時，抗酸性良好 3.作為金屬熱電偶時，穩定性良好	1.不適於在還原性大氣中使用 2.較貴重之金屬熱電偶常年變化較大 3.作為一般金屬熱電偶使用時，價格高昂 4.電阻極高
E(CRC)	鎳 45%，其餘為銅	鉻 10%，其餘為鎳	1.其感度係現用熱電偶中最高者 2.抗蝕、抗熱性能均較 J 良好 3.價格較 K 低廉 4.兩腳非磁性	1.不適用於還原性大氣中 2.電阻極高
J(IC)	鎳 45%，其餘為銅(銅鎳合金)	鐵	1.可在還原性大氣中使用 2.靈敏度較 K 高出 20% 3.價格較 K、E 低廉	1.特性誤差較大 2.容易生鏽
T(IC)	鎳 45%，其餘為銅(銅鎳合金)	鐵	1.價格低廉、容易購得 2.能執行極低的溫度測定 3.易於從事細線施工	1.可使用的溫度範圍較低 2.容易氧化 3.電阻的+、−差異頗大

表 3-6　熱電偶線徑、線電阻及使用溫度限制

記號	JIS 記號	線徑(mm)	電阻(Ω/m)	常用溫度(℃)	最高使用溫度(℃)
W5		0.25	9.96	2,000	2,300
		0.50	2.49		
W3		0.25	8.23	2,000	2,300
		0.50	2.05		
B		0.50	1.75	1,500	1,700
R		0.50	1.47	1,400	1,600
S		0.50	1.43	1,400	1,600
K	CA	0.65	2.95	650	850
		1.00	1.25	750	950
		1.60	0.49	850	1,050
		2.30	0.24	900	1,100
		3.20	0.12	1,000	1,200
E	CRC	0.65	3.56	450	500
		1.00	1.50	500	550
		1.60	0.59	550	650
		2.30	0.28	600	750
		3.20	0.15	700	800
J	IC	0.65	1.70	400	500
		1.00	0.72	450	550
		1.60	0.28	500	650
		2.30	0.14	550	750
		3.20	0.07	600	750
T	CC	0.32	6.17	200	250
		0.65	1.50	200	250
		1.00	0.63	250	300
		1.60	0.25	300	350

註：[電阻]係於 0℃時正極與負極間測得之值。W5 及 W3 係於 20℃時之測定值。

3-2-4　熱電偶的配線方式

　　熱電偶所產生的熱電動勢(EMF)的大小，由於是依據測量接點的熱接點與基準接點的冷接點(或參考點)，兩者之間的溫差而定的。在一般測量時，從測量接點到基準接點的連接距離，均存在著相當的長度，此時若用"一般銅材料的導線"來加以連接成延長線時，由於銅材料分別與測量接點與基準接點的接點間，又產生了溫差，以致成了「新的」熱電偶電路，因而又產生了新的誤差。因此一般而言，必須要使用和熱電偶材料相近的熱補償導線(而不能使用銅材料導線)，以便執行補償測量接點和基準接點間，溫度變動所引起的效應，以便減少誤差。

　　下列三種熱電偶參考接線圖，主要目的是減少熱電偶在溫度測量時，減少誤差的方法，計有電橋法、冷卻法及加溫法，分述如下：

1.　電橋法：如圖 3-7 所示，利用"自我補償式"電橋電路，使用熱敏電阻 R_T 和熱電偶 T_2 的冷接面 T_3 做熱的整合效應，以抵補掉圍繞於熱電偶 T_2 冷接面 T_3 周圍的溫度變化。

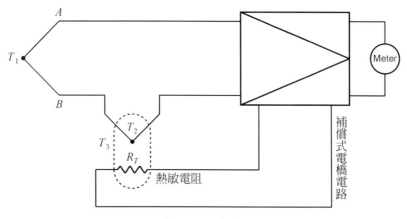

圖 3-7　電橋法

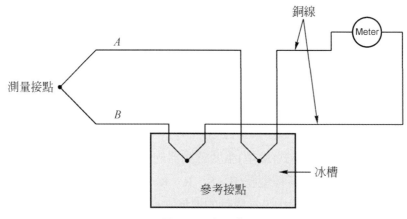

圖 3-8　冷卻法

2. 冷卻法：利用一冰槽，使參考接點的溫度維持在 0℃的冰點中，而維持 0℃的周圍溫度，此為利用環境補償方式的冷卻法，如圖 3-8 所示。

3. 加溫法：如圖 3-9 所示，利用電源電壓 V 及電阻線 R，所構成的加溫元件，來讓參考接點維持在一定的參考溫度，使參考接點的溫度不變。

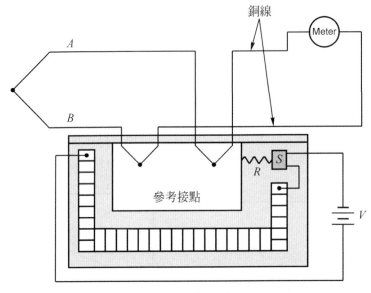

圖 3-9　加溫法

　　熱電偶所產生的熱電動勢並不是很大，由圖 3-6(a)可以看出 E 型熱電偶，在溫度 T(℃)變化為 1000℃範圍時，其輸出電壓 V_o(mV)約有 80 mV，其每℃的單位變化為 80μV/℃。如此小的輸出電壓極容易受到外部的感應而造成干擾，因此一般都使用具有屏蔽(Shielding)效果的補償導線，而這類型的屏蔽導線，只有對"靜電"所產生的干擾具有屏蔽作用，對電磁干擾則沒有屏蔽效果。為了避免靜電及電磁兩者效應所產生的干擾，第一要將補償導線遠離電磁感應的來源(通常為電源)，第二採用絞線型(Twisted pair)的補償線，並且將補償線置於鐵製隔離網中。

3-3　電路原理

　　圖 3-10 為完整的熱電偶式(K 型)溫度感測器的電路圖，使用 K 型(或 CA 型)的熱電偶溫度感測元件。由圖 3-6(a)各種型號(B、S、R、K、T、J 及 E 等七個型號)的溫度 T (℃)─輸出電壓 V_o(mV)的特性曲線中，當橫軸的溫度 T(℃)變化從 0℃到 1000℃時，B 型熱電偶

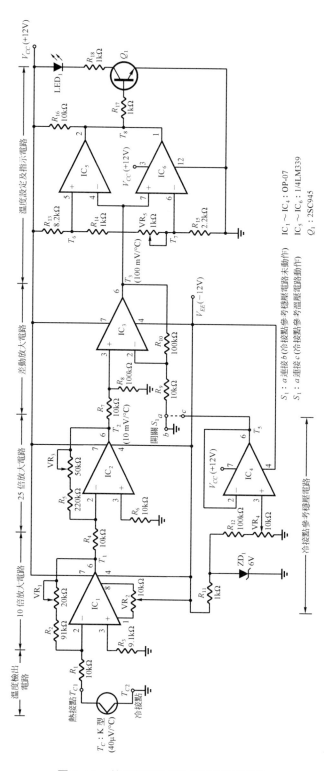

圖 3-10　熱電偶式(K 型)溫度控制電路

感溫元件約只有 5mV 的輸出電壓，E 型熱電偶感溫元件，則有最大的輸出電壓值約為 77mV 左右，而 K 型熱電偶感溫元件的輸出電壓，則介於 B 型與 E 型兩者之間，約為 40mV 左右，也就是說在 1000℃的溫度變化範圍內，只有 40mV 的輸出電壓變化量，則以每℃產生 40μV(40mV÷1000℃ = 40μV/℃)的變化且成正比例增加。

使用 K 型熱電偶感溫元件，做為圖 3-10 的感溫元件，在感溫元件輸入的端點 T_{C1} 及 T_{C2} 當中，T_{C1} 為熱接點(Hot junction)，T_{C2} 為冷接點(Cold junction)，而 T_{C1} 的電位比 T_{C2} 為高，每當外界溫度變化 1℃，以 K 型熱電偶感溫元件為例，T_{C1} 則比 T_{C2} 高 40μV。由於要在測試點 T_2，得到溫度每變化 1℃有 10mV 的輸出，則要經過分別為 10 倍(IC_1)及 25 倍(IC_2)的電壓放大器，即

$$T_2 = 40\mu V / ℃ \times 10 \times 25 = 10mV / ℃ \tag{3-3}$$

在開關 S_1 的接點 a 與接點 b 連接時，由於冷接點參考穩壓電路，處於未動作的狀態，T_2 或 T_3 所測得的輸出電壓值，正比於熱接點 T_{C1} 與冷接點 T_{C2} 的差值，當 T_{C2} 冷接點產生偏移或者不是 0℃時，則 T_3 的輸出不是實際的溫度值。當開關 S_1 的接點 a 與接點 c 連接時，則經由穩壓電路 R_{11}(1kΩ)、ZD_1(6V)，電壓緩衝器(IC_4)等，構成調整可變電阻 VR_4(10kΩ)的電阻值，模擬冷接點為 0℃的溫度，使 T_2 或 T_3 所測得的輸出電壓值，是以 0℃為冷接點為參考點的攝氏溫度(℃)指示值，也就是實際的溫度值。

圖 3-10 中 IC_3 做為 10 倍放大的差動放大電路，溫度每變化 1℃時，由輸出端 T_2 產生 10mV 的變化量，再由輸出端 T_3 產生 100mV(10mV×10 = 100mV)的變化量。T_3 所輸出的電壓值，再經由 IC_5 ($^1/_4$ LM339)，IC_6 ($^1/_4$ LM339)所構成的窗型比較器，以做為約 21.3℃~ 40.6℃的溫度設定，在此溫度範圍內則 LED1 亮，否則低於 21.3℃或高於 40.6℃溫度則 LED_1 不亮。

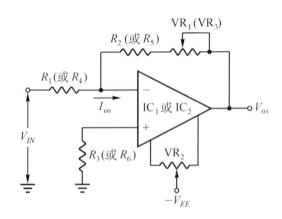

圖 3-11　輸出抵補電壓 V_{os} 及輸入偏壓電流 I_{os} 之效應

從圖 3-6(a)當中的溫度(T)—輸出電壓 V_o 曲線中，可以發現一般常用的 K 型熱電偶感溫元件，約以每℃約 40μV 的變化量成正比例增加，本實習電路採用 K 型熱電偶當感溫元件，完成如圖 3-10 的實習電路圖，分別經由 10 倍及 25 倍的電壓放大器，使輸出約有每℃產生 10mV(40μV/℃×250 =10mV/℃)的輸出。

3-3-1　檢出電路及放大電路(a 與 b 連接)

T_{C1} 及 T_{C2} 分別為 K 型熱電偶(TC：Thermal coupler)的熱接點與冷接點，T_{C1} 之電位應較 T_{C2} 為正，從 T_{C1} 及 T_{C2} 可測得數毫伏(mV)由熱電偶產生的電壓，再經由如圖 3-12 所示 IC$_1$ 構成的 10 倍放大器，以及 IC$_2$ 所構成的 25 放大器予以放大，IC$_1$ 及 IC$_2$ 放大器的電壓放大倍 A_V 約為 250 倍。R_2 +VR$_1$ 的值為 100kΩ 時，則 IC$_1$ 有 10 倍的放大率(A_{V1} =10)，

$$A_{V1} = \frac{T_1}{T_{C1}} = \frac{R_2 + \text{VR}_1}{R_1} = \frac{91\text{k}\Omega + 9\text{k}\Omega}{10\text{k}\Omega} = 10 \,(\text{VR}_1 調 9\text{k}\Omega) \tag{3-4}$$

R_5 +VR$_3$ 的值為 250kΩ 時，則 IC$_2$ 有 25 倍的放大率(A_{V2} =25)

$$A_{V2} = \frac{R_5 + \text{VR}_3}{R_4} = \frac{220\text{k}\Omega + 30\text{k}\Omega}{10\text{k}\Omega} = 25 \,(\text{VR}_3 調 30\text{k}\Omega) \tag{3-5}$$

如圖 3-12 所示，IC$_1$ 及 IC$_2$ 的兩級電壓放大率 A_V 為

$$A_V = A_{V1} \times A_{V2} = 10 \times 25 = 250 \tag{3-6}$$

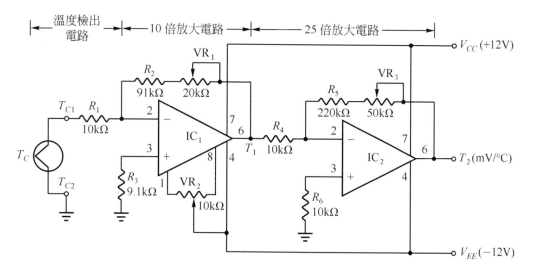

圖 3-12　溫度檢出電路及 10 倍與 250 倍放大電路

由於熱電偶所產生的電動勢很小，圖 3-12 運算放大器 IC_1 及 IC_2 的輸出抵補電壓 V_{os} (Offset voltage)會造成很大的誤差，但使用可變電阻器 VR_2(10kΩ)，可以將輸出抵補電壓 V_{os} 調為零；R_3 (9.1kΩ)或 R_6 (10kΩ)，可以消除運算放大器 IC_1 及 IC_2 的輸入偏壓電流 I_{os} 所引起的誤差效應，如圖 3-11 所示，R_3 或 R_6 的電阻值之計算分別如下：

$$R_3 = R_1 // (R_2 + VR_1) = 10kΩ // (91kΩ + 9kΩ) \fallingdotseq 9.09kΩ \Rightarrow 使用 9.1kΩ(R_3) \quad (3-7)$$
$$R_6 = R_4 // (R_5 + VR_2) = 10kΩ // (220kΩ + 30kΩ) \fallingdotseq 9.62kΩ \Rightarrow 使用 10kΩ(R_4) (3-8)$$

3-3-2 差動放大電路(S_1為 a 連接 b 時)

圖 3-10 的開關 S_1，使用於如圖 3-13 的接法時，也就是將接點 a 與 b 連接時，IC_3 所構成的差動放大電路，主要用途是將熱電偶元件的熱接點 T_{C1} 與冷接點 T_{C2} 的溫差，加以放大於輸出電端 T_3。當 T_{C1} 與 T_{C2} 的溫度差越大，則 T_3 的值越大，如此 T_3 可做為 T_{C1} 與 T_{C2} 溫度差的指示值，每當 T_{C1} 與 T_{C2} 有 1°C 的溫度差，T_3 則有 100mV 的電壓輸出值，如(3-9)式所示，而 IC3 的差動放大增益 A_{V3} 為 10 倍($R_8/R_7 = R_{10}/R_9$=10)。

$$T_3 = T_2 \times A_{V3} = 10mV /°C \times 10 = 100mV /°C \quad (3-9)$$

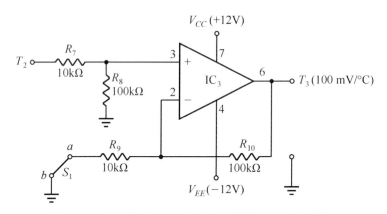

圖 3-13　差動放大電路(冷接點參考穩壓電路未動作)

3-3-3 冷接點參考穩壓電路(S_1為 a 連接 c 時)

在使用熱電偶做溫度感測元件之場合，由於冷接點 T_{C2} 端點(如圖 3-12 之 T_{C2})，會隨著外界溫度而產生變化，致使做為參考點溫度的冷接點無法維持在一定的溫度，導致測量到熱電偶元件(T_C)在 T_{C1} 與 T_{C2} 的溫度差則為不恆定的狀態，在經過放大後的 T_1、T_2 及 T_3 的值也會產生誤差，電路如果使用冷接點補償電路後，則可以減少誤差，並增加準確度。

　　圖 3-10 的開關 S_1，若將 a 與 c 點(如虛線所示)連接，則冷接點補償電路，立即產生作用，如圖 3-14 的電路所示。除了能夠放大熱電偶的輸出電壓外，尚具有冷接點補償的功能，在輸出實際的溫度時，可以調整可變電阻 VR_4 (10kΩ)，使 T_5 的電壓為冷接點的參考電壓值，此參考電壓值為冷接點的溫度，再乘以 10(R_{10}/R_9 =10)，則 T_3 的單位為 mV/℃。若外接的冷接點溫度不為 0℃時，則調整可變電阻器 VR_4 (10kΩ)，使 T_5 的輸出為 T_{C2} 相對應的電壓值，經過差動放大 IC_3，則可以將冷接點所產生的偏差抵補掉，T_3 的輸出即為實際溫度值。

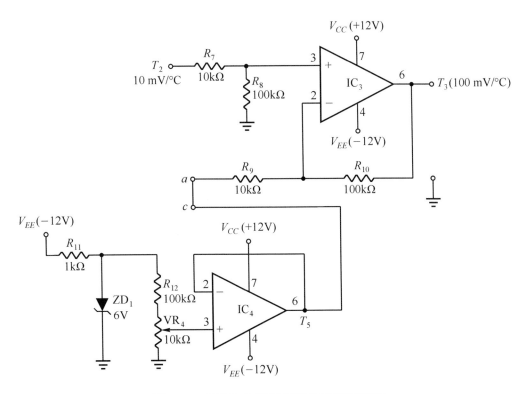

圖 3-14　差動放大(具冷接點參考穩壓電路)

　　R_{11} (1kΩ)與 ZD_1 (6V)元件，構成了負 6V 的負壓穩壓電壓，T_4 對地的電壓為 − 6V 的值，經過 R_{12} (100kΩ)及 VR_4 (10kΩ)的分壓，調整可變電阻 VR_4，使 T_5 的電壓為冷接點溫度，乘以 10mV 的冷接點之參考電壓值。

3-3-4　溫度設定及指示電路

　　如圖 3-15 所示，從圖 3-10 熱電偶感溫元件 T_C，所感測到電壓讀數值電壓 T_3，經 IC_5、IC_6 所構成的窗型檢知電路，R_{13} (8.2kΩ)、R_{14} (1kΩ)、VR_5 (1kΩ)及 R_{15} (2.2kΩ)等元件，構成溫度設定電路的上限電壓 V_U (T_6)及下限電壓 V_L (T_7)的分壓電路。本電路的溫度比較範圍，則為 30℃±10℃，在 T_C 感測到的溫度為 20℃～ 40℃時，則 LED$_1$ 亮，否則不在此範圍時，LED$_1$ 不亮。上限電壓 V_U 及下限電壓 V_L 的數值之計算，如(3-10)及(3-11)式之計算公式：

$$T_6 = V_U = \frac{V_{CC}}{R_{13} + R_{14} + VR_5 + R_{15}} \times (R_{14} + VR_5 + R_{15})$$

$$= \frac{12}{8.2k\Omega + 1k\Omega + 1k\Omega + 2.2k\Omega} \times (1k\Omega + 1k\Omega + 2.2k\Omega)$$

$$= 4.06V \ (\text{約 } 40℃) \tag{3-10}$$

$$T_7 = V_L = \frac{V_{CC}}{R_{13} + R_{14} + VR_5 + R_{15}} \times R_{15}$$

$$= \frac{12}{8.2k\Omega + 1k\Omega + 1k\Omega + 2.2k\Omega} \times 2.2k\Omega$$

$$= 2.13V \ (\text{約 } 20℃) \tag{3-11}$$

可變電阻器 VR$_5$(1kΩ)，用來微調上限電壓 V_U (4.06V)及下限電壓 V_L(2.13V)，T_3 的電壓值若大於 T_7 (2.13V 即 21.3℃)且小於 T_6 (4.06V 即 40.6℃)時，則 LED$_1$ 亮，否則在 T_3 小於 2.13V 或者 T_3 大於 4.06V 時，LED$_1$ 不亮。電阻 R_{17} (1kΩ)及 R_{18} (1kΩ)做為限流電阻用途，Q_1 (2SC945)做電子開關用途。

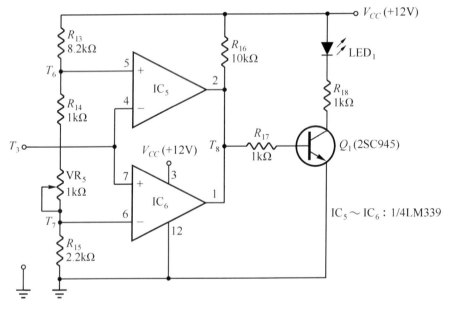

圖 3-15　溫度設定及指示圖

3-4　電路方塊圖

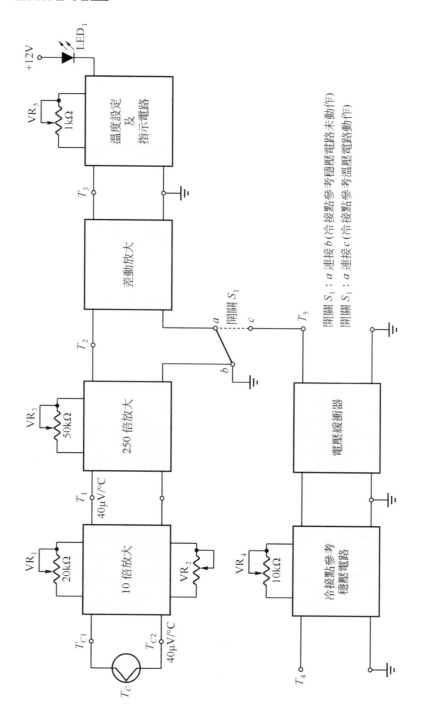

圖 3-16　圖 3-10 之電路方塊圖

3-5　檢修流程圖

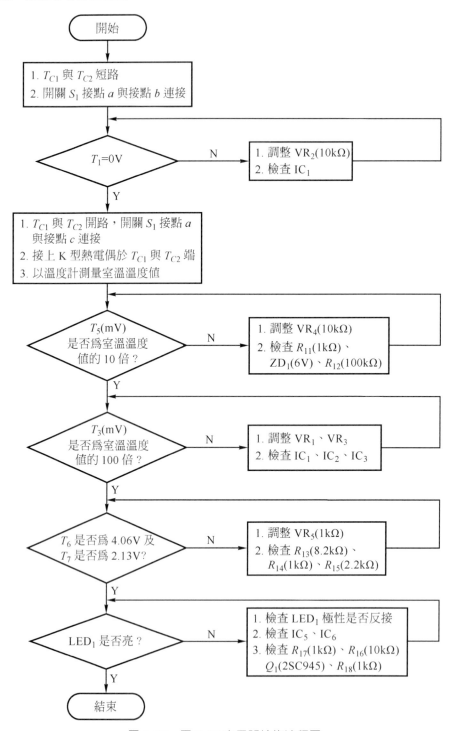

圖 3-17　圖 3-10 之電路檢修流程圖

3-6　實習步驟

1. 裝配如圖 3-10 的電路，將熱接點端 T_{C1} 與冷接點端 T_{C2} 短路，並將開關 S_1 之接點 a 與 b 連接(S_1 之實線所示)。

2. 以 DMM 置於直流電壓(DCV) 200mV 檔，記錄 T_1=_____ mV。

3. 調整可變電阻器 VR_2 (10kΩ)，使 $T_1 \doteqdot$ 0mV。

4. 以 DMM 置於直流電壓(DCV) 200mV 檔，記錄 T_2=_____ mV。

5. 以 DMM 置於直流電壓(DCV) 200mV 檔，記錄 T_3=_____ mV。

6. 步驟 5.中 T_3 的值除以 100 時，記錄其值，則爲冷接點參考溫度 T_R=_____ ℃

7. 將 K 型熱電偶溫度檢出器 T_C，接於 T_{C1} 及 T_{C2} 點，置於室溫的測量溫度 T 之下，以溫度計記錄室溫 T=_____ ℃

8. 將開關 S_1 之接點 a 與接點 c 連接(開關 S_1 之虛線所示)。

9. 以 DMM 置於直流電壓(DCV) 20V 檔，測量 T_4=_____V。

10. 以 DMM 置於直流電壓(DCV) 20V 檔，調整 VR_4 (10kΩ)，使 T_5 爲步驟 6.當中參考點讀數值(T_R 的值)的 10 倍，記錄 T_5=_____ mV。

11. 以 DMM 置於直流電壓(DCV)20V 檔，測量 T_3=_____ mV。

12. 計算步驟 11.當中 T_3 的值減去步驟 5.當中 T_3 的值，是否爲步驟 5.於室溫(℃)條件下的值乘以 100 倍呢？爲什麼？

13. 調整 VR_5 使 T_6 約爲 4.06V，T_7 約爲 2.13V。

14. 觀察此時 LED_1 是否亮？爲什麼？

15. 以手緊握熱電偶端，約 1 分鐘後，觀察 LED_1 是否滅？爲什麼？

3-7　問題與討論

1. 何謂熱電效應(Thermo-electric effect)？

2. 何謂熱接點(Hot junction)及冷接點(Cold junction)？

3. 何謂帕提勒效應(Peltier effect)？

4. 熱電偶主要依哪兩大系統加以分類？其主要規格有哪幾種型號？

5. 熱電偶在溫度測量時，有哪三種減少誤差的方法？

6. 繪圖及說明完整的熱電偶式(K 型)溫度感測器之電路方塊圖。

Chapter 4

光敏電阻 CdS
(照度計的應用)

4-1 實習目的

1. 瞭解光敏電阻(CdS)的特性。
2. 學習如何將光的信號轉換成電氣信號。
3. 瞭解 CdS 照度與檢測放大輸出電壓的關係。
4. 學習 CdS 照度計的應用電路。
5. 瞭解 CdS 與光量、照度、響應時間的特性關係。

4-2 相關知識

4-2-1 光敏電阻(CdS)元件

　　光敏電阻(CdS)為一種利用光導電效應(Photo conductive effect)的半導體光感測器元件，其基本原理為當較強的光線照射在半導體材料時，其電阻值會下降；反之，光線強度減弱時，電阻值就上升。這是因為當光線照射在半導體表面時，所產生的電子、電洞對，將由禁帶遷移至傳導帶，並獲得能量，使其導電率增加的緣故，而半導體本身的阻抗會下降。因此，CdS 猶如一種光可變電阻器，而此種半導體材料，除了有硫化鎘(CdS)外，尚有硒化鎘(CdSe)和硫化鉛(PbS)等材質。圖 4-1 即為光敏電阻的構造，圖 4-2 為其實體外形。

　　圖 4-3 所示為 CdS 電阻值的測定電路，若在 CdS 光導電體加以串接電流錶 I，並施加電壓 V 至 CdS 兩端電極上，而將 CdS 放置於黑暗中時，此時可由電流錶中看出只有微少的電流流動。這是 CdS 光導體的固有電流，一般稱為暗電流(Dark current)，而此電流很小，表示 CdS 在此照度下，是呈現高電阻；若有光照射至 CdS 的光導體時，便會有 ΔI 的電流流動，此電流稱之光電流(Light current)，而光電流表示電路工作於正常信號的成份，暗電流則是屬於電路工作於不正常的雜訊成份。

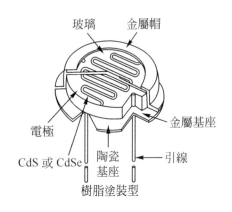

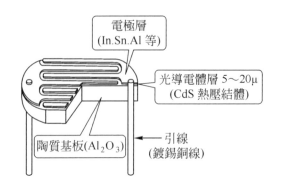

(a) 金屬包裝型光敏電阻之結構　　　　(b) 樹指塗裝型光敏電阻之結構

圖 4-1

圖 4-2　CdS 的外形

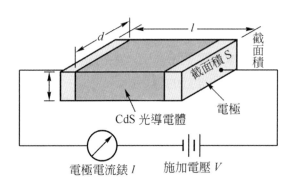

圖 4-3　CdS 電阻值的測定電路

　　如圖 4-3 中，光敏電阻的光導電層兩電極隔板的長度 l 和光導電層間的間隔的電極長度 d 的比值(l/d)，是光敏電阻具決定性的一項重要因素。當 d 較寬，l 較短時，光感度就較大，而此時的電阻值也就愈低；反之，則光感度較差。所以，一般市面上所看到的光敏電阻的圖案，必然是梳型或者是彎曲型的形狀佔了絕大部份。

　　所謂光電阻值靈敏度，是指入射光強度與電阻的關係，而光電阻的「基準電阻」，是定義以周圍為 25℃溫度及色溫度為 2856 K 的鎢絲燈發光光源，發出 10 Lx 光源下所測定的電阻值。圖 4-4 為光電阻值與照度的關係，而此曲線的斜率 γ 值，則會因不同的光導材料而有所差異，如圖 4-4 在低照度下(橫軸所示 1～2 Lx)傾斜度較大。倘若光敏電阻被使用於檢知光量的場合下，圖 4-4 的照度－電阻值特性曲線，是一項頗為重要的參考因素。

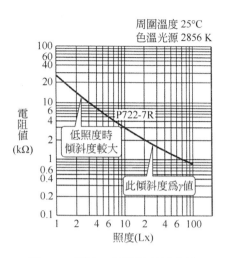

圖 4-4　照度－電阻值特性曲線

4-2-2　光敏電阻特性曲線

　　圖 4-5 為光敏電阻，典型的施加直流電壓(V_{DC})－光電流 I_L(mA)的特性曲線，在最大的功率消耗範圍內，最大功率容許損失約維持在 100mW 的直線範圍內。當照度一定時，則施加電壓(V_{DC})與光電流 I_L(mA)的特性曲線變化，幾乎都維持著直線性的關係。但是當超出最大功率消耗範圍時，則此一特性曲線的關係，將偏離了直線性，主要的理由，是由於功率消耗的增加，導致了光敏電阻的溫度上升，而使光敏電阻的電阻值產生了變化所致。圖 4-5 的施加電壓最小為 1V，最大的容許施加電壓約為 200V 左右。

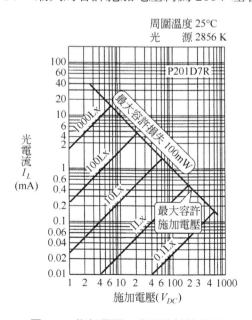

圖 4-5　施加電壓－光電流特性曲線

4-2-3　光敏電阻設計時注意事項

　　光敏電阻的基本原理及應用上，可以把它當成一種無極性的「純電阻元件」來使用，與一般常用電阻的特性相似。但是由於光敏電阻在受光與不受光之間，不同照度所引起電阻值變化範圍甚大，如圖 4-4 在照度為 100 Lx 時，光敏電阻之阻值約為 800Ω，而照度在 1 Lx 時光敏電阻值約有 28kΩ 左右，其電阻值的變化約有 35 倍之多。因此使得流過光敏電阻的電流，並不相同，在光敏電阻上所產生的熱量也不同。當使用光敏電阻於超過額定照度工作範圍時，會使電阻值變化量增大，如此一來甚至會燒燬或者是破壞光敏電阻的結晶。

　　因此，實際上在使用光敏電阻及設計電路的過程中，下列幾項因素，為不可或缺的考慮因素：

(1) 入射光的照度工作範圍。

(2) 光敏電阻的電阻值變化範圍。

(3) 周圍環境的工作溫度。

(4) 選擇光敏電阻的消耗功率。

(5) 施加電壓與光電流。

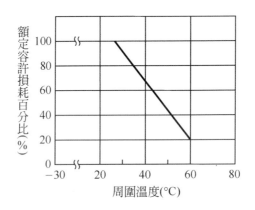

圖 4-6　容許耗損功率特性曲線

　　圖 4-6 為光敏電阻所容許損耗功率特性曲線，由周圍溫度(℃)與額定容許損耗百分比(%)的關係曲線，可以看出當光敏電阻的周圍溫度約從-30℃～27℃時，容許損耗功率的額定容許損耗百分比有 100%，但隨著周圍溫度的上升，則額定容許損耗百分比呈直線的下降，周圍溫度為 50℃時，額定容許損耗百分比卻只有 40%，60℃時則降到了 20%，因此對於光敏電阻在周圍環境下的工作溫度，不得不慎重考慮了。

　　對於光感測系列元件而言，光敏電阻在響應特性方面的響應時間參數而言，是比較慢的一種材料，例如光敏電阻比光電晶體的響應時間還慢，因此對於要使用在快速光量變化或者是快速明暗交替動作的檢測應用場合時，則使用光敏電阻做光檢測器就要加以考慮了。其理由是由於光敏電阻(CdS)對於入射光的變化，無法直接且立即的對入射光作立即反應，導致會有一個短暫的延遲時間。

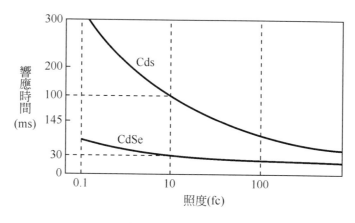

圖 4-7　響應曲線

圖 4-7 為兩種不同的光敏電阻材料，硫化鎘(CdS)及硒化鎘(CdSe)對於不同「光量」或「照度」時的「響應時間」，茲將光量、照度及響應時間之定義說明如下：

1.　光量：以一個燭光(Candle)的標準光源為中心，當通過一個單位立體角(sr：立體弧度)，射出的光束或光通量(單位為流明：lm)，在 1 秒(sec)鐘時間內，以人類眼睛分光感度，測定到的總能量數值，稱之為光量，它的使用單位為「流明秒」J(lm·sec)。

2.　照度：一個單位時間(秒：sec)，通過一個單位截面積(m^2)的光通量(lm)的數值，一般常用的照度單位為勒克斯(Lx)，所以 1 Lx = 1 lm/ft^2。另一個常用的照度單位為 fc(Feet-candle：呎燭光)，1 fc = 1 lm/ft^2，而 1 fc = 10.764 Lx。

從上述光量與照度的定義說明中，可知「光量」主要是描述「光」源能「量」的大小，而「照度」是描述在一定光的「照」射下，對於一定的距離而言，所測到「光量分佈程度」的情形或大小。因此只要光量(ℓ)相同，當照射距離(d)的越遠時，則所測到的照度(E)則越小，照度(E)與距離(d)的平方成反比，關係如下：

$$E = K \frac{\ell}{d^2} \tag{4-1}$$

圖 4-4 及 4-5 的照度是以 Lx 為單位，而圖 4-7 的照度是以 fc 為單位。從圖 4-7 的響應曲線，可以看出在相同照度下，如同樣為 10 fc(約 100 個 Lx)時，光敏電阻 CdSe 材料的響應時間約為 30 ms，而光敏電阻 CdS 材料的響應時間卻要 145 ms，因此 CdS

的響應時間較 CdSe 遲緩。同時從圖 4-7 中，可以發覺到照度(或光量)的大小，對於光敏電阻也有相當大的影響，當照度愈大時，如超過 100 fc 時，光敏電阻的響應時間都會減少，反之當小於 10 fc 時，響應時間都會增加，這種現象在 CdS 材料上更為明顯。

3. 響應時間：若定義光敏電阻，處於黑暗狀態到光照射(受光)場合，CdS 的電導(明亮時其光敏電阻值的倒數)的飽和值為 100%，而達到電導飽和值 63% 的時間，則稱為上升時間(Rising time)，當光遮斷(遮光)後降低至電導飽和值 37% 的時間，稱為下降時間(Falling time)。

圖 4-8 為不同照度下(1 Lx 與 100 Lx)，CdS 的上昇時間與下降時間的關係，圖中虛線所示為照度 1 個 Lx 及實線所示為照度 100 Lx 的上升與衰減時間。t_1 為照度 100 Lx 的上升時間，t_2 為照度 Lx 的上升時間，t'_1 為照度 100 Lx 的下降時間，t'_2 為照度 1 Lx 的下降時間。當照度愈大時，上昇時間及衰減時間都會減少，反之則增加。

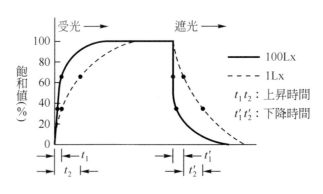

圖 4-8　CdS 的上升與衰減時間

4-2-4　CdS 電器規格比較表

表 4-1　CdS 的電器規格

型名	包裝	最大額定規格			最高感度波長 (typ.) (nm)	特性(25℃)				
		施加電壓 25℃ (V_{DC})	容許損失 25℃ (mW)	周圍溫度 (℃)		電阻值		r_{10}^{100} (註3) (typ)	響應時間(註4)	
						10Lx (註1) (min) (MΩ)	100Lx (註2) (min)(max) (kΩ) (kΩ)		上升時間 (ms)	衰減時間 (ms)
P201D5R	樹脂塗裝型	100	50	−30~+60	520	20	48~140	0.90	50	20
P722-5R		100	70	−30~+60	560	0.5	5.3~15	0.70	50	40
P380-5R		100	30	−30~+50	620	20	12~36	0.85	40	10
P1201		100	70	−30~+80	540	5	20~60	0.75	40	30
P1201-01		100	70	−30~+80	540	5	30~90	0.75	40	30
P1445		100	50	−30~+50	620	20	48~140	0.85	40	10
P201D7R		200	100	−30~+60	520	20	23~67	0.90	50	20
P722-7R		200	150	−30~+60	560	0.5	2.5~7.5	0.70	50	40
P380-7R		200	50	−30~+50	620	20	4.4~13	0.85	40	10
P1195		200	100	−30~+70	550	20	50~150	0.90	40	10
P722-10R		300	300	−30~+60	560	0.5	12~36	0.70	50	40
P109-60		100	100	−30~+60	550	0.5	2.8~8.4	0.75	50	40
P1114-04	金屬外殼型	100	30	−30~+50	570	20	15~45	0.80	40	20
P320		200	55	−30~+55	520	20	35~100	0.85	60	20
P441		200	50	−30~+55	520	1	5.5~16	0.70	45	30
P201B		200	100	−30~+50	560	20	21~63	0.85	25	20
P201D		200	100	−30~+60	520	10	20~60	0.90	50	20
P522		100	100	−30~+50	660	10	0.75~2.2	0.60	30	20
P467		100	100	−30~+60	520	5	8~24	0.90	50	20
P557-04	塑膠外殼型	300	300	−30~+60	570	3	5~16	0.75	45	30

註1：將 10 Lx 的照射光線遮斷，10 秒後的數值。

註2：光源係使用 2856 K 標準鎢絲燈泡。

註3：10 Lx ~ 100 Lx 之間的標準值，誤差為 ± 0.10。
　　　r_{10}^{100} 為 10 Lx 及 100 Lx 時光敏電阻器之電阻值的比值。

註4：上升時間係達到光電流飽和值之 63%的時間，而衰減時間為衰減至光電流飽和值之 37%的時間。

4-3 電路原理

　　圖 4-9 是利用光敏電阻(CdS)檢測光線強弱，並產生信號變化的照度計應用電路。由於光敏電阻的等效電阻(R_C)的變化，改變電晶體 Q_1(2SC1815)的工作偏壓，進而改變 Q_1 的射極輸出電壓 T_1，當光線愈強，則 T_1 的輸出電壓愈大，光線愈弱，則 T_1 的輸出電壓愈小，T_1 的輸出電壓的大小與光線的強弱成正比關係。

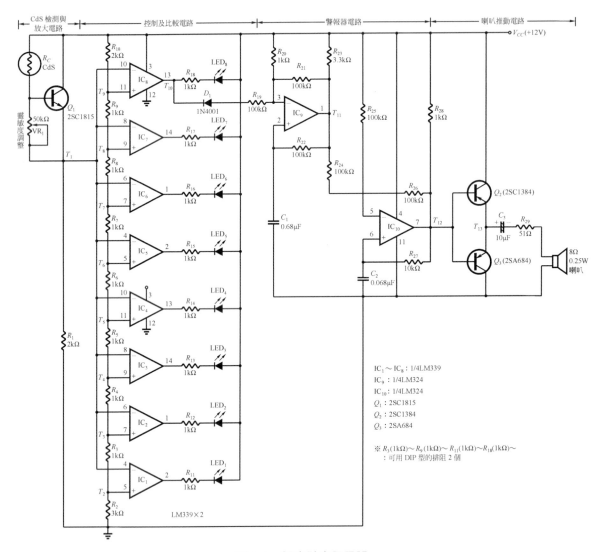

圖 4-9　照度計應用電路

　　正比於光線強弱的輸出電壓 T_1，分別加到 8 組比較器($IC_1 \sim IC_8$)的負端輸入，而各比較器的正端分別由電阻串聯分壓網路($R_2 \sim R_{10}$)所組成的，從電阻 R_2 (3kΩ)、串聯 R_3 (1kΩ)、R_4 (1kΩ)……R_{10} (2kΩ)，這些串聯的電阻網路，計有 12kΩ 的總電阻值，加於 V_{CC} (+12V)及地端(0V)，因此等值 1kΩ 的電阻即有 1V 的壓降。分別從最小值參考電壓端 T_2 (3V)，到 T_3 (4V)、T_4 (5V)……等，一直到最大值參考電壓端 T_9 (10V)。T_1 端則分別與各個參考電壓端 T_2、T_3……T_{10} 比較，若 T_1 端的電壓值，小於各參考電壓端的值，則相對應比較顯示用途的 LED($LED_1 \sim LED_8$)不亮，反之若 T_1 端的電壓值，大於各參考電壓端的值，則相對應比較顯示用途的 LED 則亮。因此若光線從弱到強的變化，則 LED 的 LED_1、LED_2、LED_3……LED_8 分別會接著依序亮起，以做為光線照度計顯示用途。

　　T_1 的輸出電壓值，若大於 10V 時，則會使二極體 D_1(1N4001)導通，藉以驅動由 IC_9 (1/4 LM324)及 IC_{10} (1/4 LM324)所構成的警報器電路，經由中功率電晶體 Q_2 (2SC1384)及 Q_3 (2SA684)所構成的推挽式(Push-Pull)放大電路，流經 C_3 (10μF)及 R_{29} (51Ω)，將警報器信號，耦合至 8Ω/0.25W 的喇叭，而產生警報聲音，以告知使用者，目前照度已超過範圍。

4-3-1　光敏電阻(CdS)檢測與放大電路

　　圖 4-10 是光敏電阻的光線信號檢測與放大電路，利用光線的強弱變化，改變光敏電阻(CdS)的等效電阻 R_C 的電阻值大小，藉以改變電晶體 Q_1 的集極與基極間的偏壓(V_{CB})，進而改變集極與射極間的偏壓(V_{CE})與射極電流 I_E，最後使得輸出電壓 V_o (T_1)，隨著光線的強弱而改變 V_o 的輸出電壓值。

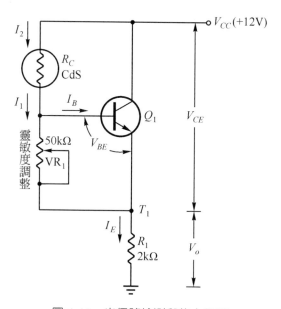

圖 4-10　光信號檢測與放大電路

可變電阻器 VR_1 (50kΩ)，用以調整檢測電路的靈敏度，電晶體 Q_1 的基極－射極間電壓 V_{BE}，剛好是可變電阻器 VR_1 兩端的電壓，因此流經 VR_1 的電流 I_1 為

$$I_1 = \frac{V_{BE}}{VR_1} \tag{4-2}$$

由於流經電晶體 Q_1 基極的電流 I_B，遠較流經由光敏電阻所形成的等效電阻 R_C 的電流 I_2，以及流經 VR_1 的電流 I_1 都為小，因此可以忽略流經 Q_1 基極的電流為

$$
\begin{aligned}
I_2 &= I_1 + I_B，I_B \ll I_1 及 I_B \ll I_2 \Rightarrow I_2 \fallingdotseq I_1 \\
V_{CE} &= I_2 \times R_C + I_1 \times VR_1 \\
&= I_1 \times R_C + I_1 \times VR_1 \quad (\because I_2 = I_1) \\
&= I_1(R_C + VR_1)
\end{aligned}
\tag{4-3}
$$

(4-2)式代入(4-3)式，得知：

$$V_{CE} = I_1(R_C + VR_1) = \frac{V_{BE}}{VR_1}(R_C + VR_1) = V_{BE}\left(1 + \frac{R_C}{VR_1}\right) \tag{4-4}$$

由(4-4)式可知，當靈敏度可調電阻 VR_1 (50kΩ)的電阻值固定時，以及 Q_1 的基極－射極電壓 $V_{BE} \fallingdotseq 0.7V$ 固定電壓值時，則 Q_1 的 V_{CE} 與光敏等效電阻 R_C，以及由射極電阻 R_1(2kΩ)的光敏電阻檢測放大電流 I_E、輸出電壓 $V_o(T_1)$的關係如下：

1. 當光敏電阻 CdS 受光愈強時，則其等效電阻 R_C 減小，由(4-4)式得知 V_{CE} 減少(當 V_{BE} 及 VR_1 為一定值時)，而 Q_1 的射極輸出電壓 V_o 為

$$V_o = V_{CC} - V_{CE} \tag{4-5}$$

由(4-5)式得之 V_{CE} 減少時，由於 V_{CC} 為一定值，因此 V_0 增加。

2. 當光敏電阻 CdS 受光較弱時，則其等效電阻 R_C 增加，由(4-3)式得知 V_{CE} 增加(當 V_{BE} 及 VR_1 為一定值時)，由(4-4)式得之 V_{CE} 增加時，由於 V_{CC} 為一定值，因此 V_o 為減少。

4-3-2　控制及比較電路

由圖 4-10 光信號檢測與放大電路的輸出電壓端 V_o，連接到如圖 4-11 所示 $IC_1 \sim IC_8$ 的八組比較器的負輸入端，$IC_1 \sim IC_8$ 分別由兩個編號為 LM339 的 IC 所組成。LM339 內由於有四組比較器，比較器的正端分別由分壓電阻器 R_2 (3kΩ)、$R_3 \sim R_9$(各為 1kΩ)及 R_{10} (2kΩ) 所串聯而成。在八個比較器當中，每一個比較器所設定的比較參考電壓均不一樣，分別由最低的 3V 到 4V、5V、6V、7V、8V、9V 到最高的 10V，所對應串聯分壓組合而成的，在

每一個比較器的輸出端，各連接一個 1kΩ 的限流電阻(R_{11}~R_{18})及相對應做照度指示用的
LED (LED$_1$~LED$_8$)。

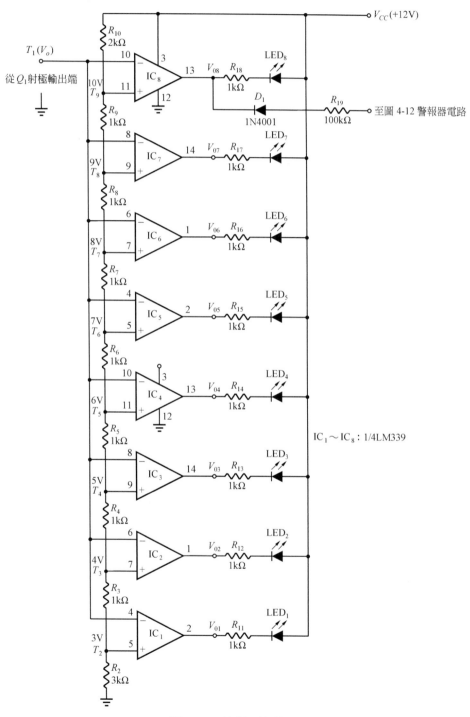

圖 4-11　控制及比較電路

當光信號檢測與放大電路的輸出電壓端 T_1，介於 3V(T_2 參考電壓)與 4V(T_3 參考電壓)之間時，由於 T_1 是連接到 IC_1 負輸入端(第 4 支腳)，當輸出電壓 T_1 與 3V(T_2 參考電壓)比較後，經由比較器 IC_1 的輸出端(第 2 支腳)，V_{01} 則為低電位($\doteqdot$0V)，指示用 LED(LED$_1$)亮，電源電壓 V_{CC} 經由 LED$_1$ 及其限流電阻 R_{11} (1kΩ)到 V_{01} 的地電位。由於 T_1 此時電壓只有 3V～4V，因此 IC_2 的 V_{02}、IC_3 的 V_{03}、……IC_8 的 V_{08} 都為高電位($\doteqdot$+12V)，LED$_2$～LED$_8$ 則不亮。

當輸出電壓端 T_1 的電壓值介於 4V～5V，大於分壓電阻器當中的 R_2(3kΩ)及 R_3 的參考電壓 T_2(3V)、T_3(4V)時，在 $T_1 > T_3$($T_3 = 4V$)且 $T_1 < T_4$($T_4 = 5V$)時，則 LED 當中的 LED$_1$ 及 LED$_2$ 亮，其理由如下：

1. 當 5V > T_1 > 4V 時，$T_1 > T_3$ (4V)使比較器 IC_2 的輸出端 V_{02}，為低電壓($\doteqdot$0V)則 LED$_2$ 亮。且由於 $T_1 < T_4$ (5V)，使比較器 IC_3～IC_8 的輸出端 V_{03}～V_{08}，為高電位($\doteqdot$+12V)，LED$_3$～LED$_8$ 不亮。

2. 由於 $T_1 > 4V$ 也可以說 T_1 也大於 3V($T_1 > 3V$)，因此比較器 IC_1 的輸出端 V_{01}，也為低電壓($\doteqdot$0V)，LED$_1$ 也亮。

綜合 1.及 2.的說明，當 T_1 介於 3V～4V 時，則 LED$_1$ 亮，當 T_1 介於 4V～5V 時則 LED$_1$ 及 LED$_2$ 亮，依此類推，T_1 於 5V～6V 時，則 LED$_1$、LED$_2$ 及 LED$_3$ 亮……，當 $T_1 > 10V$ 時則 LED$_1$～LED$_8$ 全亮，LED$_8$ 亮時，則比較器 IC_8 的輸出端 V_{08}，為低電位($\doteqdot$0V)，連接到開關二極體 D_1(1N4001)使 D_1 ON，並使下一個警報器電路產生振盪。

4-3-3 警報器電路及喇叭推動電路

圖 4-11 的控制比較電路，對於 Q_1 射極輸出端 T_1 的電壓而言，由於 CdS 受光因而增加到 10V 以上時，則 IC_8 的輸出端 V_{08}，為低電壓($\doteqdot$0V)，使得二極體 D_1(1N4001)導通，經由 IC_9 (l/4 LM324)、IC_{10} (l/4 LM324)所構成的警報器振盪回路動作，經由中功率電晶體 Q_2 (2SC1384)及 Q_3 (2SA684)所構成的推挽式放大電路推動電流，再經由 C_3 (10μF)、R_{29} (51Ω)將信號耦合到 8Ω/0.25W 的喇叭，而發出警告聲音。

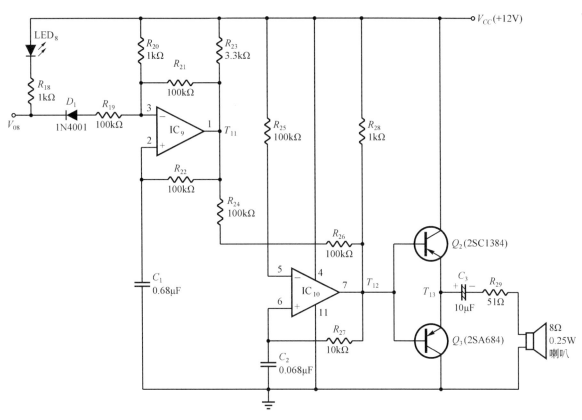

圖 4-12　警報器及喇叭推動電路

4-4 電路方塊圖

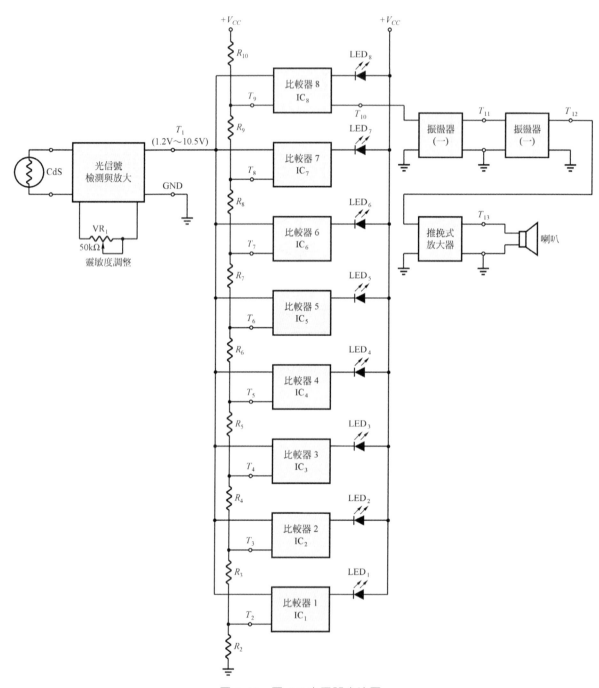

圖 4-13　圖 4-9 之電路方塊圖

4-5　檢修流程圖

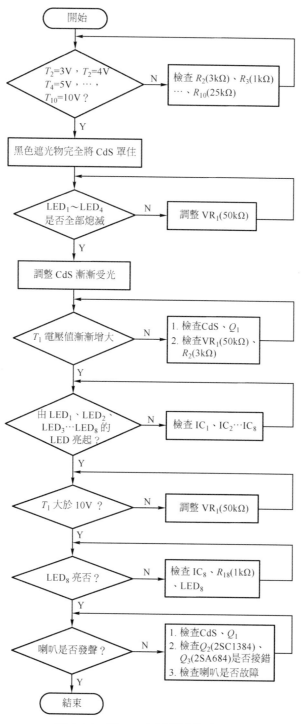

圖 4-14　圖 4-9 之電路檢修流程圖

4-6 實習步驟

1. 裝配如圖 4-9 之電路，並接上以 V_{CC} (+12V)及地(0V)。

2. 用良好黑色遮光物，完全將 CdS 罩住，然後調整可變電阻器 VR_1(50kΩ)，使所有的 LED ($LED_1 \sim LED_8$)均處於熄滅的狀態。

3. 將照度計(如圖 4-17(a)數位式及(b)類比式所示，市面上所販賣的照度計)置於 CdS 旁，以數字式複用表(DMM)置於 DCV 檔 20V，連端至 T_1 測試端。

4. 黑色遮光物由完全將 CdS 遮住狀態，漸漸移至 CdS 及照度計之上方，使 CdS 的受光及照度逐漸增加。

5. 一面觀察 T_1 測試端為直流電壓從 1V 開始往上增加，每間隔 1V 一直到 10V，並一面觀察照度計中，相同照度(單位為 Lx)的顯示值，填入表 4-2 中(注意到滿刻度 Lx 的值)。

表 4-2

T_1 (V)	1	2	3	4	5	6	7	8	9	10
照度(Lx)										

6. 重覆步驟 4。

7. 一面觀察照度計中照度指示值，由 10 Lx 到 1000 Lx，並一面觀察 T_1 測試端直流電壓顯示值，並填入表 4-3 中。

表 4-3

照度(Lx)	100	200	300	400	500	600	700	800	900	1000
T_1 (V)										

8. 將表 4-2 及表 4-3 的照度(單位為 Lx)顯示值與 T_1 測試端直流電壓(單位為 V)的關係，
分別繪製於圖 4-15 及圖 4-16，並比較之。

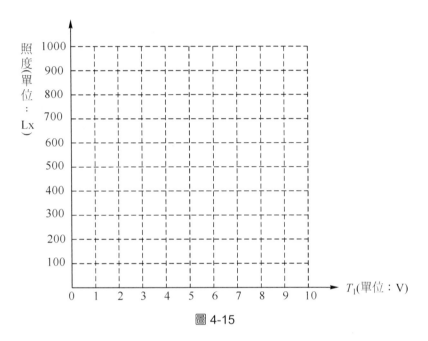

圖 4-15

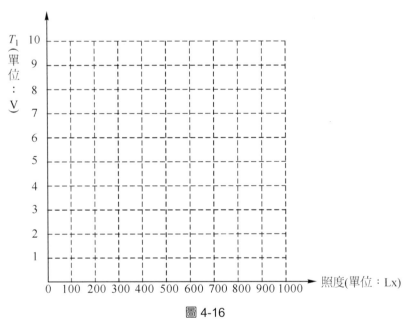

圖 4-16

9. 使用數位式複用表，置於 DC 檔，分別測試每一個比較器輸入正端測試端($T_2 \sim T_9$)，並將觀測到的電壓值記錄於表 4-4 中。

表 4-4

測試端	T_1	T_2	T_3	T_4	T_5	T_6	T_7	T_8	T_9	T_{10}
電壓值(V)										

10. 重覆步驟 4。

11. 一面觀察 LED($LED_1 \sim LED_8$)逐一亮起之情況，一面觀察 T_1 測試端的直流電壓值，並將觀測到的電壓值，分別記錄於表 4-5。

表 4-5

逐一點亮 LED	LED_1	LED_2	LED_3	LED_4	LED_5	LED_6	LED_7	LED_8	LED_9	LED_{10}
T_1(V)										

12. 當 L_8 亮時，以數位式複用表置於(DCV) 20V 檔，記錄 T_1 = _____V，警報器電路輸出端負載喇叭是否鳴叫？

13. 以示波器 AC 輸入交連模式觀察 T_{11}、T_{12}、T_{13} 測試端，並分別記錄於圖 4-18、圖 4-19、圖 4-20 中。

圖 4-17　市售照度計外觀

T_{11} 波形

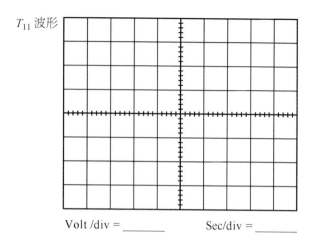

Volt /div = ＿＿＿＿＿　　　Sec/div = ＿＿＿＿＿

圖 4-18

T_{12} 波形

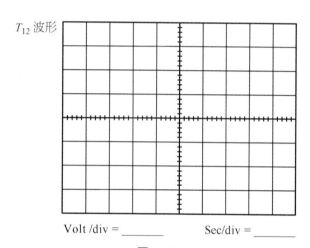

Volt /div = ＿＿＿＿＿　　　Sec/div = ＿＿＿＿＿

圖 4-19

T_{13} 波形

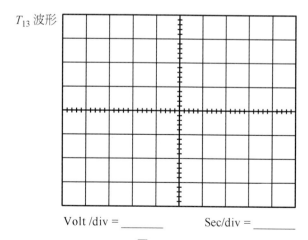

Volt /div = ＿＿＿＿＿　　　Sec/div = ＿＿＿＿＿

圖 4-20

4-7 問題與討論

1. 光敏電阻(CdS)的基本原理為何？

2. 繪圖及說明如何測定 CdS 的電阻值？

3. 何謂光敏電阻靈敏度？其基準電阻之定義為何？

4. 光敏電阻的特性曲線為何？

5. 實際上使用光敏電阻及設計電路時，哪幾項因素為不可或缺的？

6. 解釋下列名詞：(1)光量 (2)照度？

7. 定義下列的單位：(1)流明(lm) (2)流明秒(lm-sec) (3)勒克斯(Lx) (4)呎燭光(fc)。

8. 定義光敏電阻(CdS)的響應時間：(1)上升時間(Rising time) (2)下降時間(Falling time)。

9. 繪圖及說明光敏電阻(CdS)之光信號檢測及放大電路動作原理。

Chapter 5

光電晶體
(馬達速度控制的應用)

5-1　實習目的

1. 瞭解光電晶體的特性。
2. 學習各種型式光電晶體的檢出電路。
3. 學習光電晶體應用在馬達速度控制電路的應用。
4. 學習折線曲線電路之動作原理。
5. 瞭解各式遮斷器之結構及動作原理。
6. 瞭解馬達轉速計(rpm)系統化之應用實例。

5-2　相關知識

5-2-1　光電晶體變換的原理

　　光電晶體(Photo transistor)是一種受光性的元件，一般皆使用在基極(B)開路狀態下，且其外部引線具有兩條如圖 5-1(a)所示，二端子光電電晶體為最多，而將電壓施加於射極(E)集極(C)之兩個端子，以便將逆向電壓施加至集極的接合部份，圖 5-1(b)(c)分別為有基極端子型光電晶體的電路符號及其等效電路。

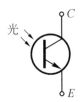

(a) 二端子光電晶體之電路符號

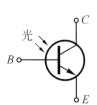

(b) 有基極端子型光電晶體之電路符號

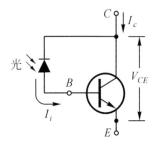

(c) 光電晶體的等效電路

圖 5-1　光電晶體電路符號及等效電路

當沒有光線進入光電晶體時，光電晶體的集極電流 I_C 則非常地小，但是，當光電晶體的集-基極(CB)接合面，受到光照射時，受到逆偏壓的集-基極接面，即有一股光電流(I_λ)流動，其經過電晶體的放大率(h_{FE})放大後，而成為流經光電晶體之外端的光電流(I_C)，如(5-1)式所示。

$$I_C = h_{FE} \times I_\lambda \tag{5-1}$$

從(5-1)式中，光電晶體的 I_C 與 I_λ 成正比，而 I_λ 又與入射光的強度(照度)成正比，因此光電晶體的電流 I_C 和入射光成正比，也就是說：當入射光的強度愈強，I_C 也就愈大，並會使得電晶體的 V_{CE} 端電壓下降，就像開關中的 ON；反之，沒有光線照射時，就像開關中的 OFF，故光電晶體也常應用於光電開關之中。

5-2-2　光信號檢測電路

如圖 5-2 所示，為一般基本的光信號檢測電路，在光電晶體的集極端，連接電阻器(R)至 V_{CC}。當沒有光線照射時，若外加 V_{CC} 為 5V，光電晶體 C-E 兩端的電壓約為 4.7V，即 V_{CE} = 4.7V；若光線直接照射時，V_{CE} 便降至約為 3.3V。圖 5-2 便是利用光電晶體輸出的數 μA 至 2mA 左右的電流，來控制 V_{CE} 的電壓輸出變化，而圖 5-3 與圖 5-4 分別為光電晶體的基本檢出及調變光的各種應用電路。

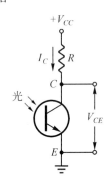

圖 5-2　光信號檢測電路

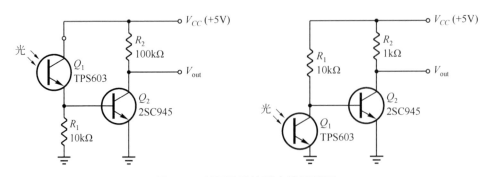

圖 5-3　光電晶體的基本檢出電路

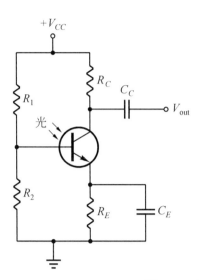

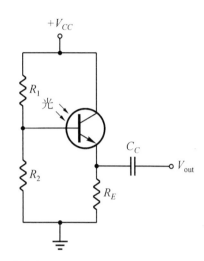

圖 5-4　調變光的光電晶體檢出電路

5-2-3　光遮斷器

　　光遮斷器為一種光電開關，由發光元件(如 LED)和受光元件(如光電晶體)兩者組合為一體，常用來檢查物件之通過或者其它功能的一種裝置，如圖 5-5 所示。本章節中是使用光遮斷器，來做馬達轉速計測用途。

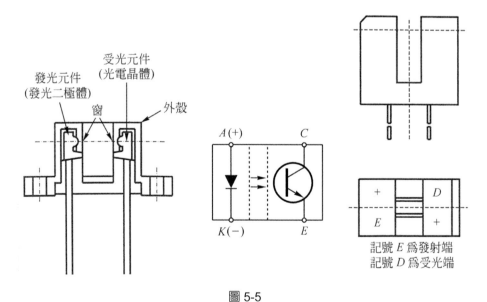

圖 5-5

光遮斷器一般而言，可以區分爲兩種：

1. 穿透式光遮斷器：發光元件和受光元件是以相對的型式包裝，一般稱爲穿透式光遮斷器，也是本章節所採用的一種光遮斷器，如圖 5-6 所示，分別爲編號 ON1102SF 及 ON1102 穿透式光遮斷器，其遮光距離(單位 mm)與相對輸出電流 IC(單位%)或相對光電流(單位爲%)的特性曲線。

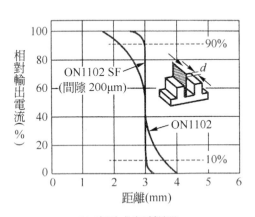

(a) 穿透式光遮斷器

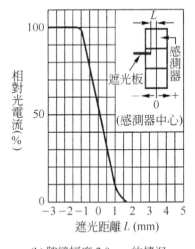

(b) 隙縫幅度 2.0mm 的情況

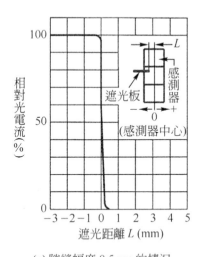

(c) 隙縫幅度 0.5mm 的情況

圖 5-6　穿透式光遮斷器遮光距離—相對電流輸出特性曲線

2. 反射型光遮斷器：發光元件和受光元件以"並列型式"包裝，如圖 5-7 所示之構造。若光元件發射之後，碰到物體以反射光的型式進入受光元件，因此一般稱爲反射型光遮斷器，其相關應用的裝置，如光學掃描、光筆及光學編碼器等應用產品。

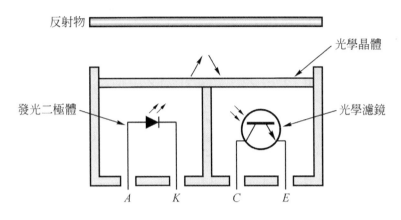

圖 5-7　反射型光遮斷器之構造

5-2-4　光遮斷之實驗電路

　　圖 5-8 為光遮斷器的實驗電路，當沒有物體「遮斷受光元件和發光元件」兩者之間的光源時，光電晶體便導通，輸出端 V_o 為 "Low"；若兩者間的光源被物體遮斷時，光電晶體便不導通，使輸出端 V_o 變成 "High"，屬於 NOT 型電路。在光遮斷器的輸出端 V_o，經過具史密特觸發電路功能的 IC_1、IC_2(例如使用 TTL 編號為 74LS14 或 CMOS 編號為 CD4093)加以整形，以便應用於數位電路中的計數電路。

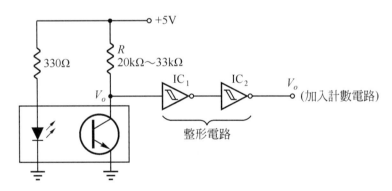

圖 5-8　光遮斷(編號為 TCST2001)實驗電路

　　圖 5-9 為圖 5-8 光斷實驗電路的波形，在未加入史密特整形電路 IC_1 及 IC_2 之前的 V_o 波形(如圖 5-9　CH2 之波形)，以及加入計數電路輸入端 V_o 波形(如圖 5-9　CH1 之波形)之比較，可以清楚地看出 CH1 較 CH2 之波形比較接近方波。

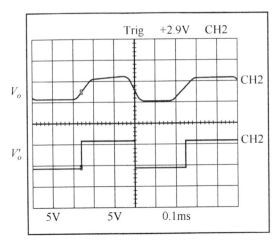

圖 5-9 光遮段實現電路圖 5-8 的 V_o 及 V_o' 波形比較

5-3 電路原理

圖 5-10 為使用光感測元件光電晶體 Q_1 (編號為 TPS603 或同等品)，做為馬達速度控制的應用電路，利用光線的強弱，來改變直流馬達的轉速，光線愈弱時馬達的轉速愈慢，光線愈強時馬達的轉速愈快，即光線的強弱變化與馬達轉速的快慢成正比關係。

Q_1 (TPS603) 為檢測光線的光電晶體感測元件，光線愈強時，則 T_1 電壓值愈小，使得 IC_1 的輸出端 T_4 的電壓值愈大，當 T_4 的電壓值足夠使二極體 D_1 (1N4001) 導通時，則由 IC_1 (LM324)、R_4 (560kΩ)、R_5 (1kΩ) 及 D_1 (1N4001) 所構成的折線曲線電路產生動作。IC_2 為一多諧振盪電路，由 IC_2 反向端 T_2，產生近似三角波的波形，約為 2kHz 的頻率，IC_3 做為 IC_2 多諧振盪電路的電壓緩衝器，經由 IC_3 所輸出的信號測試點 T_3 的波形，與 IC_2 的 T_2 相同，IC_3 主要是做為 IC_2 與 IC_4 的緩衝作用。

IC_4 為一比較電路，分別利用與光線強弱成正比的 T_4 電壓值，其輸出為固定頻率與上下限臨界電壓的三角波輸出電壓 T_3 比較，當 T_4 輸入到比較器 IC_4 的非反相端 (+端：第 5 支腳)，T_3 輸入到比較器 IC_4 的反相端 (-端：第 6 支腳)，若 T_4 電壓值愈大，相對地經由比較電路 IC_4 輸出端 T_5 (第 7 支腳) 所輸出的脈波寬愈寬，則馬達轉速愈快。

中功率電晶體 Q_2 (2SD476)，做為馬達驅動及控制的用途，驅動用途主要是利用中功率電晶體放大後的電流，藉以驅動馬達，控制用途主要是將 T_5 所輸出的脈波信號，做為 ON 及 OFF 的開關控制用途。

圖 5-10 馬達速度控制電路中，所有電源濾波或信號濾波的電容器，諸如 C_1 (0.01μF)，C_2 (0.1μF)，C_3 (100μF/10V)，C_5 (0.1μF)，C_6 (0.1μF)，C_7 (220μF/10V) 等濾波電容元件，不管是在實習電路、專題製作或者實務控制電路上，則建議"務必"要加上，否則會影響電路的動作功能。

圖 5-10　馬達速度控制電路

圖 5-10 馬達速度控制電路，若再配合如圖 5-21 馬達轉速實際測量應用例，以及圖 5-22 馬達、旋轉圓盤與光遮斷器等所構成之組合架構，三者的配合即組成一系統化馬達轉速計 (rpm)應用實例。

5-3-1 光電晶體檢測電路

1. Q_1 不受光時，則

$$I_\lambda \fallingdotseq 0$$
$$I_C = I_\lambda h_{FE} = 0$$
$$V_{CE} = V_{CC} - I_C R_C = V_{CC} \tag{5-2}$$

2. Q_2 受光時，則

$$I_\lambda \neq 0 \ , \ I_C \neq 0$$
$$V_{CE} = V_{CC} - I_C R_C = V_{CC} - I_\lambda h_{FE} R_C \tag{5-3}$$

若光線越強 I_λ 愈大，I_C 也就愈大，V_{CE} 便下降。

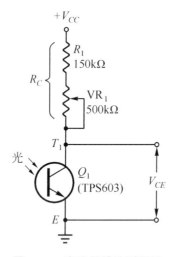

圖 5-11 光電晶體檢測電路

5-3-2 折線曲線電路

圖 5-13 為運算放大器(OPA)、電阻、二極體及稽納(Zener)二極體等元件，構成折線曲線電路，輸入信號 V_i 與輸出信號 V_o 的特性關係則如圖 5-12 所示，橫軸為輸入電壓$-V_i$；縱軸為輸出電壓$+V_o$，虛線所示為實際的特性曲線，而實線所示則為片斷式的近似於折線特性

曲線的直線，ⓐ點及ⓑ點分別為兩個折線的彎曲點，實際的輸入-輸出特性曲線則是如虛線所示的部份。

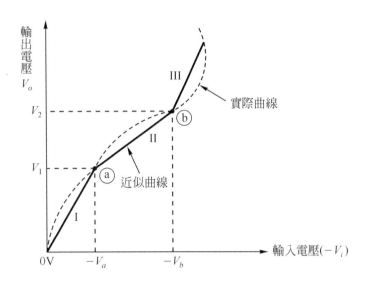

圖 5-12　折線曲線輸入-輸出特性

圖 5-13 折線曲線電路，若只有取 R_2 及 R_1 與 OPA(LM324)時，則整個電路只是一個由 OPA 所構成的反相放大器，增益為 $-R_2/R_1$，圖 5-13 整個電路的輸入電壓($-V_i$)與輸出電壓(V_o)的動作原理，說明如下：

1.　近似曲線 I

　　輸入電壓 V_i 為 0V 時，輸出電壓 V_o 也為 0V，因此 D_1 為 OFF 而 D_2 則為 ON，電流 I_{D2} 流經 R_4，D_2 及定電流二極體 D_3 到 V_{EE}(-12V)的回路，增益為 $-(R_2//R_4)/R_1$，如圖 5-12 的近似曲線 I。

2.　近似曲線 II

　　輸入電壓 V_i 往負電壓增加時，則輸出電壓 V_o 會往正電壓增加，而 A 點的電壓會變成正的，D_1 則逐漸導通，當輸入電壓 V_i 再繼續往負電壓增加時，使 $V_o > V_i$ 時，D_1 變成 ON，且 D_2 也 ON，此時增益降低為 $-(R_3(R_2//R_4))/R_1$，如圖 5-12 近似曲線 II，由近似 I 到 II 的轉折點為ⓐ。

3.　近似曲線 III

　　輸入電壓 V_i 往負電壓若再繼續增加，使輸出電壓 $V_o > V_1+V_2$，而 A 點及 B 點的電壓都會為正的，由於 A 點電壓為正，因此 D_1 變成 ON，由於 B 點電壓為正，因此 D_2 變成 OFF，此時增益為 $-(R_2//R_3)/R_1$，如圖 5-12 近似曲線 III，由近似 II 到 III 的轉折點為ⓑ。

  圖 5-13 當中，改變輸入電壓 V_i 的值，從 0V~V_{EE} (-12V)，使得 V_o 分別為 0V，$V_o > V_i$，及 $V_o > V_1 + V_2$ 時，從電阻 R_2 ~ R_4 及 D_1 ~ D_3 的控制迴路，則可以獲得相當複雜的折線曲線。

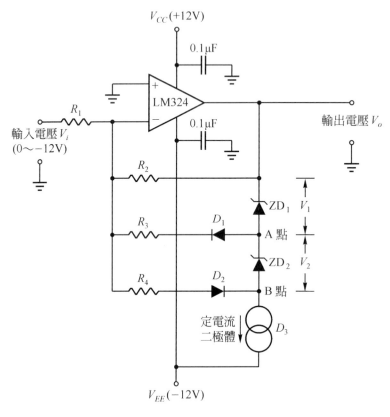

圖 5-13　折線曲線電路

5-3-3　實際電路折線曲線電路

  本章節馬達速度控制應用，是使用光電晶體來接收外界的可見光，用以控制馬達速度的快或慢。當外界光線愈強時，則馬達速度愈快，反之，當外界光線愈弱時，則馬達速度愈慢或停止。光電晶體的輸出電流，必須在數個 μA ~ 2mA 左右的變化範圍，才得以控制馬達。圖 5-14 為馬達速度控制的實際電路，光電晶體 Q_1 (TPS603)的集極，連接電阻器 R_1 (150kΩ)，及靈敏度調整功能的可變電阻器 VR_1(500kΩ)到 V_{CC}。

  光電晶體 Q_1 沒有受光時，約有 6μA 的輸入電流(方向與圖 5-14 中的 I 相反)，流經回授電阻 R_4 (560kΩ)，則輸出電壓 T_4 的 V_o 端為 0V，光電晶體 Q_1 當開始受光時，則集極電流 I_C 開始有電流流動，IC_1 之 V_+ 及 V_- 端的電壓都為 3V。圖 5-15 的輸入電流 I 為-6μA 時，輸

出電壓 V_o 為 0V，一直到輸入電流 I 為 0μA 時，輸出電壓 V_o 仍為 3V，如圖 5-15 的折線曲線 I (R_f=560kΩ)的特性曲線所示，也就是馬達尚未啓動到勉強轉動的時候。

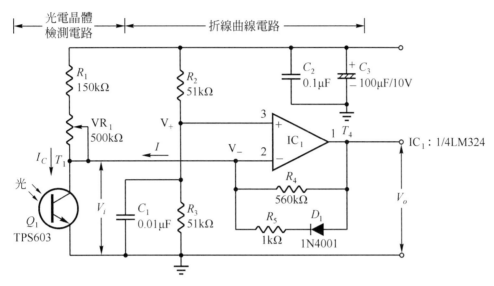

圖 5-14　實際折線曲線電路

圖 5-14 中，當光電晶體 Q_1 受光線照射愈強，使得集極電流 I_C 再繼續增加，輸入電流 I 則由 0μA 開始往 I 的箭頭方向流動而增加，則輸出電壓(T_4)大於 3.6V(3V 加上二極體 D_1 的順向電壓 0.6V)時，二極體 D_1 則導通。往後一直使運算放大器 IC_1(1/4 LCM324)的輸出電壓 T_4，達到飽和時的電壓(約為 5V)時，則回授電阻為 R_4 (560kΩ)與 R_5 (1kΩ)產生並聯的作用，其等效的回授電阻約為 1kΩ(560//1kΩ≒1kΩ)，如圖 5-15 的折線曲線 II (R_f =1kΩ)的特性曲線，也就是馬達啓動後的很快轉速到全速的時候。

圖 5-15 折線曲線 II，輸入電流 I 從 100μA 變化到 400μA 時，則輸出電壓 V_o 約只從 3V 變化到 3.3V，因此輸出電壓(T_4)對輸入電流 I 的變化，是以 1V/mA 的比例增加的，如(5-4)公式所示。

$$R_f = \frac{3.3V - 3V}{400\mu A - 100\mu A} = \frac{0.3V}{300mA} = \frac{300V}{300mA} = \frac{1V}{1mA} = 1k\Omega = R_5 \qquad (5-4)$$

每當折線曲線 II 以 1V/1mA 的 1kΩ 比例動作範圍遞增以後，使 IC_1 的輸出電壓(T_4)到達到飽和點(3.3V 以後)以上時，如果輸入電流 I 繼續增加，由於輸出電壓(T_4)仍然不變，這時 IC_1 的動作狀態，不是處於放大器功能而是屬於一種比較器的作用。

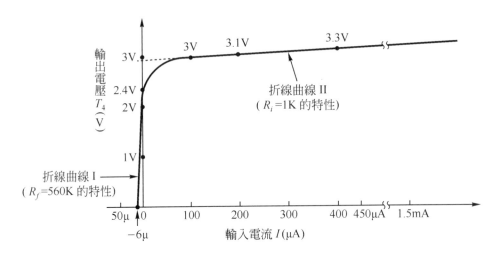

圖 5-15　折線曲線特性(輸入電流/–輸出電壓 V_o 特性曲線)

5-3-4　多諧振盪電路

　　圖 5-16 由產生三角波的多諧振盪電路 IC_2，及電壓緩衝電路 IC_3 所構成的，IC_2 為一非穩態的多諧振盪器，經由其反相輸入端 T_2(第 13 支腳)，產生一個近似三角波的波形，此三角波形再經過 IC_3 所構成的電壓緩衝器輸出，IC_3 的三角波輸出端(T_3)，則連接到如圖 5-19 所示的比較器 IC_4 的反相端(第 6 支腳)。

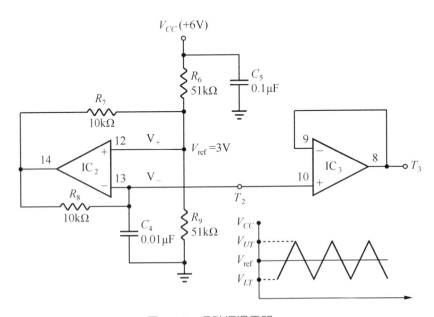

圖 5-16　多諧振盪電路

　　圖 5-16 可使用在單電源供應(Single power supply)下操作的 IC 元件，編號爲國際半導體公司(NS：National Semiconductor)所出產的 LM324。由於單電源供給的運算放大器，可以廣泛地使用在許多場合中，因此往往較爲實用。也由於使用了單電源電壓的供給，因此在多諧振盪電路所輸出的三角波產生器測試端 T_2 以及電壓緩衝器輸出端 T_3 的振幅，其參考點的電壓值不是像雙電源供給的零伏特，而是如圖 5-16 的 V_{ref} 振幅，如(5-5)式所示：

$$V_{\mathrm{ref}} = \frac{V_{CC}}{R_6 + R_9} \cdot R_9 = \frac{6}{51\mathrm{k}\Omega + 51\mathrm{k}\Omega} \cdot 51\mathrm{k}\Omega = 3\mathrm{V} \tag{5-5}$$

　　圖 5-17(a)、(b)及圖 5-18 分別爲實際裝配圖 5-10 馬達速度控制電路後，利用數位式儲存示波器(DSO：Digital storage oscilloscope)，廠牌型號爲 TeKtronix-2212(50MHz)所 Hard copy 之波形。

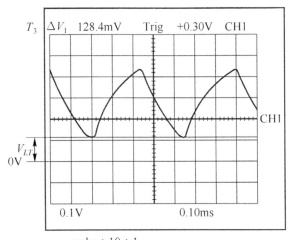

probe：10：1
$V_{LT} = \Delta V_1 \times 10 = 128.4\mathrm{mV} \times 10 = 1.284\mathrm{V}$

(a) T_3 的 V_{LT} 值

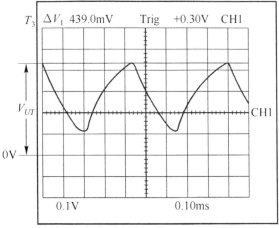

probe：10：1
$V_{UT} = \Delta V_1 \times 10 = 439.0\mathrm{mV} \times 10 = 4.39\mathrm{V}$

(b) T_3 的 V_{UT} 值

圖 5-17

　　圖 5-17 及圖 5-18 的波形，爲圖 5-16 多諧振盪電路輸出端 T_3 的波形，由於數位式儲存示波器的垂直輸入信號端(CH1)採用了 10：1 的探針(Probe)，因此所測量的 ΔV_1 的電壓值，要再乘以 10 倍才爲眞正的電壓值。圖 5-17(a)及圖 5-17(b)，分別爲 T_3 三角波多諧振盪的 V_{LT} 及 V_{UT} 值，V_{LT} 約爲 1.284V 而 V_{UT} 約爲 4.39V。

　　多諧振盪電路三角波輸出端 T_2，及電壓緩衝電路輸出端 T_3，其振盪週期 T，理論上是依據(5-6)式而得之

$$T = 2C_4R_8 \ln\left(1+\frac{2R_9}{R_7}\right) = 2\times 0.01\mu\times 10k\Omega\times\ln\left(1+\frac{2\times 51k\Omega}{10k\Omega}\right) = 0.4832\text{ms} \quad (5\text{-}6)$$

其振盪頻率 f 為

$$f = \frac{1}{T} = \frac{1}{0.4832\text{ms}} = 2.07\text{kHz}$$

圖 5-18 為圖 5-16 三角波多諧振盪輸出端 T_3，其實際量測到如公式(5-7)的由時間轉換為振盪的頻率值，實際的測量值約為

$$f = \frac{1}{\Delta T} = 2.261\text{kHz} \quad\quad\quad\quad\quad\quad\quad (5\text{-}7)$$

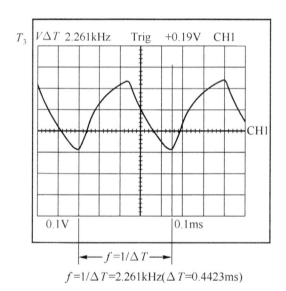

$$f=1/\Delta T = 2.261\text{kHz}(\Delta T = 0.4423\text{ms})$$

圖 5-18　T_3 的頻率值

5-3-5　比較器電路及馬達驅動電路

圖 5-16 非穩態多諧振盪電路，其電壓緩衝器輸出端 T_3 (IC_3 第八支腳)，產生近似三角波的電壓振盪訊號，與圖 5-14 折線曲線輸出電壓 T_4 (IC_1 第一支腳)，兩者再經過如圖 5-19 由 IC_4 所構成的電壓比較器。圖 5-10 的 IC_1 第 1 支腳的輸出電壓(T_4)的動作範圍，可以分別為如圖 5-15 折線曲線輸出電壓(T_4)在 0V~2.4V(馬達尚未啟動及勉強轉動)，以及 3V~3.3V(馬達快速轉動及全速轉動)兩大部分，從圖 5-10 的 IC_3 第 8 支腳的三角波輸出電壓(T_3)中，可得知其振幅約 1.2V(下限臨界電壓 V_{LT})及 4.4V(上限臨界電壓 V_{UT})。

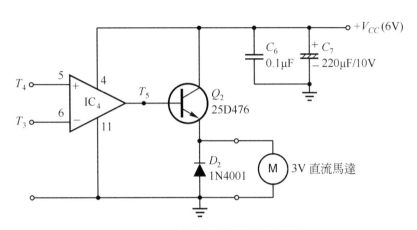

圖 5-19　比較電路及馬達驅動電路

　　由於正比於光線強弱的直流輸出端電壓 T_4 (IC$_1$ 第 1 支腳) ，與多諧振盪電路的三角波輸出信號 T_3(IC$_3$ 第 8 支腳) ，兩者的比較波形，則如圖 5-20 所示。當光電晶體所接收到的光線愈強時，則 T_4 電壓值愈大(如圖 5-20 箭頭→所示上升的方向)，只要 T_4 的電壓大於三角波的電壓，則比較電路 IC$_4$ 輸出端(T_5)，就會產生一正向的脈波信號，T_5 的信號導通時間越多，馬達的轉速愈快。

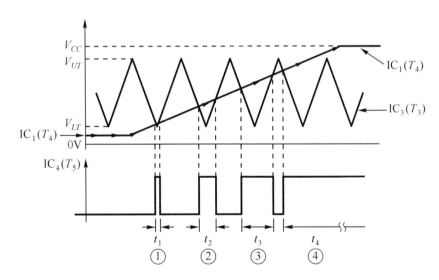

圖 5-20　光線強弱(T_4)與馬達轉速(T_5)之關係

　　T_5 信號的脈波導通時間與馬達轉速的關係分述如下：

1.　t_1：此一狀態的脈波導通時間最小，因此馬達尙不足以起動

2.　t_2：此一狀態的脈波導通時間次之($t_2 > t_1$)，馬達處於慢速的轉動。

3.　t_3：此一狀態的脈波導通時間較大($t_3 > t_2$)，馬達以很快的速度轉動。

4. t_4：此一狀態的脈波導通時間，為四種狀態中最大的導通時間($t_4 > t_3 > t_2 > t_1$)，幾乎都是在高電位(約 Q_2 的 V_{BE} 飽和電壓值)的導通時間，因此馬達以全速(最快速度)轉動。

5-3-6　馬達轉速(rpm)的測量

利用如圖 5-21 馬達轉速實際測量的應用例，及圖 5-22(a)馬達旋轉圓盤及光遮斷器組合實例，結合圖 5-10 馬控速度控制電路，三者組成一系統化馬達轉速計，以每分鐘轉數(rpm：Revolutions per minute)為單位。

圖 5-21 光遮斷器(虛線框起來之處)發射端(LED)，利用限流電阻 R_1(330Ω)接到電源電壓(+6V)，以便使發射端 LED 動作，而接收端(光電晶體)則利用偏壓可調電阻 VR$_1$(50kΩ)接到電源電壓(+6V)，以便使得光電晶體的集極端(T_6)，可以檢測到如圖 5-22(b)遮光週期(t_1)的電源電壓(+6V)及不遮光週期(t_2)的地電位(0V)。

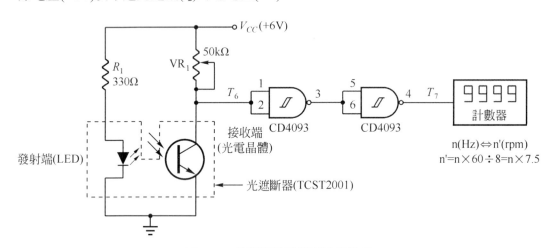

圖 5-21　馬達轉速實際測量應用例

利用圖 5-22(b)簡易型馬達轉速組合架構的旋轉圓盤實體圖，計有 8 個遮光及不遮光的週期，在 T_6 的輸出產生有 8 個週期的脈波信號，每當如圖 5-22(b)製作旋轉圓盤使得遮光距離(d_1)與不遮光距離(d_2)兩者相等時，則 T_6 所輸出的脈波即為方波(即工作週期為 50% 的脈波)。

T_6 的 8 個方波信號，再經由具史密特觸發(Schmitt trigger)功能的 CMOS IC(編號為 CD4093)，IC$_1$ 即 IC$_2$ 做反向(兩輸入 NAND gate 連接在一起即成反向器)及整形作用，由 T_7 所輸出的信號即為 T_1 的整形輸出同相信號。T_7 的信號再加到計數器，則是以 Hz 為單位而顯示出來的值，把顯示 Hz(每秒鐘變化的次數)單位換算成機械轉動的轉速單位 rpm(每分鐘的轉速)時，Hz 與 rpm 兩者相差 60 倍。由於圖 5-22(b)的旋轉圓盤，每轉一圈即有 8 個脈波，因此只要將計數器 Hz 讀數值乘以 7.5(即 60 ÷ 8)即為轉速 rpm 的讀數值了。例如 Hz 讀數值若為 n，則 rpm 的值應為 $n \times 7.5$。

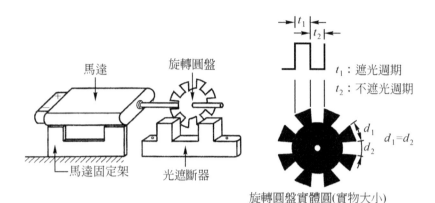

(a) 馬達、旋轉圓盤及光遮斷器組合實例　　　(b) 旋轉圓盤實體圖

圖 5-22

5-4　電路方塊圖

1.　馬達速度控制

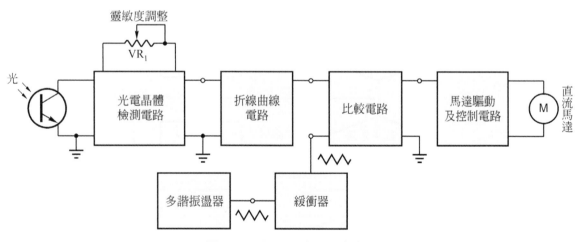

圖 5-23　圖 5-10 之電路方塊圖

2.　馬達轉速(rpm)測量

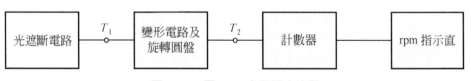

圖 5-24　圖 5-21 之電路方塊圖

5-5 檢修流程圖

1. 圖 5-10 電路檢修流程圖

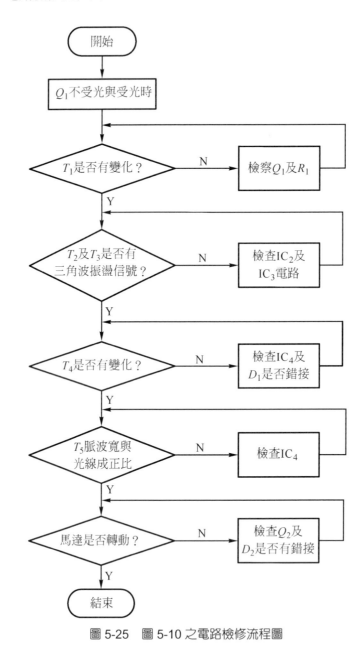

圖 5-25　圖 5-10 之電路檢修流程圖

2.　圖 5-21 電路檢修流程圖

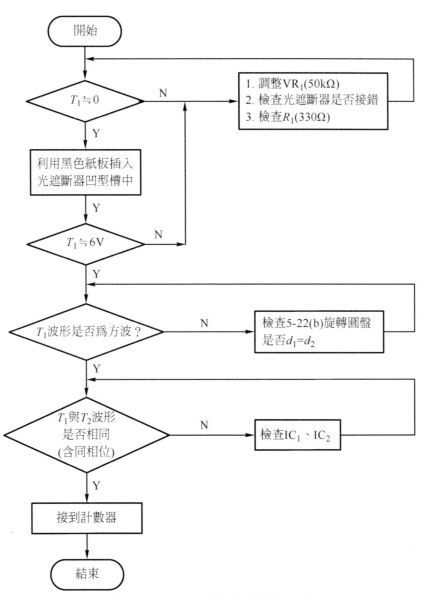

圖 5-26　圖 5-21 之電路檢修流程圖

5-6 **實習步驟**

1. 如圖 5-10 電路之裝配及完成圖 5-21 測量應用例及圖 5-22(a)、(b)馬達轉速(rpm)測量組合實例。

2. 先調整 VR_1 (500kΩ)使光電晶體 Q_1 (TPS603)不受周圍光的影響，而使馬達轉動。

3. 以手電筒的光(或者自然界的光線)使 Q_1 的受光從無、弱、中、強等分為四種程度的受光情形。

4. 以示波器的 CHI 及 CH2 兩個輸入端分別測量 T_2 及 T_3，並將波形繪於圖 5-27 及圖 5-28 中，紀錄 $V_{LT}=$_____V，$V_{UT}=$_____V，$T=$_____ms，$f=$_____Hz。

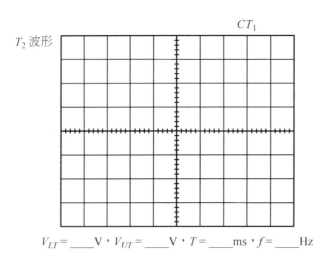

CT_1

T_2 波形

$V_{LT}=$____V，$V_{UT}=$____V，$T=$____ms，$f=$____Hz

圖 5-27

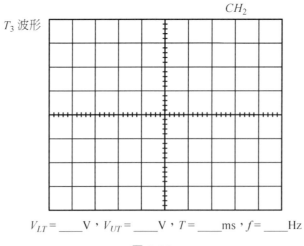

CH_2

T_3 波形

$V_{LT}=$____V，$V_{UT}=$____V，$T=$____ms，$f=$____Hz

圖 5-28

5. 在步驟 3 當中，Q_1 受光在無、弱、中、強四種程度時，分別以數位式複用表 DC 檔測量 T_1、T_4、T_5 的電壓值(單位為 V)，並記錄於表 5-1 中。

表 5-1

光度 測試點	無	弱	中	強
T_1				
T_4				
T_5				

6. 以示波器的 CH1 及 CH2 兩個輸入端，分別測量圖 5-21 在 Q_1 受光的光度在步驟 5 的"強"程度時(及馬達全速轉動時)，繪製 T_1 及 T_2 波形於圖 5-29 及圖 5-30 中。

圖 5-21 中 T_1 波形

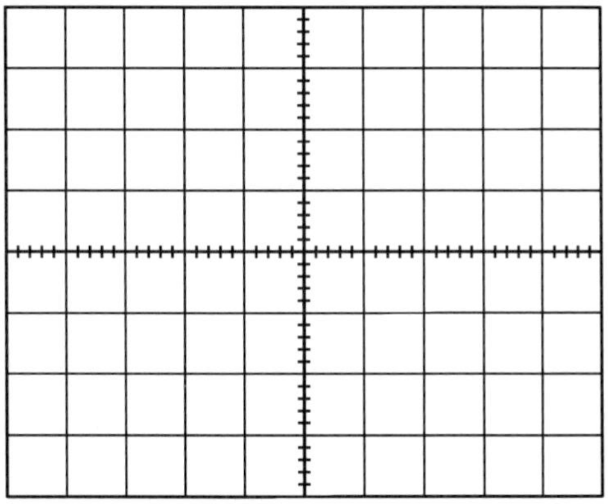

Volt/div=_____　　　　sec/div=_____

圖 5-29

圖 5-21 中 T_2 波形

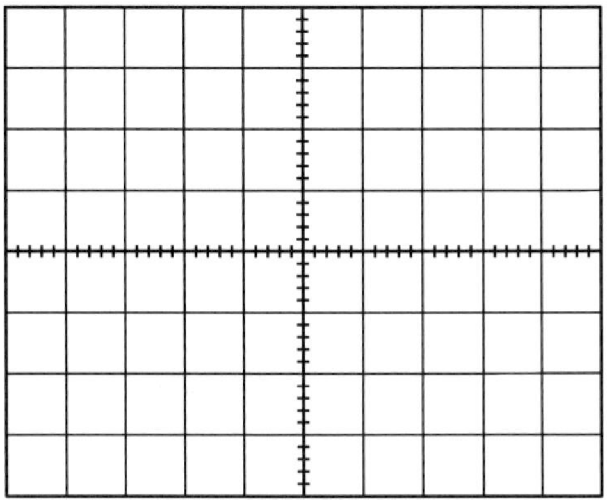

Volt/div=_____　　　　sec/div=_____

圖 5-30

7. 步驟 3 當中，Q_1 在無、弱、中、強四種程度時，圖 5-21 T_2 信號計數器的讀數值(單位為 Hz)，並換算為馬達轉速為多少 rpm，並記錄於表 5-2 中。

表 5-2

轉速＼光度	無	弱	中	強
T_2 (Hz)				
rpm				

註：rpm = T_2 (單位 Hz)×60÷8。

5-7 問題與討論

1. 繪圖及說明光電晶體(Photo transistor)的等效電路。
2. 光信號檢測電路的動作原理為何？
3. 光遮斷器一般分為哪兩種？其構造為何？
4. 光遮斷實驗電路之動作原理為何？
5. 繪圖及說明光電晶體檢測電路動作原理。
6. 繪圖及說明實際折線曲線電路動作原理。
7. 何謂 rpm(Revolutions per minute)？
8. 繪圖說明馬達轉速實際應用電路例？
9. 簡易型馬達轉速組合架構為何？試說明之。
10. 繪圖及說明馬達速度控制電路方塊圖。

Chapter 6

光二極體
(顏色鑑別器的應用)

6-1 實習目的

1. 瞭解光二極體的特性。
2. 學習如何利用光二極體做顏色鑑別電路。
3. 學習紅外線不可見光發射及接收電路。
4. 學習窗形鑑別電路之設計及調整。

6-2 相關知識

6-2-1 光二極體的結構

1. 發光元件(紅外線發光二極體)

　　使用溫度放射以外的動作原理，將「電氣信號」轉換為「光信號」的光電元件，我們稱為發光元件(Light emitting component)，在光電轉換元件中，以光二極體元件的轉換速度為最快，對於高速檢測場合之中也最廣泛的被使用。而發光元件所發射出來的光不一定是可見光，也有發射出紅外線(IR：Infrared)的發光元件。本章節所使用的光二極體，為紅外線發光二極體(LED：Light emitting diode)LED，目前由淺藍色的波長為480nm(Nano metor)，到近紅外線波長為950nm 都有，而在一般場合所使用的光感測器光源，主要也都是使用波長為950nm 左右的紅外線LED，紅外線LED的發射光線波λ(nm)與相對發光靈敏度(%)的光譜特性關係，如圖 6-1 所示。

　　由圖 6-1 中可知，相對發光靈敏度的強度最強若定義為 100%，其波長約為 940nm左右，當波長為 900nm 或波長為 970nm 時，其相對發光強度大約只有 50%，因此在波長 940nm 的 ±30nm ～ 40nm 範圍值時，則相對發光強度減為一半。以受光元件而言，大都採用光二極體或者是光電晶體，若使用波長典型值為 940nm 左右的近紅外線用光二極體(或光電晶體)的接收元件，則與發射元件為紅外線 LED 互相匹配時最為恰當。

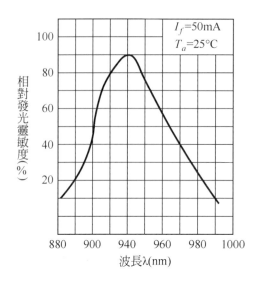

圖 6-1　紅外線 LED 的光譜特性

　　光二極體的構造及實體外觀，如圖 6-2 所示，一般都是採用紅外線發光二極體或者是近紅外線的 GaAs 發光二極體元件。圖 6-2(a)為近紅外線發光二極體的構造，外觀尺寸是以 mm 為單位，在接腳方面，元件的長腳為陽極 A(Anode)，短腳為陰極 K(Cathode)，我們也可以從上視圖的外觀，分辨出陽極 A 或陰極 K，陽極 A 為有一「凹槽處」，另一端之圓形狀之外緣有「一直線部份」則為陰極 K。

　　圖 6-2(b)為一種樹脂透鏡構造的近紅外線 LED 實體外觀，將混有透明或光散亂的透鏡形狀的樹脂，置於 TO-18 型上的發光元件，並將其固定於半導體晶片的樹脂，在導線框上塑置成透鏡狀的發光元件。此發光元件所使的材料是 GaAs，可以發射出紅外線的光譜，其波長約為 950nm 左右，此種樹脂最常用的材料，大都是由環氧樹脂所構成。

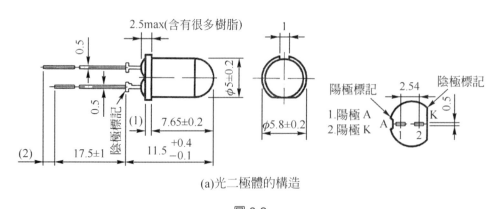

(a)光二極體的構造

圖 6-2

(b)近紅外線發光二極體實體外觀

圖 6-2(續)

　　圖 6-3 及圖 6-4 分別為發射元件採用紅外線的發光二極體，所構成的直流發射電路以及脈波發射電路，由於使用紅外線發光二極體，其波長約為 940nm 左右，它是屬於一種不可見光，我們無法從肉眼確認出電路是否動作。例如圖 6-3、圖 6-4 若不連接指示用的 LED_2 時，則無法判斷 LED_1 所構成的紅外線 LED(IR LED)是否有發射的動作。

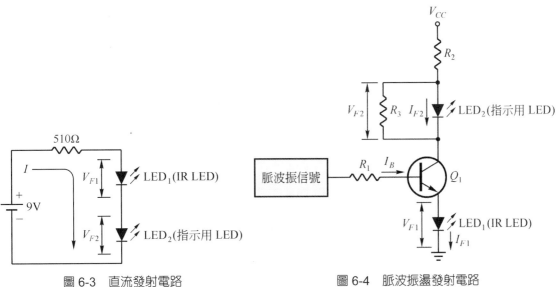

圖 6-3　直流發射電路　　　　　　　圖 6-4　脈波振盪發射電路

　　因此只要使用可見光用途的發光二極體 LED_2，如圖 6-3 及圖 6-4 電路中的串聯作用，將 LED_2 與近紅外線發光二極體 LED_1，兩者互相串聯連接。LED_1 用來當作紅外線的發射用途 LED，產生不可見光，LED_2 用來當作電路動作指示用途 LED，產生可見光。一旦 LED_1 有發射信號的動作時，則可以使用肉眼，經由觀察 LED_2 加以確認之。當近紅外線發光二極體 LED_1 斷線時，則指示用的 LED_2 也跟著熄滅，因此對於判別是否紅外線 LED 有發射，以及發射電路的故障檢修功能，都具有很大的功用。

　　$V_{F1} \fallingdotseq 1.7V$，$V_{F2} \fallingdotseq 2V$ 且

$$I = \frac{9V - V_{F1} - V_{F2}}{510\Omega} = \frac{9 - 1.7 - 2}{510\Omega} \fallingdotseq 10\text{mA} \tag{6-1}$$

在圖 6-3 所示的發光二極體直流發射電路中，由於能夠流動的電流，限定在比較低的電流，約為可以點亮指示用可見光 LED(即 LED$_2$)，其最大電流約為 10mA 左右，由於此 10mA 的電流值，大概是一般可見光發光二極體，所能流動的額定(Rating)電流，遠比近紅外線 LED 在動作時的順向電流(Forward current) I_F 的值還要小。

LED 發光輸出信號強度與流經該發光二極體的順向電流 I_F，成正比關係，當輸出信號發射強度愈強，也就是說當順向電流 I_F 愈大時，則發光輸出信號的發射強度愈強。因此為了使紅外線 LED 的發射強度儘量大，圖 6-3 的直流發射電路中，則改良如圖 6-4 所示，一般經常使用的脈波發射電路。由於圖 6-4 是使用脈波的方式來驅動電晶體 Q_1，並且利用 Q_1 將信號電流 I_B 加以放大，成為紅外線 LED$_1$ 發射時間脈衝電流 I_{F1}，因此可以辨別各種外界雜亂的光源，例如太陽光、日光燈或一般照明燈等，其作用為提高信號雜音比(SNR：Signal-noise ratio)。

圖 6-5 為使用脈波振盪發射電路時，流過紅外線二極體順向電流 I_F (mA)與發射強度 I_E(mW/sr)的特性曲線，從圖 6-5 中，可知當順向電流 I_F 為 50mA 時，發射強度 I_E 約為 24mW/sr，當順向電流為 500mA 時，發射強度 I_E 為 112mW/sr。

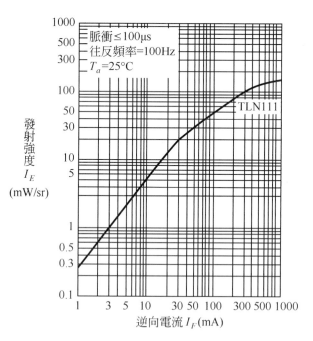

圖 6-5　順向電流 I_F－發射強度 I_E 特性曲線

　　由於圖 6-4 中，LED$_1$(IR LED)是一種典型紅外線 LED 的脈波驅動的發射電路範例，LED$_1$ 是採用 GaAs 材料的不可見光紅外線 LED，當有脈波信號輸入到推動電晶體 Q_1 時，LED$_1$ 與 LED$_2$ 所流過的脈衝電流 I_{F1} 及 I_{F2} 的電流值，是依據(6-2)式及(6-3)式而求得。

　　假設脈波輸入信號為 V_i，則在脈波訊號導通期間 t_{ON} 時，則 V_i 為 V_{CC}，並且使得電晶體 Q_1 ON，若 $V_{CE\,sat} \doteqdot 0V$ 時，則

$$V_{F1} = \frac{V_{CC} - (V_{F1} + V_{F2})}{R_2} \tag{6-2}$$

$$I_{F2} \doteqdot I_{F1} - \frac{V_{F2}}{R_3} \tag{6-3}$$

　　V_{F1} 及 V_{F2} 分別為 LED$_1$ 及 LED$_2$ 在脈波電路動作時的順向電壓，假如 $V_{CC} = 12V$，$I_{F1} = 500mA$，$I_{F2} = 200mA$ 時，則電阻器 R_2 與 R_3 的值分別為

$$R_2 \doteqdot \frac{V_{CC} - (V_{F1} + V_{F2})}{I_{F1}}$$

$$\doteqdot \frac{12V - (1.7V + 2.0V)}{0.5A} \doteqdot 16.6\Omega \quad (當\ V_{F1} \doteqdot 1.7V，V_{F2} \doteqdot 2.0V) \tag{6-4}$$

$$R_3 \doteqdot \frac{V_{F2}}{I_{F1} - I_{F2}} \doteqdot \frac{2.0V}{0.5A - 0.2A} \doteqdot 6.7\Omega \tag{6-5}$$

2. 受光元件(紅外線檢測用光二極體)

　　將光信號轉換成電氣信號用途，所製造而成的二極體稱為光二極體(Photo diode)，光二極體是屬於受光元件，為一種半導體的 PN 接合。一旦受光時，PN 兩端會產生接觸電位差，利用這種接收「光信號」，轉換為「接觸電位差」的光電效應的元件，稱為光感測器(Photo sensor)。

圖 6-6　兩種不同形式的受光二極體外形

　　圖 6-6 為兩種不同形式的受光二極體外形，在光檢測器元件中，以光二極體的轉換速度最快，也是最廣泛的被使用於高速光檢測的應用場合中。在光二極體優點方面，則是對於入射光線而言，可以呈現出良好的直線性，且響應速度快，寬頻帶的波長響應以

及低雜訊等等。但是一般而言，由於光二極體的輸出電流太小，使得檢測工作較不易進行，此為其缺點。因此，除了在入射光線強等高照度的使用場合之外，大部份的光二極體或光電晶體元件，則都需要配合放大用途的電晶體或者是 IC，用以來放大所檢測到信號才可以。

光二極體等效電路如圖 6-7 所示，光二極體在受光時，PN 兩端的接觸電壓為 V_D，流過二極體的電流為 I_D，則受光的光電流為 I_L。若我們忽略掉等效電路的串聯電阻 R_s，以及並聯電阻 R_{sh} 的效應時，也就是說假設 R_s 等於零($R_s \simeq 0$)，R_{sh} 為無窮大時($R_{sh} \simeq \infty$)，則光二極體在受光條件下，其等效電路則如圖 6-8(a)(b)所示，流過負載電阻 R_L 的輸出電流為

$$I_o = I_L + I_s(1 - e^{V_D/V_T}) \tag{6-6}$$

其中　I_s：光二極體逆向漏電電流

　　　　V_T：在 300 K 時，其值為 0.026V

由(6-6)式中輸出電流 I_o，為受光時的光電流(Light current)I_L 與 $I_s(1 - e^{V_D/V_T})$ 的和，而 $I_s(1 - e^{V_D/V_T})$ 代表的意義，是指光二極體在沒有受光時的輸出電流，也就是說(6-6)式中，若光二極體在沒有受光時，則輸出電流 I_o 為暗電流(Dark current)I_d，即

$$I_o = I_d = I_s(1 - e^{V_D/V_T}) \quad (當 I_L = 0 時) \tag{6-7}$$

而下列參數為圖 6-7 之符號說明，其中：

I_L：光電流	V_D：光二極體 PN 兩端接觸電壓
I_D：二極體電流	I_o：輸出電流
C_J：二極體等效接合電容	V_o：輸出電壓
R_{sh}：並聯電阻	R_s：串聯電阻
I_{sh}：並聯電阻之電流	R_L：負載電阻

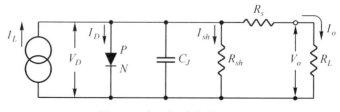

圖 6-7　光二極體等效電路

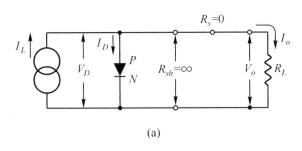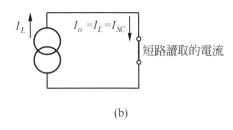

(a)　　　　　　　　　　　　　　　　(b)

圖 6-8　(a)當 R_{sh} = ∞，R_s = 0 時，I_o 與 I_L、I_D 之等效關係

(b)光電流 I_L = 0，負載電阻 V_L 時之短路電流 I_{SC}

　　(6-6)式中可知光二極體的輸出電流 I_o，除了包含有受光時的光電流 I_L，還有當照度為零(I_L = 0)時，如(6-7)式中的暗電流 I_d，因此光二極體的等效輸出電流 I_o，為光電流 I_L 以及暗電流 I_d 的和

$$I_o = I_L + I_d \tag{6-8}$$

　　從(6-8)式中可知，當暗電流 I_d 的值愈小時，I_o 愈接近 I_L，如此才更容易辨別出光二極體是否有受光的照射，因此暗電流 I_d 愈小時，愈能反應出 I_o 與 I_L 的關係，也就是說光二極體要操作於暗電流 I_d 愈小時，則效果愈佳。從(6-8)式中，假設暗電流 I_d 為零，則光二極體的輸出電流 I_o，幾乎等於如圖 6-8(b)中，當 R_L = 0 時的短路電流(Short current) I_{SC}。而圖 6-9 為照度(Lx)與短路電流 I_{SC} (A)的關係，在 10^{-3} Lx ～ 10^3 Lx 的照度變化範圍中，可以看出短路電流 I_{SC} 和單位時間內，照射到光二極體的照度，有非常良好的直線性。

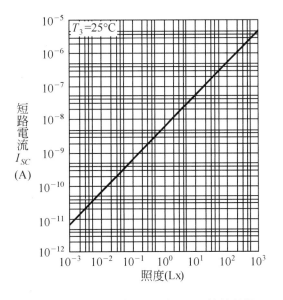

圖 6-9　照度(Lx)－短路電流 I_{SC}(A)特性曲線

　　然而實用上，光二極體暗電流 I_d 的值不可能等於零。在一般實際用途上，由於光二極體PN接合是施加逆向偏壓，從(6-6)式中，可知 V_D 的值為負值，因此暗電流 $I_s(1-e^{V_D/V_T})$ 值愈大，也就是說逆向電壓 V_D 愈大時，則暗電流 I_d 愈大。且由光二極體所施加的逆向電壓，往往會受周圍溫度的影響，使暗電流產生變化，因此光二極體在使用時，要特別注意到工作環境的溫度。圖 6-10 所示為光二極體逆向電壓 V_R (V)–暗電流 I_d (A)特性曲線，由圖 6-10 中可知，在環境溫度 T_a 為 30°時，當 V_R 為 1V，則暗電流約為 5pA，當 V_R 為 10V，則暗電流增加為 20pA，因此逆向電壓 V_R 愈大，則暗電流 I_d 也愈大。

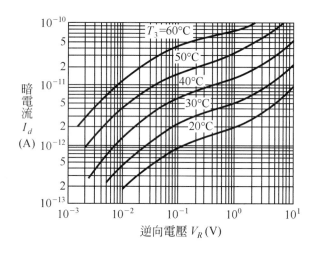

圖 6-10　逆向電壓 V_R(V)–暗電流 I_d(A)特性曲線

　　圖 6-11 為光二極體環境溫度 T_a (°C)–暗電流 I_d (A)特性曲線，當逆向電壓為 10V 及 T_a 為 30°C時，I_d 為 10^{-8}A，若 T_a 增加一倍為 60°C時，則 I_d 增加到約為 2×10^{-7}A，可知當溫度每增加一倍，而暗電流約 I_d 增加 20 倍，因此從以上之相關數據說明，我們不得不慎選光二極體的工作環境溫度。

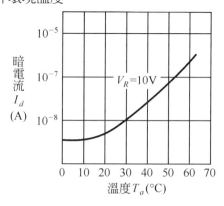

圖 6-11　溫度 T_a (°C)–暗電流 I_d (A)特性曲線

　　一般使用的光二極體的操作頻率特性，理論上可以高達到數百 MHz，但是在實務應用上，要獲得如此高的操作頻率特性，一定要有相當多的技術層次的考量。由於光二極體的響應速度是依據，如圖 6-7 等效電路所示的等效接合電容 C_J、內部串聯電阻 R_S 以及負載電阻 R_L 等三項系數來決定，當輸出電壓信號 V_o 從其峰值的 10%上升至 90%的時間，稱之為上升時間(Rise time) t_r，且由於 t_r 正比於 C_J、R_S 及 R_L，因此

$$t_r = C_J \times (R_S + R_L) \fallingdotseq C_J \times R_L = \tau \quad (當 \ R_S \fallingdotseq 0 \ 時) \tag{6-9}$$

　　若要提高響應速度，則時間常數(Time constant)τ 的值要小，減少 τ 的方法有下列三種方式：

(1) 施加逆向偏壓於光二極體 PN 接面，使 C_J 的值減少

　　圖 6-12 所示為光二極體逆向電壓 V_R(V)─接合電容 C_J 的(pf)特性曲線，當逆向偏壓 V_R 愈大，則接面電容 C_J 愈小，因此在高速響應的使用場合，光二極體的 PN 接面都工作於逆向偏壓狀態。然而從圖 6-10 逆向偏壓 V_R─暗電流 I_d 特性曲線中，當逆向偏壓 V_R 愈大，其暗電流則會增加。當受光檢測的接收電路採用調變型式接收時，則因為一般接收信號放大級後，都有經過耦合電容器元件，才執行交流信號放大的工作，此時由於逆向偏壓下，所產生的暗電流 I_d 則為一恆定的電流，因此會被耦合電容器所截斷。

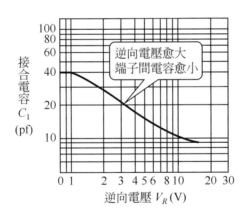

圖 6-12　逆向電壓 V_R (V) ─ 接合電容 C_J 的(pf)特性曲線

(2) 選擇晶片尺寸(Chip size)小一點的光二極體元件

　　由於接合電容 C_J 的電容值，與光二極體 PN 接合面的受光面積 A 成正比，因此選擇晶片尺寸面積小一點的光二極體元件，則受光面積 A 愈小，接合電容 C_J 愈小，$C_J = \varepsilon A / d$，$A\downarrow$ 則 $C_J\downarrow$，因此響應速度愈快。

(3) 使負載電阻 R_L 減小

從(6-9)式中可知時間常數 τ 與負載電阻 R_L 成正比關係,若選擇比較小的負載電阻 R_L,則時間常數 τ 愈小,響應速度愈快,但是負載電阻 R_L 也不能太小,否則如圖(6-7)所示的光二極體等效電路中的輸出電壓 V_o 也會變小。

6-3 電路原理

圖 6-13 及圖 6-14 分別為顏色鑑別電路的發射電路及接收電路,發射及接收元件都是使用紅外線光二極體元件,圖 6-13 的發射電路由脈波振盪電路及驅動、指示電路所構成,IC_1 與 IC_2(CD4011)組成一脈波振盪電路,其工作週期比(Duty ratio)約為 1/100。T_1 端脈波信號,經 Q_1(2SC945)及 Q_2(2SD476)的驅動電路加以電流放大,並且經由指示用途的 LED_1,用於指示發射信號處於發射狀態的用途,T_2 端的信號則經由近紅外線不可見光發射用途的 LED_2,將此信號發射出去。

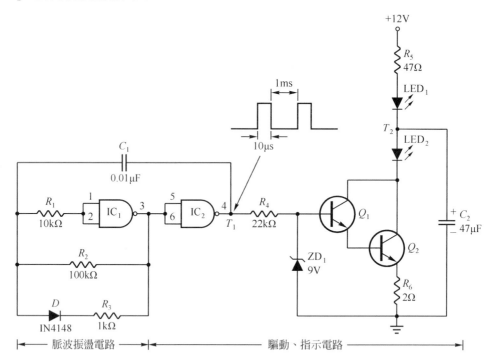

IC_1,IC_2:1/4CD4011

Q_1:2SC945(或小功率電晶體)

Q_2:2SC476(或中功率電晶體)

LED_1:一般用途可見光發光二極體或同等品

LED_2:LT8683-313(或近紅外線不可見光用途的發光二極體)或同等品

圖 6-13　發射電路

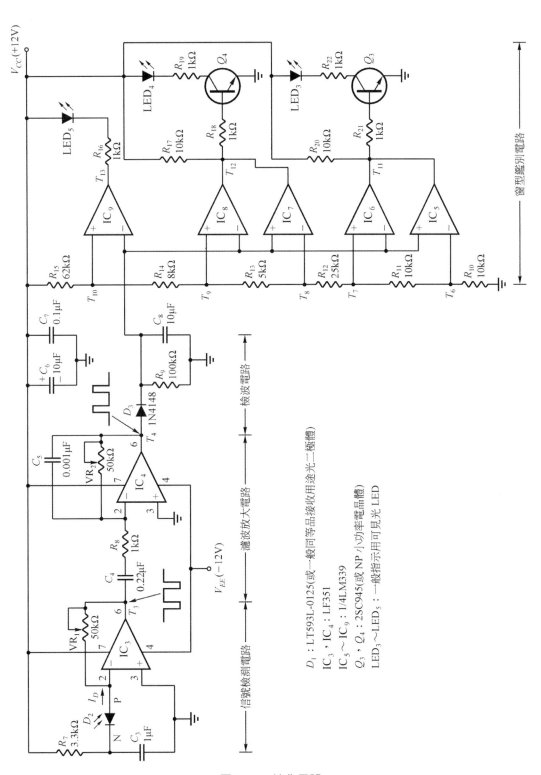

圖 6-14　接收電路

圖 6-14 接收電路中，計分為信號檢測、濾波放大、檢波以及窗型鑑別四大電路，IC$_3$(LF351)做為信號檢測用途，用來將圖 6-13 發射電路 T_2 端的發射脈波信號，經由一般接收用途光二極體 D_2，將圖 6-13 發射脈波加以接收，而 D_2 所接收到的光電流信號 I_D，經由 IC$_3$(LF351)將電流 I_D 信號，轉換為 T_3 的電壓信號。而 IC$_4$ 是將 T_3 的電壓信號加以放大，再經由 C_4(0.22μF)、R_8(1kΩ)、C_5(0.001μF)及 VR_2(50kΩ)等元件，所構成的帶通濾波器(BPF：Band pass filter)加以濾除雜訊。可變電阻 VR$_1$(50kΩ)及 VR$_2$(50kΩ)，可以依據不同的環境，及發射二極體(LED$_2$)、接收二極體(D_2)的材料特性，分別加以調整。濾波放大電路 T_4 端的輸出脈波電壓，經由 D_3(1N4148)、R_9(100kΩ)及 C_8(10μF)所組成的檢波電路，經由輸出端 T_5 輸出相對應的直流準位電壓，再經由 IC$_5$～IC$_9$ 所構成的窗型鑑別電路，加以辨別出檢測物是藍、紅或白的顏色，分別由相對應的 LED$_3$、LED$_4$ 或 LED$_5$ 指示出來。

6-3-1 發射電路

1. 脈波振盪電路(以紅外線發光二極體為例)

圖 6-15 為一種比較穩定的不穩多諧脈波振盪器，能產生一個固定頻率脈波，使用兩組編號為 CD4011 的 NAND 閘所組成，此兩組 NAND 閘 IC$_1$、IC$_2$ 的輸入端連接在一起時，即成為等效的反相器(Inverter)。由於反相器的輸出與輸出入端成 180°的反相，若使用兩個反相器，如圖 6-15 的接法，即可構成具 360°的正回授振盪電路，R_2 (100kΩ)及 C_1(0.01μF)可以控制振盪電路的振盪週期 T，如(6-10)式所示：

$$T \fallingdotseq R_2 \times C_1 = 100k\Omega \times 0.01\mu F = 1ms \tag{6-10}$$

因此振盪頻率為

$$f = \frac{1}{T} = \frac{1}{1ms} = 1kHz \tag{6-11}$$

而 D_1(1N4148)及 R_3(1kΩ)用來改變振盪信號 T_1 端的工作週期比值。

圖 6-15 脈波振盪電路中，若「不加入」D_1 及 R_3 兩個元件時，則各點的波形如圖 6-16(a)所示，Ⓐ端與Ⓒ端的波形成反相，而Ⓑ端為Ⓐ端經由電容器 C_1(0.01μF)及電阻器 R_2(100kΩ)所構成的充放電作用的波形，Ⓑ端放電週期 t_1 約等於充電週期 t_2，因此振盪波形約為方波。若在圖 6-15 振盪電路中，「加入」D_1 及 R_3 兩個元件時，則 T_1 端的波形，如圖 6-16(b)所示為一脈波(註：而不是方波)振盪輸出波形。D_1 及 R_3 可以控制放電週期 t_1 及充電週期 t_2，由於在圖 6-16(b)Ⓑ端放電週期 t_1 期間，Ⓐ端為高電位及Ⓒ端為低電位，二極體 D_1 為順向電壓，Ⓐ經由 C_1、R_2 及 R_3 的並聯等效電阻放電，因此放電週期

$$t_1 = (R_2 \mathbin{/\mkern-5mu/} R_3) \times C_1 \fallingdotseq R_3 \times C_1 = 1k\Omega \times 0.01\mu F = 0.01ms = 10\mu s \tag{6-12}$$

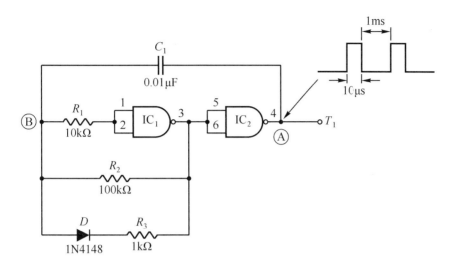

圖 6-15　脈波振盪電路

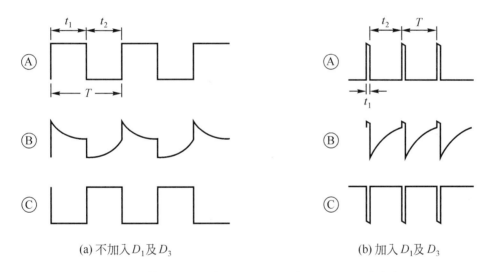

(a) 不加入 D_1 及 D_3　　　　　　　　(b) 加入 D_1 及 D_3

圖 6-16　比較圖 6-15 不加入 D_1、R_3 及加入 D_1、R_3 時之波形

　　在Ⓑ端充電週期 t_2 期間，Ⓐ端為低電位Ⓒ端為高電位，二極體 D_1 為逆向電壓，Ⓒ端經由 R_2、C_1 充電，因此充電週期

$$t_2 = R_2 \times C_1 = 100\text{k}\Omega \times 0.01\mu\text{F} = 1\text{ms} \tag{6-13}$$

而工作週期比值為

$$t_1/t_2 = 10\mu\text{s}/1\text{ms} = 1/100 = 1\% \tag{6-14}$$

圖 6-15 電阻值 R_1(10kΩ)用以改善 IC_1 及 IC_2 於外加電源電壓 V_{DD} 所有變動時，對輸出振盪頻率的影響，當 R_1/R_2 愈大時，則 V_{DD} 與振盪頻率的影響較小。由於 CD4011 是一個具有 4 組兩輸入的 NAND 閘 IC，而圖 6-15 振盪電路只有使用到兩組，其它兩組沒有使用到 NAND 閘的輸入端，切記不能空接，而應加以接地或接 V_{DD} 處理。

2. 驅動、指示電路

圖 6-15 脈波振盪電路輸出信號端 T_1，其的工作週期比很小(約為 1%左右)。因此在如圖 6-16(b)Ⓐ的點，在時間 t_1 正脈波期間內的瞬間電源電壓 V_{CC} (+12V)供給下，必須要具有相當於近紅外線發光二極體，在峰值所流動的順向電流(1A 左右)條件下工作，如此大的電流值供給才可。

圖 6-17 驅動、指示電路則具有此作用，由於圖 6-15 脈波振盪信號輸出端 T_1 的輸出電流很小，因此利用如圖 6-17 由小功率電晶體 Q_1(2SC945)，以及中功率電晶體 Q_2(2SD476)所組成的達靈頓式電路，則可以將信號端 T_1 的小電流，經 Q_1、Q_2 兩級電流放大級加以放大，一直到足以推動近紅外線發光二極體 LED_2 的峰值電流可以正常動作。

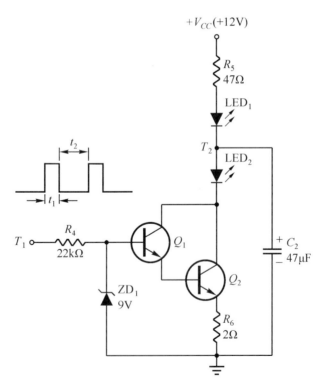

LED_1：一般用途的可見光 LED(指示用)
LED_2：近紅外線 LED(發射用)

圖 6-17　驅動、指示電路

　　圖 6-17 脈波振盪電路輸出端 T_1，經 R_4 (22kΩ)降壓及 ZD$_1$(9V)穩壓後，Q_1、Q_2 組成電流放大及功率驅動電路，R_6 (2Ω)做爲 Q_1、Q_2 限流電阻。等效電路如圖 6-18(a)所示，T_1 信號在 t_2 充電期間，Q_1、Q_2 處於 OFF 狀態，電源+V_{CC} 經由 R_5(47Ω)向 C_2 (47μF)充電。當 T_1 信號在 t_1 放電期間，Q_1、Q_2 處於 ON 的狀態，如圖 6-18(b)所示，電流 I_1 通過 R_5(47Ω)、LED$_1$，在 C_2 (47μF)兩端的電壓 V_{C2}，於 t_2 充電期間所儲存的電荷，因而產生放電電流 I_2，也流向 LED$_2$，因此流過 LED$_2$ 的電流 I_3 爲 I_1 加 I_2 的和。

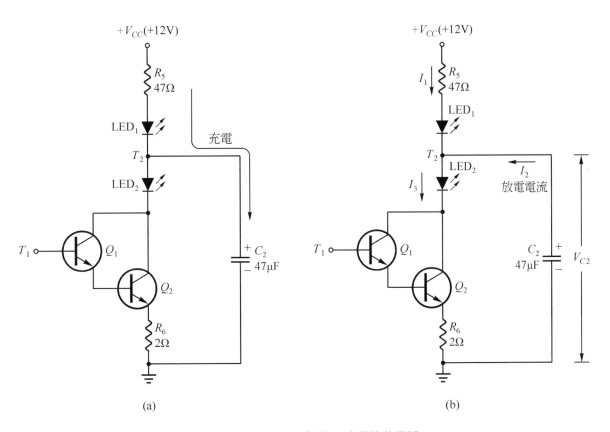

圖 6-18　(a)t_2 期間電容器 C_2 充電等效電路

(b)t_1 期間電容器 C_2 放電等效電路

　　像這樣從近紅外線發光二極體 LED$_2$，取得 T_1 脈波狀的發光信號時，從供給電源+V_{CC} 所供給的電流，爲一較低值的平均值電流，因此電源+V_{CC} 只要輸出較小容量的電流，即可以在 t_1 期間有最大的瞬間峰值電流。LED$_2$ 在 t_1 放電期間，主要是利用電容器 C_2 充電電壓 V_{C2}，所產生的放電電流 I_2 來發光，如圖 6-18(b)所示，因此要慎重選擇 R_5 的電阻值，使流過指示用途 LED$_1$ 的 I_1 電流，能夠具脈波狀發光，以便指示 LED$_2$ 是在發射狀態。

6-3-2 接收電路(紅外線檢測用光二極體)

1. 信號檢測電路

　　圖 6-19 分別為光二極的基本偏壓應用電路，圖(a)為工作於零偏壓(或稱無偏壓)型檢測電路，圖(b)為工作於逆向偏壓型檢測電路。由於光二極本身是一種可以在受光照射時，產生如圖 6-19 所示的輸出光電流 I_o。圖 6-19(a)與(b)不同的地方，為圖 6-19(a)光二極體 PN 兩端不施任何偏壓，而圖 6-19(b)光二極體 PN 兩端則施加了逆向偏壓。

　　圖 6-19(a)是零偏壓型檢測電路，經由運算放大器(OPA)所組成的負回授放大器加以放大，光二極體是以輸出電流 I_o 方式出現，使用負回授放大器組成為電流(I_o)–電壓(V_o)轉換放大器，將光二極體的輸出電流 I_o 經回授電阻 R_f 以後，輸出電壓 V_o 如(6-15)式

$$V_o = -I_o \times R_f \tag{6-15}$$

　　對 OPA 而言，當兩輸入端均為零時，即圖 6-19 的虛接地端 V_- 與接地端 V_+ 為零(地電位)時，也就是說光二極體不受光情形下，則 OPA 輸出端 V_o 必須為零。但實際上由於 OPA 的差動放大器，有輕微的不平衡以及高開路增益(Open gain)的特性關係，使得輸出端 V_o 存在著微小輸出電壓。因此若加入了抵補調整(Offset adjust)可變電阻器 VR，可適度地加入一低值的輸入抵補電壓(Input offset voltage)V_{io}，可將 V_o 修正為趨近於零。

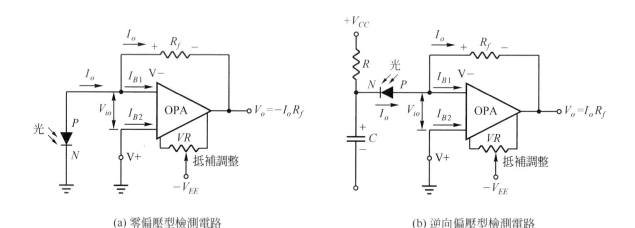

(a) 零偏壓型檢測電路　　　　　　　　　　(b) 逆向偏壓型檢測電路

圖 6-19　光二極體的基本電路(使用 FET 輸入型 OPA)

　　再者由於 OPA 兩個輸入端 V_- 及 V_+，存在著微小的基極電流 I_{B1} 及 I_{B2}，輸入抵補電流(Input offset current)I_B 即為兩者之和 $I_{B1}+I_{B2}$ 的平均值。一般而言，I_B 值愈小，則 OPA 不平衡及誤差值會愈小，故使用輸入抵補電流 I_B 較小的 FET 輸入型 OPA 為佳。

　　零偏壓型檢出電路，由於 PN 的偏壓為零，由圖 6-12 逆向電壓 V_R –接合電容 C_J 特性曲線中，可知 V_R 愈小 C_J 愈大，造成了光二極體或元件 PN 接合電容量很大，因此響應速度較慢，無法適用於快速檢測動作的場合，此為其缺點。然而對於零偏型檢出電路，由於不像圖 6-19(b)逆向偏壓型檢測電路，光二極體 PN 工作於逆向偏壓，因此零偏壓逆電流影響比較小，且直線性較佳等優點。圖 6-19(b)的逆向偏壓型檢測電路，除了在光二極體 PN 兩端施加逆向偏壓以外，其餘的動作原理與圖 6-19(a)大致都相同，由於施加逆向偏壓於光二極體 PN 兩端，使 PN 接合電容量 C_J 減少，因而響應速度較快，但是比起零偏壓型檢測電路，則有暗電流增大，以及雜訊增大等缺點。

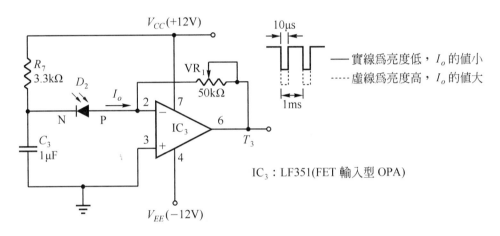

圖 6-20　信號檢測電路

　　圖 6-20 為信號檢測電路，R_7 (3.3kΩ)及 C_3 (1μF)構成積分電路，主要是用以在時間常數為 $5 \times R_7 \times C_3$ 以後，光二極體(D_2)的 N 端施加 V_{CC} (+12V)的電壓，而 P 端則接於 IC_3(LF351)的虛接地端，使 D_2 工作逆向偏壓下。D_2 的輸出電流 I_o，流經回授電阻 VR_1(50kΩ)，則輸出端 T_3 取得一脈波電壓信號，由於 IC_3 為一反相放大電路，因此 T_3 端信號與圖 6-17 驅動、指示電路 T_1 端信號成反相。圖 6-20 回授電阻 VR_1，其可變電阻器電阻值，主要是配合圖 6-17 驅動、指示電路發射用的近紅外線 LED(LED_2)，與圖 6-20 信號檢測電路接收用光二極體(D_2)兩者材料的匹配性，以及依據使用不同檢測物的材質及顏色，而應適度地加以調整能夠使電路動作正常。

　　當信號檢測電路接收到明亮度較大的顏色時，則 T_3 的負脈波週期 10μs 脈波振幅會往負值方向增加，而顏色鑑別電路中，對於白色明亮度 V_W (1.00)是由紅色明亮度 V_R (0.30)、綠色明亮度 V_G (0.59)及藍白明亮度 V_B (0.11)等三原色，依不同的百分比所組成，如(6-16)式所示。

$$V_W = V_R + V_G + V_B = 0.30 + 0.59 + 0.11 = 1.00 \qquad (6\text{-}16)$$

黃色為紅色及綠色所組成，因此黃色明亮度為

$$V_Y = V_R + V_G = 0.30 + 0.59 = 0.89 \qquad (6\text{-}17)$$

而紫色為紅色及藍色所組成，因此紫色明亮度為

$$V_V = V_R + V_B = 0.30 + 0.11 = 0.41 \qquad (6\text{-}18)$$

從圖 6-20 信號檢測電路輸出端 T_3，可以觀察出光二極體(D_2)的輸出電流 I_o，在黃色時會遠較紫色時為大，因此 T_3 的電壓幅會更往負值方向增加。

2. 濾波放大電路及檢波電路

為了防止外界雜亂的光源，如太陽光或者從日光燈所發射出來的紅外線，其頻率為 120Hz(電源頻率 60Hz 的倍頻)，必須使用帶通濾波器，將此 120Hz 的紅外線干擾雜訊加以濾除。圖 6-21 濾波放大電路中，C_4(0.22μF)、R_8(1kΩ)則用做高通(低頻截止)濾波，而 C_5(0.001μF)、VR_2(50kΩ)用做低通(高頻截止)濾波。

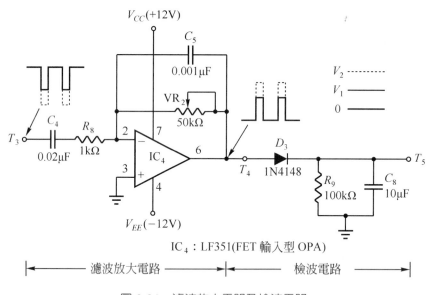

IC$_4$：LF351(FET 輸入型 OPA)

|← 濾波放大電路 →|← 檢波電路 →|

圖 6-21　濾波放大電路及檢波電路

高通的低頻截止頻率 f_L，以及低通的高頻截止頻率 f_H，可以依據(6-19)及(6-20)公式計算之

$$f_L = \frac{1}{2\pi \times R_8 \times C_4} = \frac{1}{2\pi \times 1k\Omega \times 0.22\mu F} = 723Hz \qquad (6\text{-}19)$$

$$f_H = \frac{1}{2\pi \times VR_2 \times C_5} = \frac{1}{2\pi \times 50k\Omega \times 0.001\mu} = 3.18kHz \quad (當\ VR_1=50k\Omega\ 時)(6\text{-}20)$$

濾波放大電路的帶通頻帶範圍,則可以選擇使頻率為 723Hz ~ 3.18kHz 的檢測信號通過,並且加以放大。

　　放大後的 T_4 端信號,經過由二極體 D_3 (1N4148)、R_9 (100kΩ)及 C_8 (10μF)所組成的檢波電路,在 T_5 端變成直流信號。T_4 端信號與 T_3 端信號成反相,當圖 6-20 信號檢測電路中,光二極體(D_2)所檢測到顏色的明亮度愈大時,則 T_4 脈波振幅負值愈大,而檢波後的 T_5 端直流輸出電壓也愈高,圖 6-21 所示 T_3 及 T_4 實線部份 V_1 所檢測到的明亮度,較於虛線部份 V_2 為低,如 T_5 端所輸出的相對直流電壓 $V_1 < V_2$。

種類	型式	特點	發射(T)─接收 R 置放方式
1	透過型	發射與接收分離	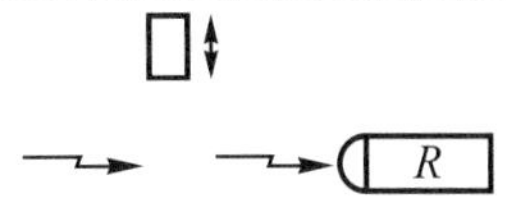
2	透過型	發射與接收一體	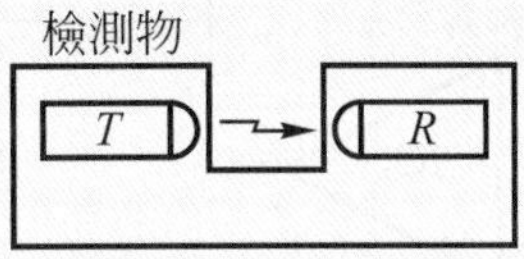
3	反射型	鏡面夾角 θ 反射	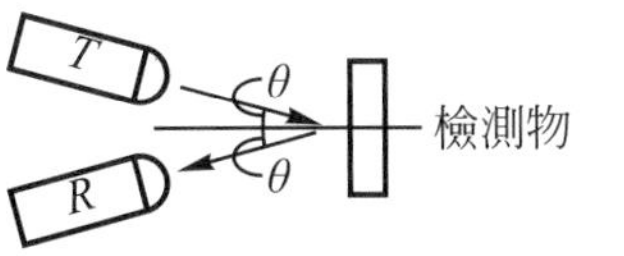
4	反射型	擴散反射	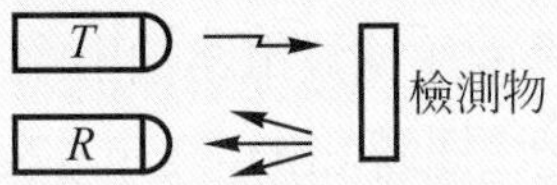
5	反射型	反射板回掃反射	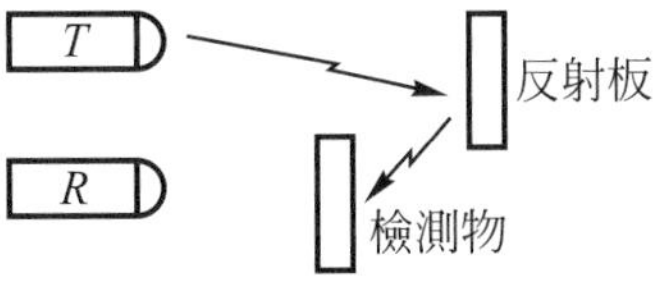
6	受光型	直接受光	

圖 6-22　各種光信號檢測種類

　　一般而言,各種光信號檢測種類,大約可分為如圖 6-22 所示,分別以種類、型式、特點及發射(T)─接收(R)置放方式加以比較之。對於圖 6-10 發射電路紅外線發光二極體(LED_2)發射元件,以及圖 6-11 顏色鑑別接收電路光二極體(D_2)接收元件,兩者使用如圖 6-22 中「種類 4」,所示的型是為反射型當中的擴散反射的置放方式。由於發射元件(T)

送出一個脈波，經由周圍空間擴散而碰觸到不同顏色的檢測物，一旦透過不同顏色的檢測物，所反射回來的明亮度的不同，經由接收元件(R)所檢測到的光電流 I_o 因而也不同，檢波之後的直流信號也就有高低之分，顏色明亮度愈高的，則圖 6-21T_5 端的直流電壓愈高。

3. 窗形鑑別電路

基本的窗形電路則如圖 6-23(a)所示，是由兩組比較器 IC_A 及 IC_B 加以組成的，V_{UT} 代表上限臨界(Upper limit threshold)電壓，V_{LT} 則代表下限臨界(Lower limit threshold)電壓，當輸入電壓 V_i 大於 V_{LT}「且」小於 V_{UT} ($V_{UT} > V_i > V_{LT}$)時，則出電壓 $V_o \cong V_{CC}$，當輸入電壓 V_i 大於 V_{UT} ($V_i > V_{UT}$)「或」小於 V_{LT} ($V_i < V_{LT}$)時，輸出電壓 $V_o \cong 0V$，圖 6-23(b) 為窗形電路輸入 V_i—輸出 V_o 特性。

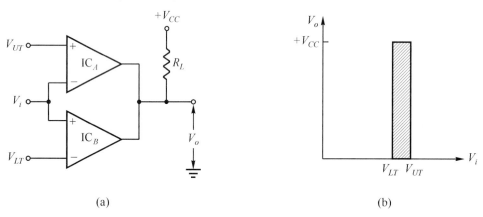

(a)   (b)

圖 6-23 (a)窗形電路 (b)輸入 V_i—輸出 V_o 特性

將圖 6-21 檢波電路輸出端 T_5 的直流電壓，再經由圖 6-24 窗形鑑別電路，可以由指示用發光二極體 LED_3、LED_4 及 LED_5，分別判斷出檢測物的顏色為藍色、紅色或白色。當 T_5 端的直流輸出電壓約為 1V~2V 時則 LED_3 亮，指示檢測物顏色為藍色，當 T_5 端的直流輸出電壓約為 4.3V ~ 4.9V 時則 LED_4 亮，指示檢測物顏色為紅色，當 T_5 端的直流輸出電壓約 5.8V 以上時則 LED_5 亮，指示檢測物為白色。

圖 6-24 窗形鑑別電路，由兩組窗形電路以及一組比較器(Comparator)所構成，IC_5、IC_6 為藍色檢測物窗形電路，IC_7、IC_8 為紅色檢測物窗形電路，IC_9 為白色檢測物比較器。

圖 6-24 窗形鑑別電路中，使用比較器 $IC_5 \sim IC_9$ 編號為(1/4 LM339)做窗形檢出及比較用途，R_{10} (10kΩ)、R_{11} (10kΩ)、R_{12} (25kΩ)、R_{13} (5kΩ)、R_{14} (8kΩ)及 R_{15} (62kΩ)的串聯總電阻值為 120kΩ，跨接於電源電壓 V_{CC}(+12V)及地端(0V)，由於各個流入比較器輸入端的電流 $I_{in} \cong 0$，因此流過 $R_{10} \sim R_{15}$ 六個串聯電阻的電流為

$$I = \frac{12V}{120k\Omega} = 0.1mA \tag{6-21}$$

　　各個分壓電阻器的壓降分別如下：T_6=1V，T_7=2V，T_8=4.5V，T_9=5V 及 T_{10}=5.8V。
IC_5、IC_6組成藍色檢測物窗形電路，T_5端的直流輸出電壓大於 T_6(1V)且小於 T_7(2V)時，
則 T_{11}為高電位，Q_3導通 LED_3亮。IC_7、IC_8組成紅色檢測物窗形電路，當 T_5端的直流
輸出電壓大於 4.5V(T_8)且小於 5V(T_9)時，則 T_{12}為高電位，Q_4導通 LED_4亮。IC_9為一白
色檢測比較電路，T_5端的直流輸出電壓大於 5.8V(T_{10})時，比較器 IC_9的輸出端 T_{13}為低
電位，則 LED_5亮，注意：LED_3、LED_4 及 LED_5 三者在動作時，要不三者都不亮，或是
三者之中只有一個亮。

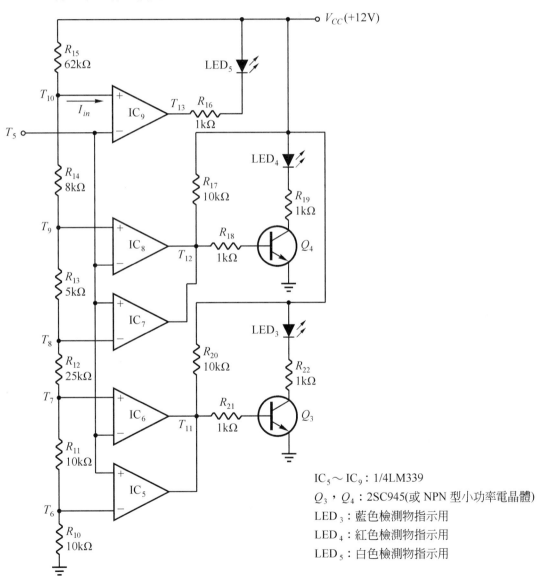

圖 6-24　窗形鑑別電路

LM339 為一低功率低抵補電壓的四組比較器，輸出端為一開集極(OC：Open collector)的推動方式，因此在輸出端則一定要接上如圖 6-23(a)的負載電阻 R_L。圖 6-24 中 R_{20}(10kΩ)、R_{17}(10kΩ)為窗形電路的負載電阻，R_{16}(1kΩ)為比較器 IC_9 的負載電阻，且為 LED_5 的限流電阻，R_{18}(1kΩ)及 R_{21}(1kΩ)分別為 Q_3、Q_4 的基極限流電阻，R_{19}(1kΩ)及 R_{22}(1kΩ)分別為 LED_4、LED_3 的限流電阻，分壓電阻 $R_{10}\sim R_{15}$ 則可以依 T_5 實際檢測的輸出電壓，分別加以改變其電阻值。(註：本實驗電路於組裝後之測試，可以依當時之光亮度，適當的調整 $R_{10}\sim R_{15}$ 之電阻值)

6-4 電路方塊圖

1. 發射電路

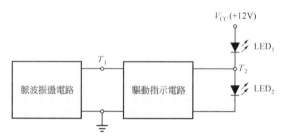

圖 6-25　圖 6-13 之發射電路方塊圖

2. 接收電路

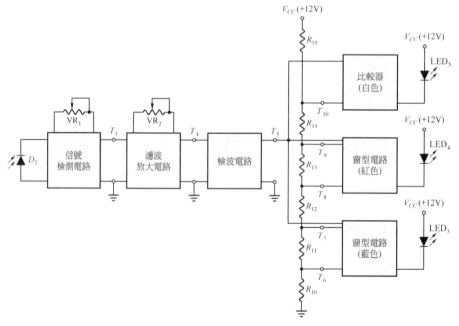

圖 6-26　圖 6-14 之接收電路方塊圖

6-5 檢修流程圖

1. 發射電路部份：

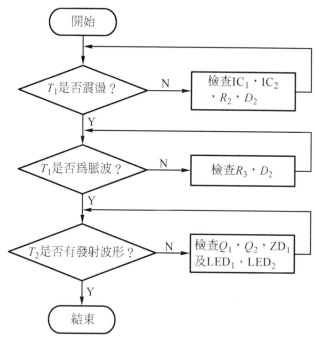

圖 6-27　圖 6-13 之發射電路流程圖

2. 接收電路部份：

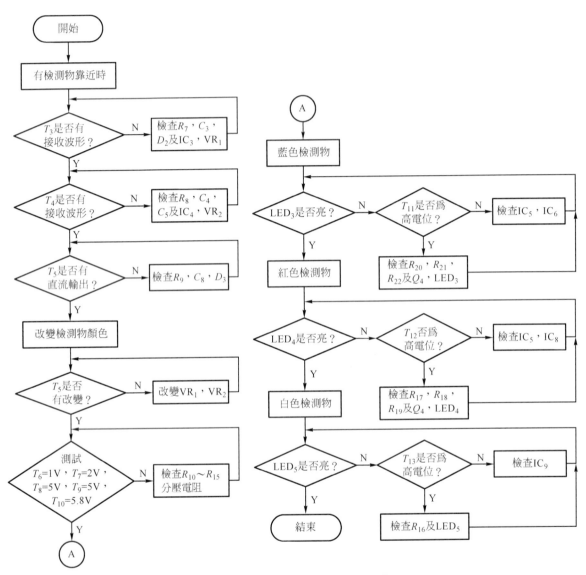

圖 6-28　圖 6-14 之接收電路流程圖

6-6 實習步驟

1. 如圖 6-13 發射電路及圖 6-14 接收電路之裝配。

2. 適度選擇三種分別為白色、紅色及藍色不同顏色，但最好是材質相同的測試紙，首先以白色測試紙，置於如圖 6-22 檢測種類 4，其型式為擴散反射型式的發射元件(T)–接收元件(R)置放方式,檢測物即為白色測試紙,發射元件(T)即圖 6-13 發射電路中,近紅外線不可見光用途的發光二極體(LED_2),接收元件(R)即圖 6-14 接收電路中的一般接收用途二極體(D_2)。發射元件及接收元件兩者平行置放,兩者的距離間隔約為 1 ~ 2cm,而與白色測試紙檢測物也間隔約 1cm 左右。

3. 發射元件、接收元件及檢測物下方,建議置放一同材質的黑色測紙,以做為明亮度為零的背景色,同時減低雜訊。

4. 以示波器量測如圖 6-13 發射電路中 T_1 及 T_2 波形,以及圖 6-14 接收電路中 T_3 及 T_4 波形,並且繪於圖 6-29(a)(b)(c)(d)中,並分別記錄 C_1 的放電週期 t_1(當圖 6-13 T_1 脈波在高電位,圖 6-14 T_3 脈波在低電位時),電容器 C_1 的充電週期 t_2(當 T_1 脈波在低電位,T_3 脈波在高電位),振盪週期 t ($t = t_1 + t_2$)、振盪頻率 f ($f = 1/t$)以及工作週期比值(工作週期 $= t_1/t \times 100\%$)。

5. 將白色測試紙移開,以數字式電表(DMM)置於 DCV 檔,測量 T_4 端,調整 VR_1(50kΩ)使 $T_5 \cong 0V$。

6. 將白色測試紙放入,以數字式電表(DMM)置於 DCV 檔,測量 T_4 端,調整 VR_2(50kΩ)使 $T_5 \cong 5.8V$。

7. 分別更換測試紙顏色為藍、紅、白色紙,並記錄 T_4 的直流電壓值,以及 VR_1、VR_2 的電阻值,分別記錄於表 6-1 中。

表 6-1

檢測物顏色	藍色	紅色	白色	$VR_1 =$ _____kΩ
T_5 (V)				$VR_2 =$ _____kΩ

8. 互調步驟 5 及步驟 6 的 VR_1(50kΩ)、VR_2 (50kΩ),必要時可依不同顏色紙將 VR_1、VR_2 更改超過 50kΩ 的可變電阻器,同時可依實際測量 T_4 端的直流電壓值,修正圖 6-14 接收電路 $R_{10} \sim R_{15}$ 串聯電阻的電阻值。

9. 以數字式電表(DMM)置於 DCV 檔,分別測量測試端 $T_6 \sim T_{10}$ 的直流電壓值,並記錄於表 6-2 中。

表 6-2

測試端	T_6	T_7	T_8	T_9	T_{10}
DC (V)					

10. 更換測試紙顏色為藍、紅、白色紙時，分別記錄 T_{11}、T_{12}、T_{13} 測試端的直流電壓值，並觀察指示燈 LED$_3$、LED$_4$、LED$_5$ 亮或滅，記錄於表 6-3 中。

表 6-3

檢測物顏色	藍色	紅色	白色
T_{11} (V)			
T_{12} (V)			
T_{13} (V)			
LED$_3$(亮或滅)			
LED$_4$(亮或滅)			
LED$_5$(亮或滅)			

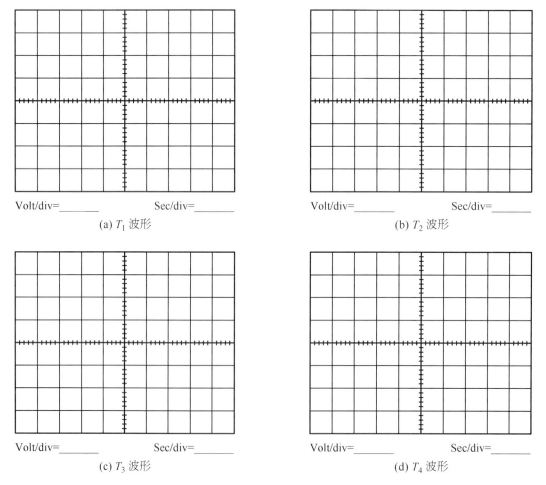

Volt/div=＿＿＿＿   Sec/div=＿＿＿＿
(a) T_1 波形

Volt/div=＿＿＿＿   Sec/div=＿＿＿＿
(b) T_2 波形

Volt/div=＿＿＿＿   Sec/div=＿＿＿＿
(c) T_3 波形

Volt/div=＿＿＿＿   Sec/div=＿＿＿＿
(d) T_4 波形

圖 6-29

6-7　問題與討論

1. 何謂發光元件(Light emitting component)？

2. 紅外線發光二極體的波長為何？

3. 紅外線 LED(IR LED)的波長(λ)與相對發光靈敏度(%)的關係為何？

4. 如何判別光二極體元件的陽極(A)與陰極(K)接腳？

5. 繪圖及說明紅外線發光二極體：(1)直流發射電路 (2)脈波震盪發射電路？

6. 紅外線(Infrared)二極體的順向電流(I_F)與發射強度(I_E)特性取線為何？

7. 光二極體(Photo diode)的動作原理為何？

8. 何謂光電流(Light current)及暗電流(Dark current)？

9. 繪圖及說明光二極體的等效電路。

10. 光二極體環境溫度 T_a(℃)與暗電流 I_d(A)的關係為何？

11. 光二極體的響應速度由哪三項係數來決定？

12. 何謂上升時間(Rise time)？

13. 如何提高光二極體的響應速度，有哪三種方式？

14. 繪圖及說明紅外線發光二極體脈波振盪電路之動作原理。

15. 定義何謂工作週期比值(Duty ratio)？

16. 零偏壓型及逆向偏壓型檢測電路之優缺點為何？

17. 光的三原色中紅色、綠色及藍色明亮度為何？

18. 黃色及紫色明亮度各由何種顏色所組合而成？

19. 繪圖說明及比較各種光信號檢測的種類。

20. 何謂窗形鑑別電路？試說明之。

Chapter 7

光二極體及光電晶體
(反射型光電開關的應用)

7-1 實習目的

1. 瞭解紅外線二極體及光電晶體元件的特性。
2. 利用紅外線發射二極體與光電晶體應用於反射型光電開關(Photo switch)電路。
3. 瞭解檢波電路及比較電路之動作。
4. 瞭解不同顏色被檢測物與有效動作距離之關係。

7-2 相關知識

　　參考光二極體的使用，如第六章顏色鑑別所敘述的使用不可見光紅外線發射二極體，光電晶體的使用，則如第五章馬達速度控制所敘述的使用可接收可見及不可見光的光電晶體，因此本章節的光二極體及光電晶體材料相關知識，不再贅述。

7-3 電路原理

　　本章節採用的是反射型當中的擴散反射原理，如第六章圖 6-22 種類 4 所述，因此發射及接收元件的擺設位置，應如圖 7-1 所示的方式加以放置，同時發射 T_X 以及接收 R_X 元件，應平行並列放置，且與檢測物成垂直方向，才能使本電路發揮最佳的動作功能，以增加有效的檢測距離。圖 7-2(a)(b)分別為反射型光電開關電路的發射電路及接收電路，發射電路所使用的配置，元件為一種不可見光的紅外線發射二極體(本電路使用編號 TSHA5203 或同等品)，而接收電路則使用具有接收不可見光及可見光的接收元件－光電晶體(本電路使用編號 TPS603 或同等品)或紅外線接收二極體(編號 BPW84 或同等品)。

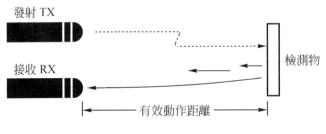

發射 TX

接收 RX

檢測物

有效動作距離

圖 7-1　反射型(擴散反射)檢測

　　圖 7-2(a)發射電路使用可供給單電源電壓(V_{CC}對地)的運算大器(編號為 LM324)元件，如圖 7-2(a)中所示的 IC_1，利用多諧振盪原理，在 IC_1 的輸出端 T_2 產生一脈波，此脈波工作週期百分比約為 2%左右，以中功率電晶體 Q_1(2SD476)加以推動電流，利用紅外線發射二極體 T_X(TSHA5203)，將 T_2 的信號加以推動並發射出去。

　　接收電路是利用光電晶體 Q_2 (TPS603) (也可使用紅外線接收二極體 BPW84 元件)，從發射電路所發射來的不可見光信號，在有效動作距離內接收，R_X 的偏壓是由電阻 R_8(100 Ω)、R_9 (1kΩ)及 ZD_1 (9.1V 電壓)所取得，經由 C_3 (0.1μF)及 R_{10} (10kΩ)所構成的高通濾波電路，將接收元件 R_X 周圍的雜訊加以濾除。

　　IC_2 將檢測信號電壓加以反相放大，並利用 IC_3 比較器，將 IC_2 所放大後信號當中的雜訊加以截去，再經由二極體 D_3 (1N4148)、電阻 R_{15} (10kΩ)及電容器 C_4 (10μF)由所組成的檢波電路，將比較電路 IC_3 輸出端，T_8 的紅外線交流信號變成直流電壓。檢波電路直流輸出電壓端 T_9，與比較器 IC_4 的參考電壓端的電壓 T_{10} 比較，若 T_9 的電壓大於 T_{10}，則 IC_4 的輸出端 T_{11} 為高電位，並驅動中功率電晶體 Q_2 (2SD476)，使繼電器 RLY_1(12V)動作，繼電器的共點 C(Common)與常開(N.O：Normal open)接點接通，並使 LED_1 亮。

　　圖 7-2 電路可以依據使用不同的發射、接收元件及檢測物狀況下，適時修正或改良各個元件的數值。

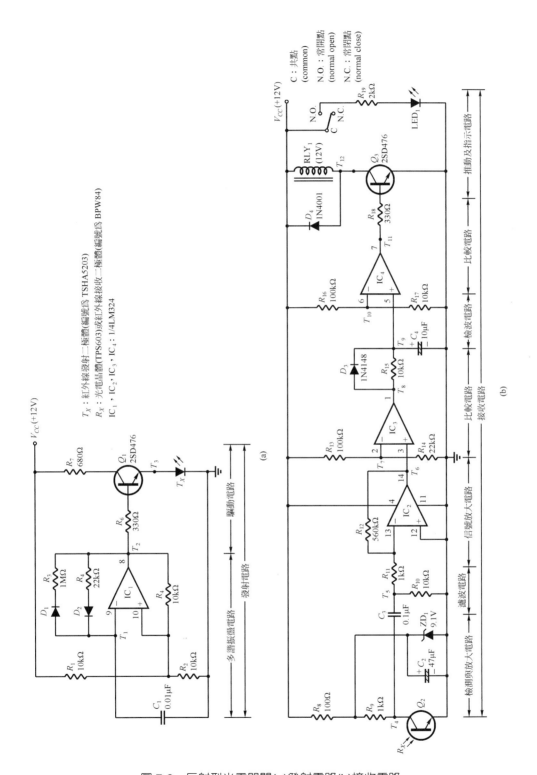

圖 7-2　反射型光電開關(a)發射電路(b)接收電路

7-3-1 發射電路(紅外線二極體)

1. 上限臨界電壓(V_{UT})及下限臨界電壓(V_{LT})

圖 7-3 為紅外線二極體發射電路,由多諧振盪電路及驅動電路兩部份所組合而成的,其中紅外線二極體多諧振盪電路,採用的動作方式是屬於自由動作(Free-running)式的多諧振盪電路,IC_1 輸出端 T_2 為一脈波。電阻器 R_1(10kΩ)、R_2(10kΩ)及 R_5(10kΩ)做為分壓用途,其主要目的是將輸出信號電壓 T_2 的一部份,回授到運算放大電路 IC_1 的非反向輸入端(V_+),當 T_2 輸出振幅為電源電壓 V_{CC} 時,此時回授電壓 V_+ 稱為上限電壓 V_{UT},因此其等效電路如圖 7-4(a),而 V_{UT} 的值則依據(7-1)式計算得之:

$$V_+ = V_{UT} = \frac{V_{CC}}{(R_1 \mathbin{/\mkern-5mu/} R_5) + R_2} \times R_2 \tag{7-1}$$

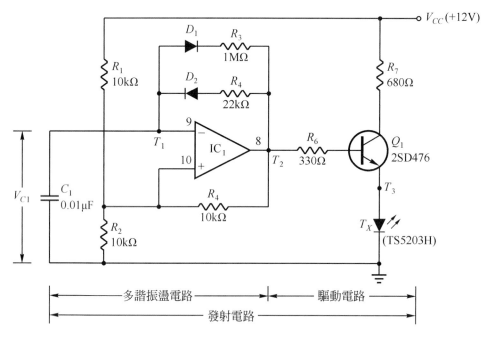

圖 7-3　發射電路

一旦電容器 C_1 兩端的電壓 T_1,被充電至稍高於上限電壓 V_{UT} 時($V_{C_1} \geq V_{UT}$),也就是說 OPA 的反向輸入端(IC_1 的第 9 支腳) T_1 的電壓高於 V_{UT} 時,使得 IC_1 的輸出端電壓 T_2 由 V_{CC} 轉換為 0V,此時回授電壓 V_+ 稱為下限臨界電壓 V_{LT},其等效電路如圖 7-4(b)所示,而 V_{LT} 的值則依據(7-2)式計算得之:

$$V_+ = V_{LT} = \frac{V_{CC}}{R_1 + (R_2 \mathbin{/\mkern-5mu/} R_5)} \times (R_2 \mathbin{/\mkern-5mu/} R_5) \tag{7-2}$$

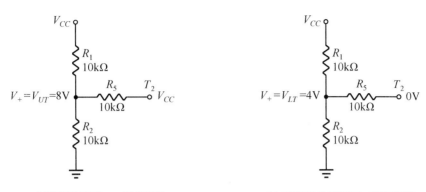

(a) 上限臨界電壓 V_{UT} 等效電路 (b) 下限臨界電壓 V_{LT} 等效電路

圖 7-4 臨界電壓之等效電路

2. 充放電等效迴路

電容器 C_1 的充電、放電迴路，及其充電、放電週期、振盪週期是如何決定的呢？

(1) 電容器充電迴路

圖 7-5 為電容器 C_1 (0.01μF)的充電迴路等效電路(如 IC 充電電流經 D_2 的路徑所示)，當 C_1 充電電壓 V_{C1} 小於上限臨界電壓 V_{UT} 時，則多諧振盪電路 IC_1 輸出端電壓 T_2，理論上為電源電壓 V_{CC} (+12V)，二極體 D_1(1N4148)為 OFF(如短虛線所示)充電電流 I_C 經由 R_4 (22kΩ)、D_2 (1N4148)向電容器 C_1 充電，充電電壓 V_{C1} 隨著時間 t 增加而上升，當 V_{C1} 的電壓充電到仍低於 V_{UT} 時，T_2 端的電壓一直維持著 V_{CC}(12V)的電壓，如圖 7-7 所示為 t 在 t_c 充電週期內的 $T_1(V_{C1})$ 及 T_2 的波形關係。

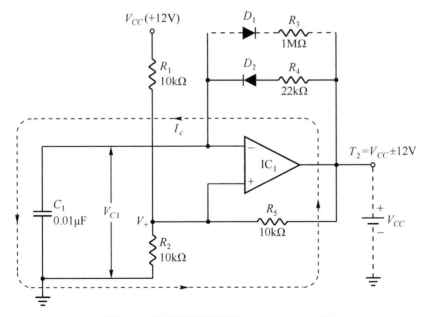

圖 7-5 電容器充電迴路(D_2 ON，D_1 OFF)

(2) 電容器放電迴路

　　圖 7-5 的電容器充電迴路當中，當 C_1(0.01μF)的充電電壓 V_{C1}，隨時間 t 增加而上升，一直到稍高於或等於上限臨界電壓 V_{UT} 時，則多諧振盪電路 IC_1 輸出電壓 T_2，理論上如圖 7-6 為地電位(0V)，二極體 D_2(1N4148)OFF(如短虛線所示)。放電電流 I_d，經由 D_1(1N4148)、R_3(1MΩ)電容器 C_1(0.001μF)放電，如圖 7-6 為電容器的放電迴路等效電路(如 I_d 經 D_1 及 R_3 等路徑所示)，則放電電壓 V_{C1} 隨著時間 t 的增加而減少，當 V_{C1} 的電壓放電到仍高於低限臨界電壓 V_{LT} 時，T_2 的電壓一直維持著地電位(0V)的電壓，如圖 7-7 所示為 t 在 t_d 放電週期內的 V_{C1} 及 T_2 的波形關係。當放電迴路的放電電壓稍低於或等於下限臨界電壓時，則 T_2 的電壓由地電位(0V)變換為 V_{CC}(12V)的電壓，如圖 7-5 的 D_1 OFF、D_2 又為 ON，T_2 的 V_{CC} 電壓又朝向 R_4(22kΩ)、D_2(1N4148)及電容器 C_1 充電，又恢復為圖 7-5 電容器充電迴路的狀態，如此週而復始的振盪著，此振盪電路的工作週期(Duty cycle)是設計在 2%左右的值，大約是 R_4/R_3 (= 2.2%)的值。

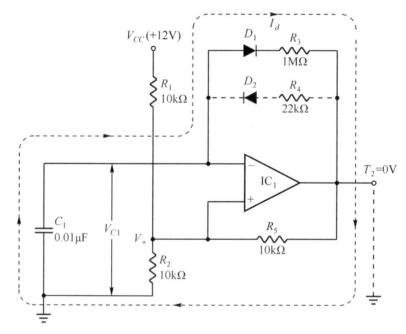

圖 7-6　電容器放電迴路(D_1 ON，D_2 OFF)

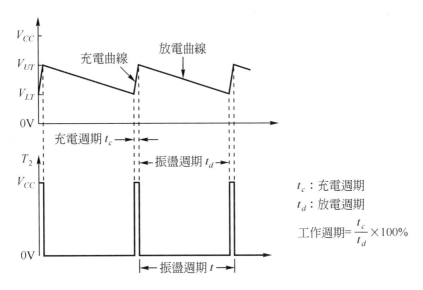

圖 7-7　電容器 C_1 充放電曲線與輸出脈波之關係

3. 充電週期(t_c)及放電週期(t_d)：

圖 7-7 電容器電壓 V_C 的充電週期 t_c 及放電週期 t_d，輸出電壓 V_o 的振盪週期 t 等，其公式計算是依據(7-6)式、(7-10)式、(7-11)式等所決定。

(1) 充電週期 t_c：

從圖 7-5 的電容器充電迴路當中，二極體 D_1 OFF，D_2 ON，電容器 C_1 為充電狀態，充電時間為 t_c 時，電容器 C 充電的電壓值為上限臨界電壓 V_{UT}，由圖 7-7 的充電曲線當中可知當 $t \to \infty$ 時，則電容器 C 的充電電壓可達飽和電壓 V_{CC}，因此：

a. 當 $t = 0$ 時，$V_{C1}(t) = V_{LT}$　　　　　　　　　　　　　(7-3a)

b. 當 $t = t_c$ 時，$V_{C1}(t) = V_{UT}$　　　　　　　　　　　　(7-3b)

c. 當 $t = \infty$ 時，$V_{C1} = V_{CC}$　　　　　　　　　　　　　(7-3c)

三個條件下，可以得到下列公式：

$$V_{C1} = (V_{CC} - V_{LT})(1 - e^{-t/\tau}) + V_{LT} \quad (\tau = RC \text{ 及忽略二極體 } D_2 \text{ 順向電壓}) \quad (7\text{-}4)$$

當 $t = t_c$ 時，$V_C(t) = V_{UT}$，

$$\therefore V_{C1} = (V_{CC} - V_{LT})(1 - e^{-t_c/R_4 C_1}) + V_{LT} \quad (t = t_c，\tau = R_4 C_1) \quad (7\text{-}5)$$

$$\Rightarrow 1 - e^{-t_c/R_4 C_1} = \frac{V_{UT} - V_{LT}}{V_{CC} - V_{LT}} \Rightarrow e^{-t_c/R_4 C_1} = 1 - \frac{V_{UT} - V_{LT}}{V_{CC} - V_{LT}} = \frac{V_{CC} - V_{UT}}{V_{CC} - V_{LT}}$$

$$\therefore t_c = R_4 C_1 \ln \frac{V_{CC} - V_{UT}}{V_{CC} - V_{LT}} \quad (7\text{-}6)$$

(2) 充電週期 t_d：

　　圖 7-6 的電容器放電迴路當中，二極體 D_1 ON，D_2 OFF，電容器 C 為放電狀態，放電時間為 t_d 時，電容器 C 放電的電壓值為下限臨界電壓 V_{LT} 從圖 7-7 的放電曲線當中可知當 $t \rightarrow \infty$ 時，則電容器 C 的放電電壓可達到地電位(0V)，因此：

　　a. 當 $t = 0$ 時，$V_{C1}(t) = V_{UT}$ 　　　　　　　　　　　　　　　　(7-7a)

　　b. 當 $t = t_c$ 時，$V_{C1}(t) = V_{LT}$ 　　　　　　　　　　　　　　　(7-7b)

　　c. 當 $t = \infty$ 時，$V_{C1}(t) = 0$ 　　　　　　　　　　　　　　　　(7-7c)

由(7-7a)式、(7-7b)式及(7-7c)式，可以歸納(7-8)式：

$$V_{C_1} = V_{UT}e^{-t/\tau} \quad (\tau = RC \text{ 及忽略二極體 } D_1 \text{ 順向電壓}) \tag{7-8}$$

當 $t = t_d$ 時，$V_C(t) = V_{UT}(t = t_d,\ \tau = R_3C_1)$

$$\therefore V_{LT} = V_{UT}e^{-t_d/R_3C_1} \tag{7-9}$$

$$t_d = -R_3C_1 \ln\frac{V_{LT}}{V_{UT}} = R_3C_1 \ln\frac{V_{UT}}{V_{LT}} \tag{7-10}$$

(3) 振盪週期：

$$t = t_c + t_d \tag{7-11}$$

將 $R_1(10\text{k}\Omega)$、$R_2(10\text{k}\Omega)$、$R_3(1\text{M}\Omega)$、$R_4(22\text{k}\Omega)$ 及 $R_5(10\text{k}\Omega)$ 分別代入(7-1)式、(7-2)式、(7-6)式、(7-10)式及(7-15)式，得到下列各個參數的理論值：

(7-1)式 $\Rightarrow V_{UT} = \dfrac{V_{CC}}{(R_1 /\!/ R_5) + R_2} \times R_2 = \dfrac{12\text{V}}{(10\text{k}\Omega /\!/ 10\text{k}\Omega) + 10\text{k}\Omega} \times 10\text{k}\Omega = 8\text{V}$

(7-2)式 $\Rightarrow V_{LT} = \dfrac{V_{CC}}{R_1 + (R_2 /\!/ R_5)} \times (R_2 /\!/ R_5)$

$\qquad\qquad\quad = \dfrac{12\text{V}}{10\text{k}\Omega + (10\text{k}\Omega /\!/ 10\text{k}\Omega)} \times (10\text{k}\Omega /\!/ 10\text{k}\Omega) = 4\text{V}$

(7-6)式 $\Rightarrow t_c = R_4C_1 \ln\dfrac{V_{CC} - V_{UT}}{V_{CC} - V_{LT}} = 22\text{k}\Omega \times 0.01\mu\text{F} \times \ln\dfrac{12\text{V} - 4\text{V}}{12\text{V} - 8\text{V}} = 0.1524\text{ ms}$

(7-10)式 $\Rightarrow t_d = R_3C_1 \ln\dfrac{V_{UT}}{V_{LT}} = 1\text{M}\Omega \times 0.01\mu\text{F} \times \ln\dfrac{8\text{V}}{4\text{V}} = 6.9314\text{ ms}$

(7-15)式 $\Rightarrow t = t_c + t_d = 0.1524\text{ ms} + 6.9314\text{ ms} = 7.0838\text{ ms}$

　　圖 7-8、圖 7-9、圖 7-10 及圖 7-11，分別爲利用數位式儲存示波器(廠牌型號爲 Tektronix 2212－60 MHz)，使用 10:1 的探針(Probe)所測得實際電路 T_1、T_2 在充電、放電時的 Hardcopy 波形，實際電路所測得數據如下：

$$t_c = 0.2988 \text{ ms}，t_d = 7.7588 \text{ ms}$$
$$V_{UT} = 8.020 \text{ V}，V_{LT} = 4.172 \text{ V}$$

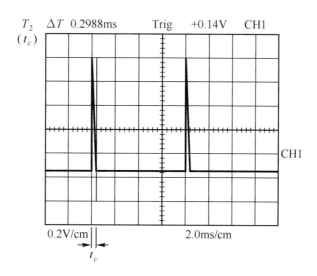

圖 7-8　發射電路 T_2 端充電週期(t_c)

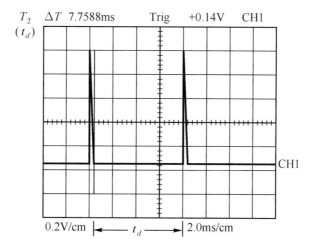

圖 7-9　發射電路 T_2 端放電週期(t_d)

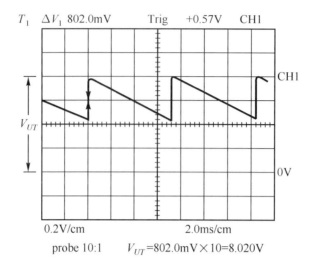

T_1 ΔV_1 802.0mV   Trig   +0.57V   CH1

0.2V/cm   2.0ms/cm

probe 10:1 V_{UT}=802.0mV×10=8.020V

圖 7-10 發射電路 T_1 端 V_{UT} 值

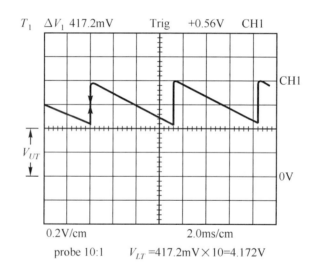

T_1 ΔV_1 417.2mV   Trig   +0.56V   CH1

0.2V/cm   2.0ms/cm

probe 10:1 V_{LT} =417.2mV×10=4.172V

圖 7-11 發射電路 T_1 端 V_{LT} 值

4. 驅動電路

       IC_1 多諧振盪電路所輸出工作週期百分比，約 2% 左右的 T_2 信號，須經由如圖 7-12 所示限流電阻 R_6 (330Ω)，偏壓電阻 R_7 (680Ω) 以及中功率電晶體 Q_1 (2SD476)，藉以推動紅外二極體發射元件 T_X，以便將振盪信號發射出去。

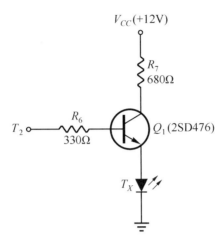

圖 7-12　驅動電路

7-3-2　接收電路(光電晶體或紅外線接收二極體)

1.　檢測放大電路

　　圖 7-13 所示為使用光電晶體 Q_2(TPS603)為接收元件，或使用紅外線接收二極體編號 BPW84 的檢測與放大電路，R_8(100Ω)、C_2(47μF)與稽納二極體 ZD_1(9.1V)等元件，構成具有 9.1V 的穩壓電路，以便供給接收器之感測元件光電晶體 Q_2 (TPS603)的電壓。如果圖 7-12 的驅動電路(發射元件為紅外線二極體)沒有發射紅外線信號時，則沒有光電流流經 R_9(1kΩ)，因此 R_9 沒有壓降。若紅外線發射電路有發射紅外線信號時，則產生光電流 I_λ，經由檢測紅外線信號的光電晶體元件 Q_2 所接收，光電流在 R_9 兩端會有電壓降產生，T_4 的信號經由耦合電容器 C_3 (0.1μF)，傳送到反相放大器 IC_2 的 T_5 端，IC_2 的放大倍數為

$$A_V = \frac{R_{12}}{R_{11}} = \frac{560\text{k}\Omega}{1\text{k}\Omega} = 560 \tag{7-12}$$

IC_2 將檢測信號電壓反相並放大 560 倍。

2.　濾波電路

　　圖 7-14 濾波電路之中，C_3 (0.1μF)除做為交連 T_4 紅外線接收信號的耦合作用外，並且與 R_{10}(10kΩ)構成高通濾波器(HPF：High pass filter)，其截止頻率 f_c 可以根據(7-13)公式計算得之：

$$f_c = \frac{1}{2\pi \times R_{10} \times C_5} = \frac{1}{(2\times3.14)(10\times10^3)(0.1\times10^{-6})} \approx 160\,\text{Hz} \tag{7-13}$$

由 C_3 (0.1μF)與 R_{10}(10kΩ)所構成的高通濾波器，某截止頻率必為 160Hz，也就是說 160Hz 以下的輸入檢測信號增益很低，只要接收元件 R_X 的周圍有雜亂的雜訊，如日光燈所產生的 120Hz (即 60Hz 的諧波)時，則可以將此 120Hz 的雜亂信號濾除掉。

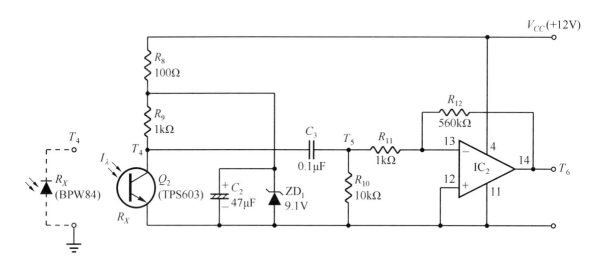

圖 7-13　檢測放大電路

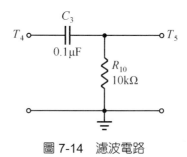

圖 7-14　濾波電路

3.　檢波與比較器電路

　　由圖 7-13 放大器 IC_2 的 T_6 端，所放大後傳送過來的信號，由於仍然含有部份的雜訊，經由圖 7-15 比較器 IC_3，將這些低於參考電壓 V_{r1} 的雜訊電壓加於濾除，參考電壓 V_{r1} 由(7-14)式來決定：

$$V_{r1} = \frac{R_{14}}{R_{13} + R_{14}} \times V_{CC} \tag{7-14}$$

　　由於比較器 IC_3 參考電壓 V_{r1}，是施加在比較器 IC_3 的反相輸入端(第 2 支腳)，所以經由放大器 IC_2 所放大後的紅外線信號，只要是超過 V_{r1} 的參考電壓值才能通過。通過後的紅外線信號再經過檢波二極體 D_3 (1N4148)與濾波電容器 C_4 (10μF)由所構成的檢波電路,把 T_8 的交流信號,轉換為 T_9 的直流信號。

此直流信號再經過比較器 IC$_4$,當被測物體在所設定的偵測距離以內被偵測到,則 IC$_4$ 輸出端(T_{11})會產生高電位輸出信號,比較器 IC$_4$ 的參考電壓(T_{10})V_{r2},其計算如 (7-15)式所示。

$$V_{r2} = \frac{R_{17}}{R_{16}+R_{17}} \times V_{CC} \tag{7-15}$$

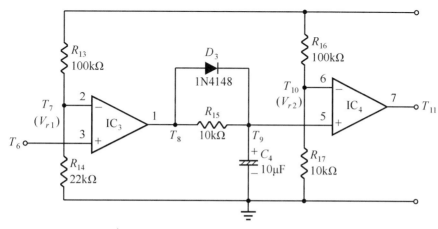

圖 7-15　檢波與比較器電路

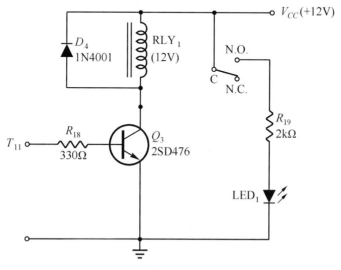

圖 7-16　推動及指示電路

4. 推動及指示電路

　　圖 7-16 為反射型光電開關的推動及指示電路，從比較器 IC_4 輸出端(T_{11})所產生的輸出信號，經過 R_{18} (330Ω)及中功率推動電晶體 Q_3 (2SD476)放大後，驅動 12V 的繼電器(RLY$_1$)，二極體 D_4 (1N4001)主要是用來吸收 RLY$_1$ 在反電勢時的逆向電壓，在 RLY$_1$ 動作時，D_4 是成反向的，此時它並不影響 RLY$_1$ 之動作。RLY$_1$ 的接點分別為共點 C(Common)，常開點 N.O.(Normal open)及常開點 N.C.(Normal close)。而指示用 LED$_1$ 及限流電阻 R_{19} (2kΩ)接在常開點 N.O.，繼電器 RLY$_1$ 不動作，共點 C 則與常開點 N.O. 互相不接通，因此 LED$_1$ 不亮；但是當被測物體在有效動作距離以內且被偵測到時，則使繼電器 RLY$_1$ 動作，共點 C 與常開點 N.O.互相接通，共點 C 的 V_{CC} (+12V)電壓加諸於 R_{19} (2kΩ)及 LED$_1$，使 LED$_1$ 亮，因此我們可以利用 LED$_1$ 來指示被測物體，是否已在所設定的有效距離內動作了。

7-4 電路方塊圖

1. 發射電路部份：

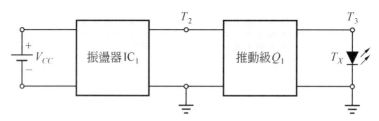

圖 7-17　圖 7-2(a)之發射電路方塊圖

2.　接收電路部份：

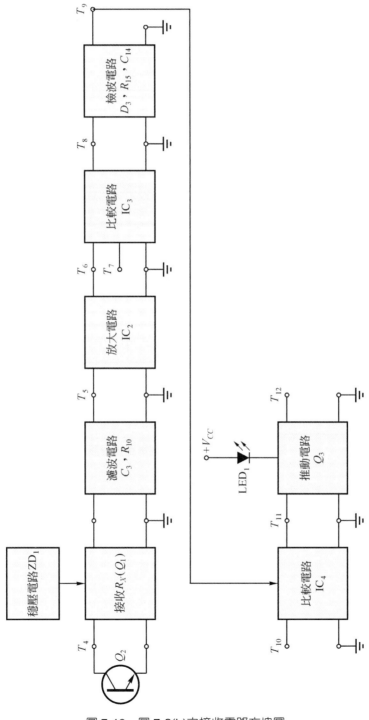

圖 7-18　圖 7-2(b)之接收電路方塊圖

7-5 檢修流程圖

1. 發射電路部份

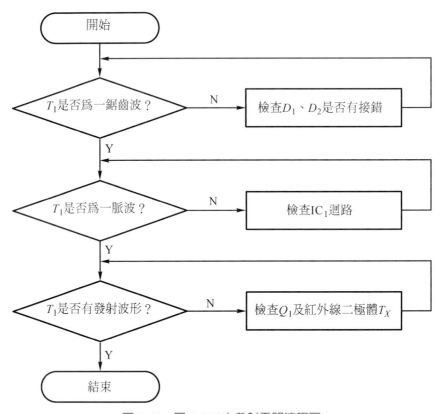

圖 7-19　圖 7-2(a)之發射電路流程圖

2.　接收電路部份

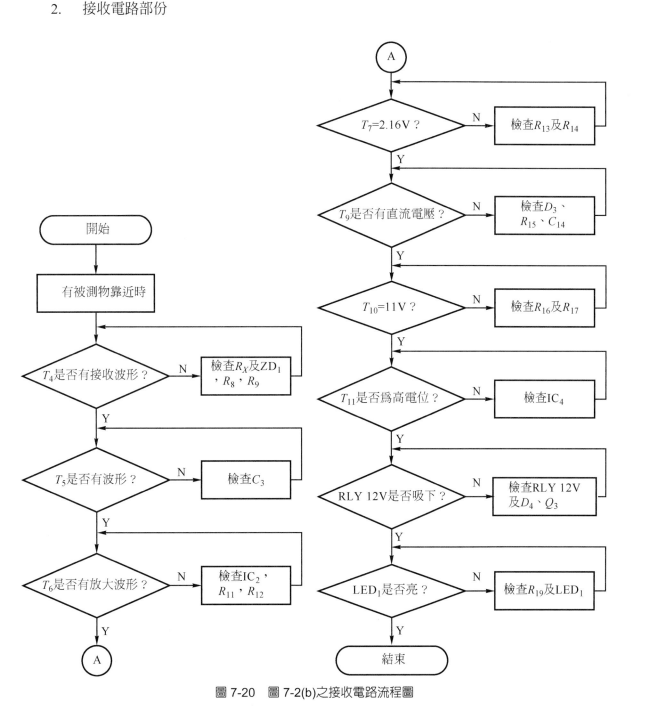

圖 7-20　圖 7-2(b)之接收電路流程圖

7-6 實習步驟

1. 如圖 7-2(a)上半部發射電路及(b)下半部接收電路之裝配。

2. 以示波器測試 T_1 及 T_2 的波形，分別繪於圖 7-21 及圖 7-22 中，同時分別記錄充電週期 t_c、放電週期 t_d、振盪週期 t，並求出工作週期比值(工作週期 = $(t_c/t_d) \times 100\%$)。

3. 以一白色測試紙，置於如圖 7-1 反射型檢測方式的有效動作距離內，使 LED$_1$ 亮(注意：LED 若在亮與不亮之間時，則將白色測試紙再稍微靠近 T_X 及 R_X 的方向)。

4. 以米達尺(單位為公分 cm)測量從白色紙與發射、接收元件(兩者平行並列)前端的距離為 _____ cm。

5. 將數字式電表(DMM)置於 DCV 檔，測量 T_7 及 T_{10}。直流電壓各為多少？
   $T_7 =$ _____ V ， $T_{10} =$ _____ V。

6. 以示波器測試 T_4，T_5，T_6 波形，分別繪於圖 7-23、圖 7-24 及圖 7-25 中。

7. 分別以紅色、白色及藍色測試紙，或手等不同的測試物體，放置於如圖 7-1 反射型檢測方式，並且使得繼電器 RLY$_1$ (12V) 動作且 LED$_1$ 亮。

8. 分別記錄 T_6、T_8、T_9 之直流電壓值(單位為 V)及有效動作距離(單位：cm)的數值於表 7-1 中。

表 7-1

被測物 \ 測試端	T_6	T_8	T_9	有效動作距離(cm)
紅色測試紙				
白色測試紙				
藍色測試紙				
人類的手				

9. 若被測物改為黑色測試紙或物體時，觀察繼電器 RLY$_1$ (12V)是否動作？LED$_1$是否亮？為什麼？。

10. 若黑色測試紙或物體，可以使得繼電器 RLY$_1$ (12V)動作且 LED$_1$ 亮，則記錄 T_6、T_8、T_9 直流電壓值及有效動作距離於表 7-2 中。

表 7-2

測試端 被測物	T_6	T_8	T_9	有效動作距離(cm)
黑色測試紙				

T_1 波形

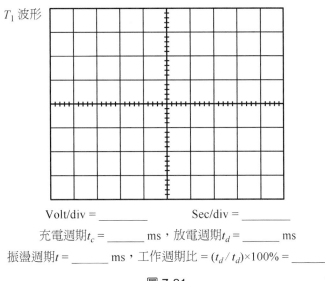

Volt/div = _____　　　　Sec/div = _____

充電週期t_c = _____ ms，放電週期t_d = _____ ms

振盪週期t = _____ ms，工作週期比 = $(t_d / t_d) \times 100\%$ = _____

圖 7-21

T_2 波形

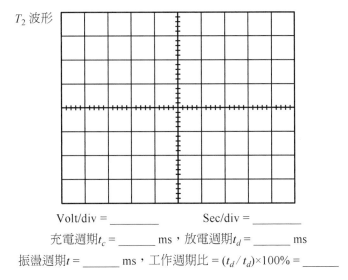

Volt/div = _____　　　　Sec/div = _____

充電週期t_c = _____ ms，放電週期t_d = _____ ms

振盪週期t = _____ ms，工作週期比 = $(t_d / t_d) \times 100\%$ = _____

圖 7-22

T_4 波形

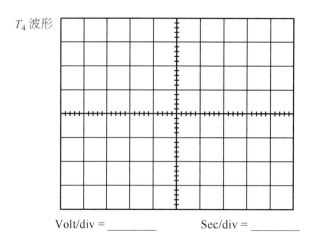

Volt/div = _____   Sec/div = _____

圖 7-23

T_5 波形

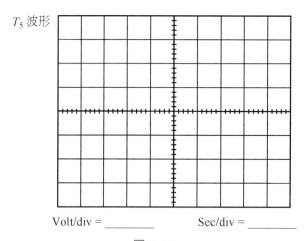

Volt/div = _____   Sec/div = _____

圖 7-24

T_6 波形

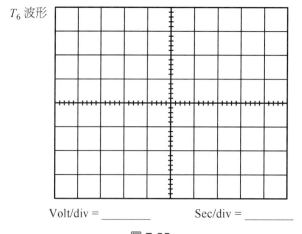

Volt/div = _____   Sec/div = _____

圖 7-25

7-7　問題與討論

1. 何謂反射型之擴散反射檢測原理，試繪圖說明之。

2. 繪圖說明紅外線二極體發射電路動作原理。

3. 繪出發射電路的上限及下限臨界電壓(V_{UT} 及 V_{LT})的等效電路。

4. 紅外線發射電路的上限臨界電壓(V_{UT})及下限臨界電壓(V_{LT})如何計算得之？

5. 繪圖說明光電晶體或紅外線接收二極體檢測與放大電路之動作原理。

Chapter 8

焦電型紅外線感測器
(人體探測器的應用)

實習目的

1. 學習利用焦電型紅外線感測器，作爲人體的感測。
2. 瞭解焦電效應原理。
3. 瞭解如何測量焦電型紅外線感器元件。
4. 瞭解比較電路及指示電路動作原理。

8-2 相關知識

　　紅外線感測器的種類非常之多，通常可以區分爲量子型與熱型兩大類。而量子型感測器主要動作原理，是利用光電效應，例如光二極體，以及利用光電效應的 CdS、Pbs 等元件，此類型最爲一般所常見。

　　此外尚有利用焦電效應的焦電型紅外線感測器，其動作原理是熱型的代表作。而所謂焦電效應(Pyroelectriceffect)，簡單地說就是利用溫度的變化，進一步產生電荷之現象。因此，我們可以說若是沒有溫度變化，即無法產生電荷的輸出信號，此一類型的感測器，經常使用於人體探測電路上。但是相對於量子型，焦電型則是感應及反應速度上都較差，在室溫 25℃下使用時，有平坦以及高可靠度的波長響應，但價格便宜是其優點，因此，它比較適用於檢出對象是波長很大的情形，以下爲其特點：

1. 焦電型感測器通常感度很低，且反應特性不佳，但與波長比較無關，它是一種寬帶域的感測元件，對於實用價值觀點而言非常高。
2. 焦電型紅外線感元件本身由於其阻抗非常高，通常它都要與場效電晶體 FET (Field effect transistor)併用，以便於做爲轉換阻抗用途。
3. 焦電型感測器於檢知較長波長的條件時，則須要冷卻。

8-2-1 焦電型紅外線感測器的動作原理和材料

此種感測器的動作原理，如圖 8-1 所示，它是一個具有強導電體的材料，每當溫度有 ΔT 溫度梯度的變化時，此時自動分極上的 P_S 也跟著變化，且處於應用於表面上，立即產生ΔP_S 電荷現象(也就是焦電效應)。換句話說，當探測物所輻射出來的紅外線，照射到強導電體元件表面上時，並吸收紅外線的熱，使元件產生溫度變化，經由元件表面上所產生的電荷變化的多少，便可產生其相對應的輸出信號。

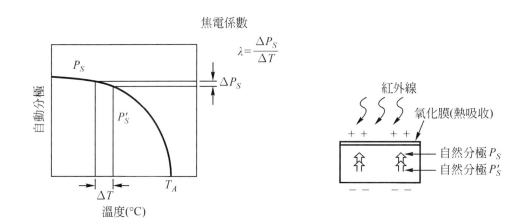

圖 8-1　焦電效應及動作原理

而此感測器常用的聚熱元件為 PZT，$LiTaO_3$ 及 $PbTiO_3$ 等，如表 8-1 所示為各種不同材料的特性。

表 8-1　材料的特性

材料名稱	ε	T_c	λ (C/cm^2·kΩ)	C_p (J/g·℃)	d (g/cm^3)	P (Ω/cm)
TGS	35	49	40×10^{-8}	0.93	1.69	10^{12}
$Sr_{0.48}Ba_{0.52}Nb_2O_6$	380	130	6.0×10^{-8}	0.40	5.2	10^{11}
Pb T$_1$O$_3$	200	470	6.0×10^{-8}	0.4	7.78	—
L$_1$TaO$_3$	54	600	2.3×10^{-8}	0.43	7.45	10^{13}
PVF$_2$	11	~120	0.4×10^{-8}	—	—	—
PZT 系	380	220	17.9×10^{-8}	0.31	7.8	3.5×10^{10}

8-2-2　焦電型紅外線感測器的構造和電路的組成

　　圖 8-2 為焦電型紅外線感測器的(a)基本構造(b)PZT 元素(c)包裝方式(d)接腳圖及(e)實體外觀相片，其中元件再裝上氧化膜的主要的理由，是為了使紅外線在感測元件電極的表面，具有轉換效率更高一點的功能。

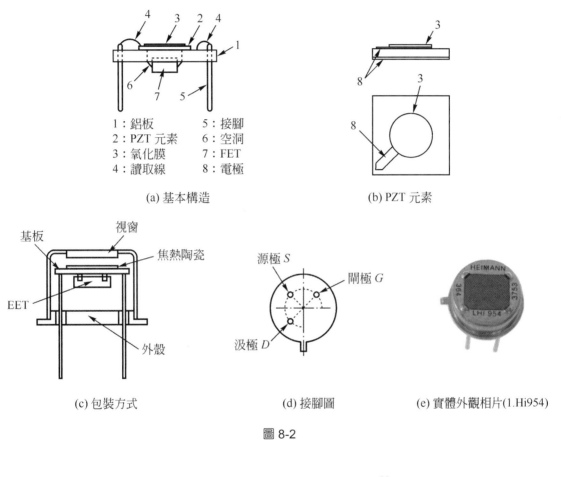

1：鋁板　　　5：接腳
2：PZT 元素　6：空洞
3：氧化膜　　7：FET
4：讀取線　　8：電極

(a) 基本構造

(b) PZT 元素

(c) 包裝方式

(d) 接腳圖

(e) 實體外觀相片(1.Hi954)

圖 8-2

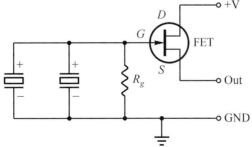

圖 8-3　焦電型紅外線感測器的等效電路

圖 8-3 為焦電型紅外線感測器的等效電路，由於其輸出為電荷的型態，無法直接加以利用。因此，如圖 8-3 所示的附加電阻 R_g，並且以電壓的信號形式加以輸出，然而由於 R_g 電阻的阻值非常高(約 $1M\Omega \sim 100M\Omega$)，因此須以 FET 來加以轉換阻抗，進行阻抗匹配及輸出功能。

8-2-3　焦電型紅外線感測器特性

1.　感度(R_V)

定義紅外線檢知的輸出信號 V_{p-p}，除以入射能量和有效照射面積 A 之乘積，其表示如(8-1)式所示：

$$R_V = \frac{V_{p-p}}{2\sqrt{2}\,W \times A} \ (V/W) \tag{8-1}$$

式中 V_{p-p}：輸出電壓的峰對峰值

　　　W：入射照射能量

　　　A：有效照射面積

2.　NEP (Noise equivalent power)

定義當雜訊輸出電壓 V_N，和信號輸出電壓相等條件時，所入射的能量，表示為

$$NEP = \frac{V_N}{R_V} \ (W) \tag{8-2}$$

3.　檢出比(D)

定義感度 R_V 和雜訊輸出電壓 V_N 的比值，而以頻帶 Δf 的量測，表示為：

$$D = \frac{\sqrt{A}}{NEP} = \sqrt{A} \times \Delta f \times \frac{V_N}{R_V} \quad (cm \times Hz^{(1/2)} \times W^{-1}) \tag{8-3}$$

4.　時間常數

定義達到輸出信號電壓峰值 V_o 的 63%，所花費的時間，如表 8-2 中的 CAN 焦電型感測器，其實間常數為 40ms，而圖 8-4 是用來測量焦型紅外線感測器的裝置。

5　窗形(Window)結構

焦電型紅外線感測器，在 0.2~20μm 波長條件下，其感度 R_V 及表現出的特性，是非常平坦，通常此元件所用的窗形材料大都為 Si 材質，它幾乎不受可見光線的影響，並適用在日常生活空間的波長範圍內，如圖 8-5 所示。

表 8-2

項目	特性值
輸出阻抗(K)	10
電壓源(V)	5~15
感度(V/W)	①110
檢出比 D* $(cm \times Hz^{(1/2)} \times W^{-1})$	①$1 \times 10^8$
時間常數(ms)	②40
窗型材料	矽
視野角度(deg)	70

①溫度 700 K，截止頻率 6Hz，頻帶 0.5Hz。
②截止頻率在 2Hz 時，在規定時間內可達 0.63V。

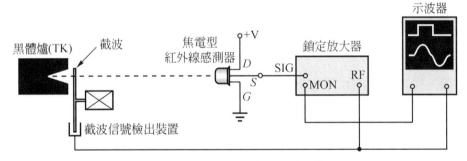

圖 8-4　焦電型紅外線感測器測量裝置

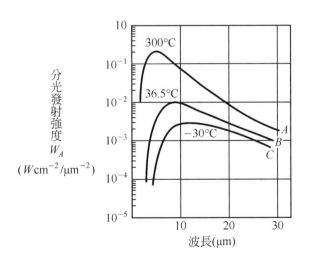

圖 8-5　在生活空間內波長對發射的紅線強度分佈

　　一般而言，光電元件都會被特殊的加以設計，藉以避開可見光的波長區域，而儘量利用不可見光來感測。因此，在這個感測器中的視窗結構，具有干擾濾波器的功用，用來截斷某一段波範圍，如圖 8-6 所示，為窗形材料的波長(μm)與穿透率(%)的穿透特性曲線關係。

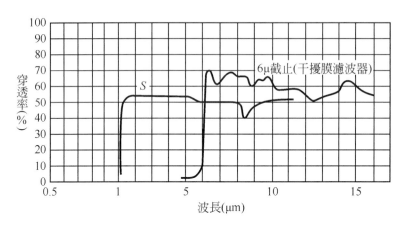

圖 8-6　窗形材料的波長穿透特性

8-2-4　焦電型紅外線做人體探測

　　一般而言，人類的體溫大約 36 ～ 37°C(309 K ～ 310 K)，它具有尖峰波長 λ 為 9 ～ 10μm 之紅外線，從人體放射出來的特性，則如圖 8-7 所示。此特性就如同有一紅外線加熱器來推動並且加以測量，當感測器吸收到紅外線溫度上昇，因而產生電荷。圖 8-8 所示為隨著溫之變化，紅外線波長亦會跟著改變。

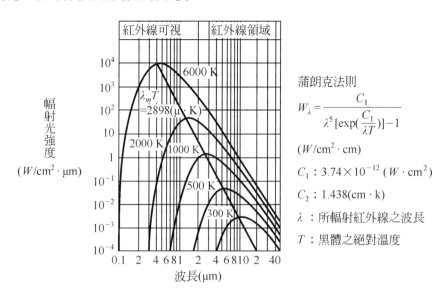

圖 8-7　由蒲朗克公式求得紅外線輻射強度

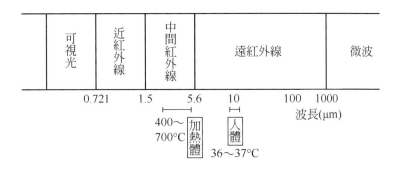

圖 8-8　紅外線波長與溫度差之差異

相反地，當失去原有之紅外線，即溫度下降時，亦能產生溫度變化，同樣地，也可取出信號。

8-3　電路原理

焦電型紅外線感測器，一般只要具有 60dB(1000 倍)～80dB(10000 倍)左右的放大倍率即可，最簡單的方法，可以使用兩級的運算放大器加以做放大。圖 8-9 為使用焦電型紅外感測器，做為檢測元件的人體探測電路，主要是經由焦電型紅外線感測器元件(編號為 LHi954 或同等品)，經由 V_{CC}(+5V)及 C_1(100μF)所構成的反交連電路，供給 FET 的汲極(D：drain)及閘極(G：gate)端電源電壓，而由源極(S：source)取出輸出信號 T_1。

圖 8-9 焦電型紅外線感測器，其檢測電路輸出信號端 T_1，由直流放大電路(IC_1)所構成的直流放大功能，將 T_1 端輸出信號放大約為 40dB(100 倍)，經由 T_2 端輸出，此放大倍率由 R_5(4.7MΩ)及 R_4 (47MΩ)所決定。由於檢測電路輸出信號端 T_1，沒有再經電容器耦合至 IC_1，使得直流及交流信號都得以放大，因此稱為直流放大電路。直流放大電路輸出端 T_2，經由交流放大及濾波電路(IC_2)，將交流信號加以放大並經由 T_3 輸出，C_5(10μF)做為阻隔 T_2 端的直流信號，並且將 T_2 端的交流信號加以放大。T_3 端為 T_2 端交流信號加以放大，而此放大倍率是以 R_7(470kΩ)串聯 VR_1(1MΩ)的總電阻及 R_6 (47kΩ)所決定，因此放大倍率可以從 10 倍(即 470kΩ除以 47kΩ)一直到 31 倍(即 1470kΩ除以 47kΩ)之間的範圍值。

交流放大及濾波電路輸出端 T_3，經由比較電路(IC_3)及指示電路(IC_4)，可以將 T_3 輸出端及 T_7 參考電壓做一比較的偵測，以便從 T_4 端取得到一高電位至低電位變化的低準位(Low level)脈波信號，並且經由 LED_1 做指示。

當 T_4 輸出一低準位信號時，則觸發 IC_5(555)所構成的單穩態計時電路，以及 Q_1(2S945)、RLY_1(5V)所構成的驅動電路，使得 LED_2 維持在一恆定的計時器(Timer)時間內亮，此計時時時間由 VR_2 (1MΩ)串聯 R_{13} (100kΩ)的總電阻值，及 C_8 (10μF)來決定其計時時間範圍值的長短。

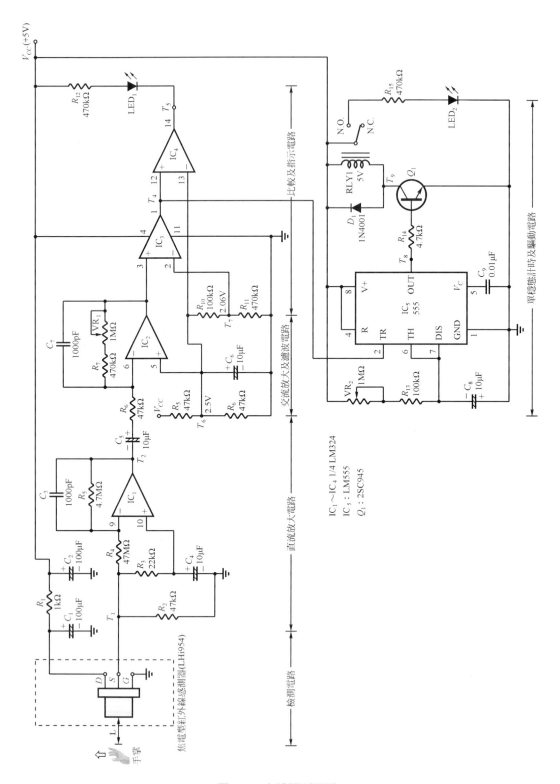

圖 8-9　人體探測電路

8-3-1　檢測電路

　　焦電型紅外感測器，是利用溫度變化而產生電荷的焦電效應，若是沒有溫度變化，就無法產生輸出信號，因而焦電型紅外線感測器又被稱爲「微分型」感測器，此一類型感測器經常使用在人體探測電路的應用上。圖 8-10 爲焦電型紅外線感測器等效電路基本構造，當焦電體板偵測到人體所發出約 10μm 波長的紅外線信號時，則產生表面靜電電荷於 AB 兩端，使電流 I 流經高電阻 R_g (10GΩ)，因而產生壓降 V_g。由於 FET(場效電晶體)是採用源極耦合器(Source follower)，作爲 FET 閘極(G：Gate)輸入端高的輸入阻抗與源極(S：Source)輸出端低輸出阻抗轉換，而經由源極電阻 R_s，取出輸出信號 V_o，R_s 則依感測器構造之不同，分別有內藏型及外加型。

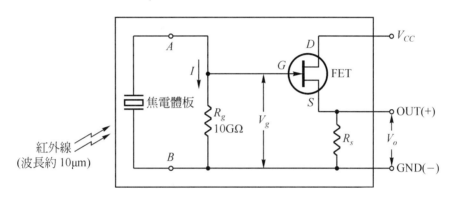

圖 8-10　焦電型紅外線感測器等效電路

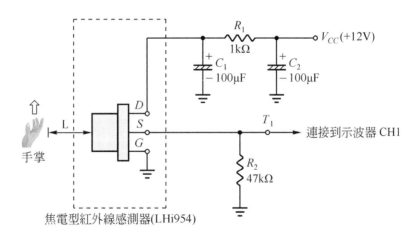

圖 8-11　檢測電路

　　圖 8-11 爲焦電型紅外線感測器檢測電路，由電源電壓 V_{CC} (+12V)經 C_2 (100μF)、R_1(1kΩ)及 C_1(100μF)構成電源反交連濾波電路，供給焦電型內部等效電路 FET 的汲極 D 電源電壓。

源極 S 經由電阻 R_2 (47kΩ)輸出檢測信號,接地端 G(Ground)則連接到電源電壓 V_{CC} (+12V) 的負端。經連接如圖 8-11 的檢測電路,當示波器置於輸入耦合型式為交流(AC),垂直靈敏 度為 2mV/DIV,並將手掌置於焦電型紅外線感測器(LHi954)上方約 10cm 的距離,測試端 T_1 連接到示波器 CH1,手掌緩慢地往箭頭方向(⇨)移動時,則可以在示波器 CH1 觀測到如 圖 8-12 的輸出波形。

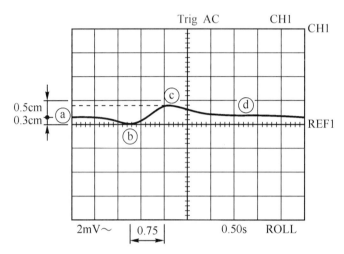

圖 8-12 檢測電路(圖 8-11)T_1 端輸出波形(距離 L 約 10cm)

從圖 8-12 檢測到電路 T_1 端輸出波形中,可知當參考電壓端 REF$_1$ 為零伏特的地電 位時,ⓐⓑⓒ及ⓓ各點在總測量時間為 5 秒(0.50s×10 = 5s)時,T_1 波形變化過程及其意 義分述如下:

ⓐ點:手掌尚未靠近感測器時,T_1 輸出電壓約零伏特,接近 REF$_1$ 的地電位。

ⓑ點:手掌緩慢地移至感測器正上方時,T_1 輸出電壓變化從ⓐ點零伏特變化了約−6mV (2mV/cm×0.3cm×10 倍 = 6mV)。

ⓒ點:手掌由感測器經由正上方緩慢地移開時,T_1 輸出電壓變化從ⓑ點的−6mv 變化到ⓒ 點的+10mV(2mV/cm×0.5cm×10 倍 =10mV),T_1 輸出電壓共變化了 16mV(10mV+6mV = 16mV)

ⓓ點:手掌完全地離開感測器,使 T_1 輸出電壓恢復到參考電壓 REF$_1$ 的零伏特的地電位。

8-3-2 直流放大電路

當手掌置於如圖 8-11 檢測電路正上方約 10cm 的距離 L 時,T_1 端交流輸出信號變化約 16mV 也就是 2mV×10 倍×(0.5cm + 0.3cm),距離 L 愈遠,則 T_1 電壓值愈小,如果距離 L 超 過 1m 以上的範圍時,則執行人體探測的 T_1 端輸出交流電壓會減至 1mV 以下的準位,圖

8-9 直流放大電路(IC_1)、交流放大及濾波電路(IC_2)兩級電路的總增益則要增至 1000 倍以上才可以。

圖 8-13(a)為直流放大電路，R_5 (4.7MΩ)以及 R_4 (47kΩ)用以決定直流放大電路的增益 A_{V1}，其中

$$A_{V1} = -\frac{R_5}{R_4} = -\frac{4.7\text{M}\Omega}{47\text{k}\Omega} = -\frac{4700\text{k}\Omega}{47\text{k}\Omega} = -100 \tag{8-4}$$

R_3(22kΩ)及 C_4(10μF)則構成低通濾波器，其截止頻率為

$$f_L = \frac{1}{2\pi R_3 C_4} = \frac{1}{2\pi \times 22\text{k}\Omega \times 10\mu\text{F}} = 0.723 \text{ Hz} \tag{8-5}$$

直流放大電路輸出端 T_2 的輸出波形如圖 8-13(b)所示，圖 8-13(a)中 T_2 端波形與圖 8-12 所示的 T_1 端輸出波形成 180°的反相，其中ⓐⓑⓒ與ⓓ點兩者都為測量時間 5 秒的比較信號，圖 8-13(b)的 T_2 在ⓑ點至ⓒ點電壓變化約為 3.7V_{p-p} 值，相對於圖 8-12 所示 T_1 波形約有放大上百倍之多。

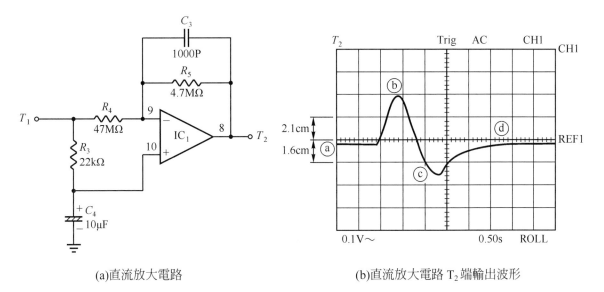

(a)直流放大電路　　　　　　　　　　　　(b)直流放大電路 T_2 端輸出波形

圖 8-13

圖 8-14 明顯地看出放大電路輸出端 T_2，在開始量測時，手掌若置於感測器正上方位置，並且停止移動而維持於停留時間 t 約 1.9 秒時(ⓓ點→ⓔ點)，T_2 端的輸出電壓值約為零。此時即表示溫維持一定的值，也就是沒有溫度變化，當維持時間 t 為 1.9 秒以後再移開時，則溫度又產生變化，導致 T_2 輸出正脈衝信號，(如ⓕ點→ⓖ點)。因此由 IC_1 輸出端 T_2 的放大波形，可以知道焦電型紅外線感測器，比較適合使用於探測人體溫度的變化。

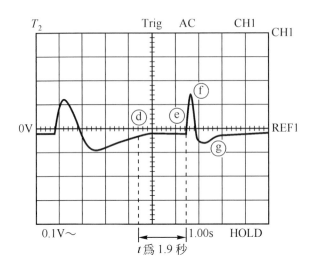

圖 8-14 手掌停留於感測器正上方維持時間 t 為 1.9sec 時，T_2 輸出為零伏特

8-3-3 交流放大及濾波電路

圖 8-15 所示為交流放大及濾波電路，它與圖 8-12 直流放大電路工作原理相類以，只是多加了一個電容器 C_5 (10μF)，用以阻隔輸入信號端 T_2 的直流成份，R_7 (470kΩ)串聯可變電阻 VR_1 (1MΩ)及 R_6 (47kΩ)用以決定交流放大電路的增益 A_{V2}

$$A_{V2} = \frac{R_7 + VR_1}{R_6} = -\frac{470k\Omega + 1M\Omega}{47k\Omega} \tag{8-6}$$

而輸入信號端 T_2 端信號的低頻截止頻率 f_C 為

$$f_C = \frac{1}{2\pi R_6 C_5} = \frac{1}{2\pi \times 47k\Omega \times 10\mu F} = 0.339\,\text{Hz} \tag{8-7}$$

在圖 8-13(a)直流放大電路當中，輸出信號 T_2 端與輸入信號 T_1 端增益 A_{v2}，在可變電阻 VR_1 調為 1MΩ時，$\mathbf{A_{V2}}$ 為-31，因此直流放大及交流放大電路的總增益

$$A_V A_V = A_V \times A_{V2} = (-31) = +3100 \tag{8-8}$$

輸入信號端 T_2 經交流放大電路(IC$_2$)加以放大，應避免運算放大器 IC$_2$ 工作於飽和或產生失真的現象，若使用雙電源的運算放大器時，在 T_2 端沒有輸入信號的靜態條件時，輸出信號 T_3 端應維持於零準位。由於圖 8-15 交流放大電路 IC$_2$(1/4 LM324)，若使用工作於單電源供給(Single power supply)的運算放大器，為了維持輸出信號端 T_3，工作於最大不失真的交流信號輸出，T_3 端直流電壓應設定於電源電壓 V_{CC}(+5V)的一半，即 2.5V。因此選擇 R_8(47kΩ)

等於 R_9(47kΩ)，使 T_6 端直流電壓也為電源電壓 V_{CC} (+5V)的一半電壓值 2.5V，C_5(10μF)等於 C_6(10μF)，且 R_6(47kΩ)使電路之輸入阻抗約為 R_6 及 R_9 的 47kΩ 電阻值。

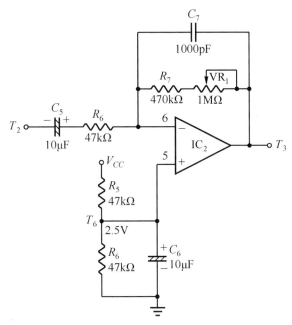

圖 8-15　交流放大及濾波電路

8-3-4　比較及指示電路

在焦電型紅外線感測器中，若沒有檢測到人體溫度變化條件時，T_3 以及 T_6 端的直流電壓值，約為電源電壓 V_{CC} (+5V)的一半即 2.5V 電壓值。圖 8-16 比較電路 IC_3，可以在 T_4 端檢測出溫度是否有變化。由於 T_6 端為電源電壓 V_{CC} 的一半即 2.5V，T_6 供給 T_7 參考電壓端，使用分壓電阻 R_{10}(100kΩ)、R_{11}(470kΩ)將 T_6 端分壓，因此參考電壓端 T_7 直流電壓值之計算公式為

$$T_7 = \frac{T_6}{R_{10} + R_{11}} \times R_{11} = \frac{25V}{100k\Omega + 470k\Omega} \times 470k\Omega = 2.06\,V \tag{8-9}$$

以下僅就感測器在檢測到溫度變化時，T_3、T_4 及 T_5 的變化加說明之：

1. 溫度沒有變化時，$T_3 = 2.5V$，$T_7 = 2.06V$，T_4、T_5 為高電位，LED_1 不亮，表示沒有人體接近。
2. 溫度有變化時，T_3 產生變化，當 $T_3 < T_7$，T_4 為低電位且 $T_4 < T_6$(2.5V)，則 T_5 為低電位，LED_1 亮表示有人接近。

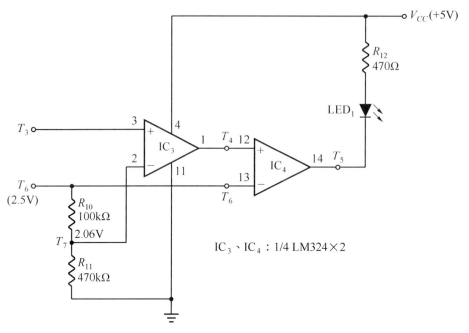

圖 8-16　比較(IC_3)及指示(IC_4)電路

比較電路 IC_3(1/4 LM324)輸入端 T_3 與參考電壓 T_7 做比較，由輸出端 T_4 輸出，比較電路 IC_4(1/4 LM324)輸入端 T_4 與參考電壓 T_6 做比較，經由輸出端 T_5 輸出，LED_1 用以指示出是否有人體接近，R_{12}(470Ω)做為指示用途 LED_1 的限流電阻。

8-3-5　單穩態計時及驅動電路

圖 8-17 為一單穩態(Mono-stable) 計時及驅動電路，電路由決定計時電路時間長短的元件 VR_2 (1MΩ)、R_{13} (100kΩ)及 C_8 (10μF)組成的，C_9 (0.01μF)的旁路電容作為消除雜訊的用途。當感測器檢測到有溫度變化時，圖 8-16 比較電路 IC_3 輸出端 T_4，由高電位變為低電位，T_4 連接圖 8-17 單穩態電路第 2 支腳觸發(TR：Trigger)輸入端。當觸發脈波準位低於 1/3 V_{CC} 時，則計時器 IC_5(555)輸出端(OUT)被觸發輸出為高電位，計時開始。

如圖 8-18 為 IC_5 單穩態計時電路時間 T 的波形，當 T_4 負準位觸發輸入端(TR)，計時動作則開始，電容器 C_8 開始充電，當充電至 2/3 V_{CC} 的臨界電壓 V_{TH+}(Threshold voltage)時，輸出端 T_8 轉為低電位，計時停止，單穩態電路計時器又恢復為低電位的穩態，直到下一次感測器溫度變化時，則再度被觸發。

計時器的計時週期 T，由(8-11)式決定

$$T = (\text{VR}_2 + R_{13})C_8 \ln\left(\frac{V_{CC}}{V_{CC} - V_{TH+}}\right) = (\text{VR}_2 + R_{13})C_8 \ln\left(\frac{V_{CC}}{V_{CC} - 2/3\,V_{CC}}\right)$$

$$= (\text{VR}_2 + R_{13})C_8 \ln\left(\frac{V_{CC}}{1/3\,V_{CC}}\right) = (\text{VR}_2 + R_{13})C_8 \ln 3$$

$$= 1.0986(\text{VR}_2 + R_{13})C_8 \tag{8-10}$$

因此計時器的計數週期 T，約可以從 1.1 sec (當 $\text{VR}_2 = 0$)到 11 sec (當 $\text{VR}_2 = 1\text{M}\Omega$)之間。單穩態計時電路($\text{IC}_5$)輸出端(第 3 支腳)$T_8$，則在計時週期時間 T 維持高電位，經電阻 R_{14}(4.7kΩ)使電晶體 Q_1(2SC945)導通，T_9 電壓為低電位，繼電器(RLY_1)動作，則共點 C(Common)與長開點 N.O.(Normal open)互相接通，共點 C 的 V_{CC} (+5V)電壓經限流電阻 R_{15} (470kΩ)及 LED_2，使 LED_2 亮。因此我們可以利用 LED_2 來指示溫度變化被檢測，由圖 8-16 比較電路 LED_1 做瞬間指示，經圖 8-17 單穩態計時電路 LED_2 用以維持一段計數週期 T 的時間內而加以指示。

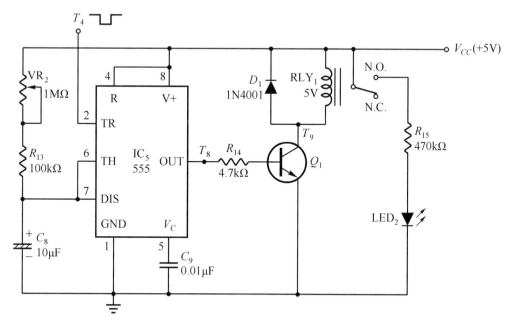

圖 8-17　單穩態計時電路

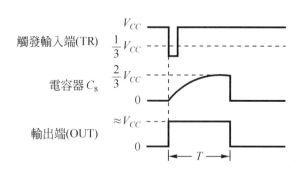

圖 8-18　時間 T 波形

8-4　電路方塊圖

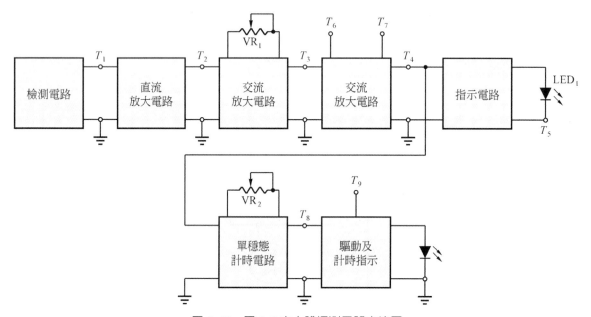

圖 8-19　圖 8-9 之人體探測電路方塊圖

8-5　檢修流程圖

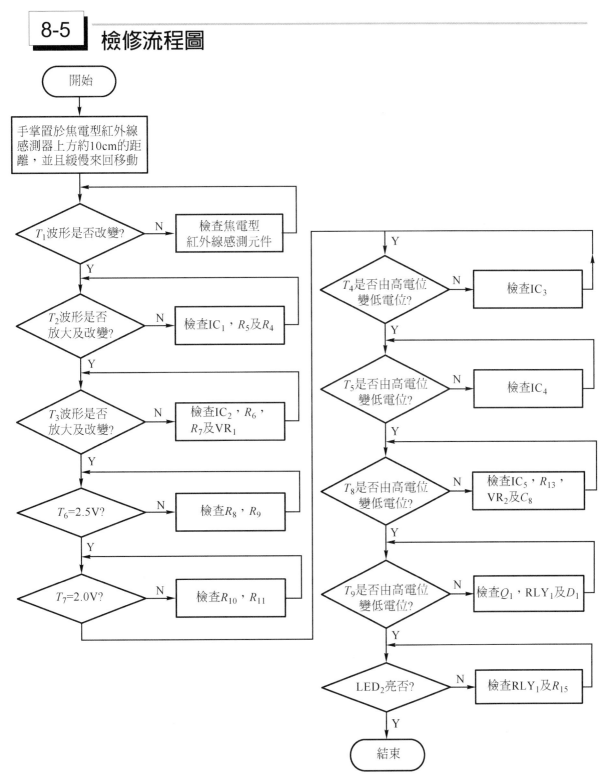

圖 8-20　圖 8-9 之人體探測電路流程圖

8-6 實習步驟

1. 如圖 8-9 人體探測電路裝配。

2. 示波器置於輸入耦合型式為交流(AC)，垂直靈敏度為 2mV/cm，時基週期 0.5S/cm，將手掌置於焦電型紅外線感測器上方約 10cm 的距離，連接測試端 T_1 於示波器 CH1，手掌緩慢地往箭頭(→)移動時，觀察 T_1 的波形並記錄圖 8-21 中(註:示波器採用具儲存功能者為佳)。

T_1 波形

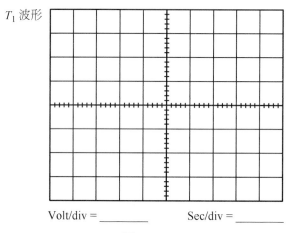

Volt/div = _____   Sec/div = _____

圖 8-21

3. 測試端 T_1 信號波形電壓 = _____ mV_{p-p}。

4. 重覆實習步驟 2，示波器 CH1 連接於 T_2，CH2 連接於 T_3，觀察 T_2、T_3 的波形，並記錄於圖 8-22、及圖 8-23 中，測試端 T_2 電壓 = _____ mV_{p-p}，而測試端 T_3 電壓 = _____ mV_{p-p}。

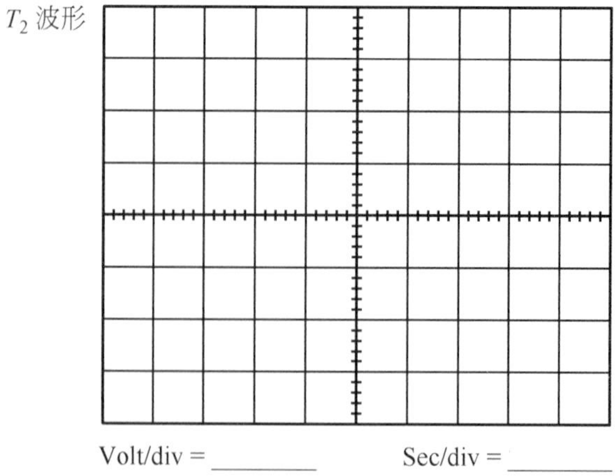

T_2 波形

Volt/div = _____   Sec/div = _____

圖 8-22

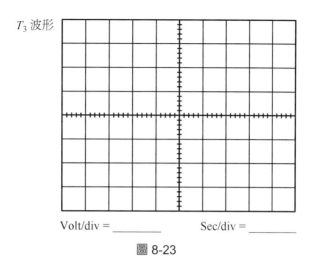

T_3 波形

Volt/div = _____　　　　Sec/div = _____

圖 8-23

5. 將數字式電表(DMM)置於 DCV 檔，測量 T_6 及 T_7 直流電壓各為多少？

　　$T_6 =$ _____ V，$T_7 =$ _____ V。

6. LED$_1$、LED$_2$ 是否亮？LED$_1$ 維持亮的時間約_____sec，LED$_2$ 維持亮的時間約
　　_____sec，為什麼？

7. LED$_1$ 由滅而亮時，T_4 及 T_5 直流電壓變化為多少？

　　T_4 由_____V 變化到_____V，T_5 由_____V 變化到_____V。

8. LED$_2$ 維持亮的期間，繼電器 RLY$_1$(5V)是否動作？

　　$T_8 =$ _____ V，$T_9 =$ _____ V。

8-7　問題與討論

1. 何謂焦電效應(Pyro electric effect)？
2. 焦電型感測器有哪三大特點？
3. 焦電型紅外線感測器的動作原理為何？
4. 焦電型紅外線感測器的基本構造，接腳圖及等效電路為何？
5. 分別說明焦電型紅外線感測器：(1)感度(R_V) (2)NEP(Noise equivalent power) (3)檢出比
　　(D)。
6. 何謂焦電型紅外線感測器的窗形(Windows)結構？
7. 為何焦電型紅外線可以做為人體檢測功能？
8. 為何焦電型紅外線感測器又可以被稱之為微分型感測器？
9. 繪圖及說明焦電型紅外線感測器等效電路動作原理。
10. 繪圖及說明焦電型紅外線感測器的檢測電路。

11. 繪圖說明焦電型紅外線感測器的直流放大電路動作原理。

12. 如何檢測焦電型紅外線感測器是否工作正常？

13. 繪圖及說明焦電型紅外線感測器之比較及指示電路動作原理。

14. 單穩態(Mono-stable)計時電路工作原理為何？試繪圖說明之。

Chapter 9

電壓頻率、頻率電壓轉換電路(TSC9400 的應用)

9-1 ## 實習目的

1. 學習電壓(V)／頻率(F)的轉換電路 VFC。
2. 學習頻率(F)／電壓(V)的轉換電路 FVC。
3. 瞭解 IC 編號為 TSC9400 的動作原理。
4. 測試 TSC9400 的 V/F 及 F/V 轉換特性。

9-2 ## 相關知識

目前用來將類比輸入電壓信號轉換成輸出為數位 0、1 組合的各種方法當中，特別著重電壓(V：Voltage)至頻率(f：Frequency)的轉換動作，以及數位化的量化原理。

在本實習中，介紹數位通信的一些基本原理與觀念，雖然選擇電話通信來說明類比轉換的不同型式，但延伸到其他方面的應用也很多，其範圍從電腦終端機、語音合成、語音辨識到外太空的影像傳輸等，由於這些應用，使人類在處理一些資訊，變得較過去更有效率，更省時。

9-2-1 電壓至頻率轉換(VFC：Voltage to frequency converter)

圖 9-1 輸入電壓 V_A，經由電壓至頻率轉換 VFC，其輸出為一精確數位頻率 f_o，若使用廉價的 IC，也可得到 0.03%的直線性，數位輸出頻率 f_o，可隨類比輸入電壓 V_A，做線性函數關係的改變，其頻率 f_o 與輸入電壓 V_A 大小成正比的關係。圖 9-1 中，時序閘(AND GATE)使用固定時基(FIXED TIME BASE)前緣(↑)，對 f_o 進行脈波的取樣時間，再送到計數器(COUNTER)，而固定時基的後緣(↓)使計數器重置(RESET)，其轉換率由時脈(CLOCK)來設定。如圖 9-1 所示，是電壓到頻率轉換(VFC)及接在其後的計數器加以計數輸出，分別以 8 個 bit 做並列位元(Parallel bits) $D_0 \sim D_7$ 的並列輸出，以及 1 個位元做串列位元(Serial bit)的串列輸出。

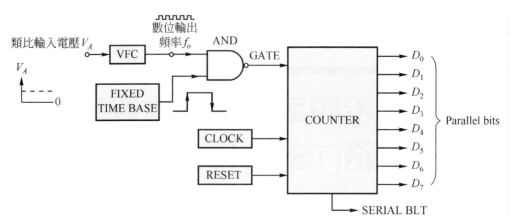

圖 9-1　電壓至頻率轉換

　　類比電壓 V_A 轉換成脈衝串(Pulse train)頻率 f_o，其準確度則是由 VFC 和時序脈衝的準確度來決定，如圖 9-2 所示，由 LM331 所組成的 VFC 電路，必須使用高穩定性、低熱漂移的外部電阻、電容元件和 IC 裝置。而類比電壓 V_A 可以從 0～10V 的電壓輸入範圍值做線性變化，因此 V_A 的滿刻度(F.S：Full scale)電壓為 10V，經過 VFC 轉換電路可以有 1Hz～10kHz 的滿刻度頻率，並以 5kΩ VR 做增益調整(GAIN ADJUST)。

　　輸出頻率 f_o 由下式來決定

$$f_o = (V_o / 2.09)(R_S / R_L)[1 / (R_t \times C_t)] \tag{9-1}$$

此 IC 的工作頻率範圍為 10Hz～100kHz。

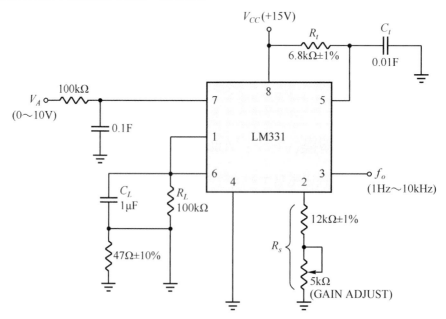

圖 9-2　電壓至頻率轉換電路(VFC)

9-2-2　頻率至類比電壓轉換(FVC：Frequency to voltage converter)

如圖 9-3 所示為利用圖 9-2 之同樣編號的 IC LM331，作為輸入頻率 f_{in} 至類比輸出電壓 V_o 轉換(FVC)，圖 9-3 輸出電壓 V_o 與輸入頻率 f_{in} 的關係如下式：

$$V_o = f_{in} \times 2.09 \times \left(\frac{R_L}{R_S} \right) \times (R_t \times C_t) \tag{9-2}$$

其中 LM 331 第 1 支腳流出的平均電流 $I_o = I_{average} = I \times f_{in} \times (1.1 R_t \times C_t)$，負載電阻 R_L(100kΩ) 和 C_L (1μF)電容提供濾波作用，典型的輸出漣波峰值電壓小於 10mV，此種頻率至電壓轉換電路，可使用於聲音及數據通訊或溫度轉換的傳輸應用上。

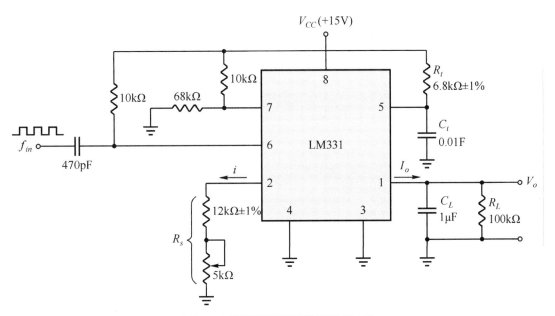

圖 9-3　頻率至電壓轉換電路(FVC)

9-2-3　TSC9400 的應用及特性

TSC9400 是一個低價格的電壓對頻率的轉換器(Voltage to frequency converter)，而且它是利用在一個相同的基板上(Substrate)，結合了雙載子(Bipolar)和 CMOS 之技術而做成的。這個轉換器能夠接受一個可變的類比輸入信號，並且能夠產生一系列的輸出脈波串(Output pulse train)，其輸出的頻率和其輸入電壓是成正比變化關係的。

TSC9400 這個元件，也能夠當作頻率電壓轉換器(Frequency to voltage converter) 來使用，它能夠接受一個輸入頻率，並且提供一個和輸入頻率成線性正比關係的類比電壓輸出，因此 TSC9400 是一個完全的 V/F 或 F/V 系統(Complete V/F or F/V system)，它需要外加兩個電容器，三個電阻器和一個參考電壓(Reference voltage)後，即可以執行 V/F 或 F/V 的動作。

以下僅就 TSC9400 這顆 IC 的 V/F 及 F/V 的應用、特性、接腳圖以及各接腳的功能，加以描述如下：

1. V/F 的應用

    (1) 溫度感測和控制。

    (2) μP(Micro processor)資料的蒐集。

    (3) 儀表化。

    (4) 13 位元 A/D 轉換器。

    (5) 數位儀器面板。

    (6) 類比資料的傳送和記錄。

    (7) 鎖相環路(PLL：Phase-locked loop)。

    (8) 醫療隔離(或絕緣)。

    (9) 轉換編碼。

2. F/V 的應用

    (1) 頻率計。

    (2) 速度計。

    (3) 類比資料的傳送和記錄。

    (4) 醫療隔離(或絕緣)。

    (5) 馬達控制。

    (6) RPM 指示器。

    (7) FM 解調(FM de-modulation)。

    (8) 頻率多工器／分頻器。

    (9) 流體測量和控制。

3. V/F 的特性

    (1) 1kHz 到 100kHz 的操作。

    (2) 線性度保證在 0.5%以內。

    (3) 開集極的輸出。

    (4) 輸出可以與任何邏輯信號做介面。

    (5) 脈波和方波的產生輸出。

    (6) 可程式刻度因素(programmable scale factor)。

    (7) 低功率的消耗(或耗損)：27mW。

(8) 單電源供應操作：8V～15V。

(9) 雙電源供應操作：±4V～±7.5V。

(10) 電流或電壓輸出。

4. F/V 的特性

(1) DC 到 100kHz 的操作。

(2) 線性度保證往 0.05%以內。

(3) OPA(運算放大器)的輸出。

(4) 可程式刻度因素(programmable scale factor)。

(5) 高輸入阻抗(>10MΩ)。

(6) 可接受任何形式的電壓波形。

操作上應注意 TSC9400 是串聯了 CMOS 和 Bipolar 裝置，必須要正確的操作及使用，最好不要在通電的狀態下，把它連接到電路上，這樣可能會引起損害。

5. 接腳圖

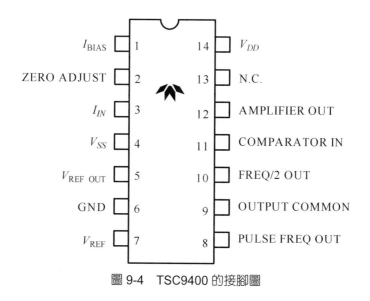

圖 9-4　TSC9400 的接腳圖

6. 接腳的功能(Pin functions)

(1) COMPARATOR IN(第 11 支腳)：在 V/F 模式時，這個輸入端被連到 OPA 放大器的輸出端(AMPLIFIER OUT)，也就是第 12 支腳，當輸入電壓達到其臨界點(Threshold)時，就會被觸發(Trigger)而有約 3μs 的脈波延遲。

在 F/V 模式時，其輸入頻率則被加至比較器(Comparator)的輸入端。

(2) PULSE FREQ. OUT(第 8 支腳)：此一脈波頻率輸出接腳，由是雙載子電晶體的開集極輸出，且能提供一個脈波頻率與輸入電壓成比例的輸出脈波，此輸出端需要連接一個提升電阻(Pull up resistor)。

(3) FREQ/2 OUT(第 10 支腳)：此輸出也是一個雙載子電晶體的開集極輸出，且能夠提供一個方波(Square wave)的輸出，但其頻率為第 8 支腳輸出頻率的一半。

(4) OUTPUT COMMOM(第 9 支腳)：於圖 9-7 中的兩個雙載子電晶體的集極端 $f_0/2$ 及 f_0，則都共接至此一接腳。

(5) AMPLEFIER OUT(第 12 支腳)：此接腳是運算放大器的輸出極(OUTPUT STAGE)，在 V/F 模式時，會有一個負的 going ramp 信號的輸出，而 F/V 模式時，會有一個與輸入頻率成正比的電壓產生。

(6) ZERO ADJUST(第 2 支腳)：此接腳是運算放大器的非反相輸入端，而我們可以調整此接腳的電壓，用以來決定其低頻率設定點(Low frequency set point)。

(7) I_{IN}(第 3 支腳)：是運算放大器的反相輸入端，其滿刻度(Full scale)的電流為 $10\mu A$，但其範圍之上限可達 $50\mu A$。

(8) V_{REF}(第 7 支腳)：這是一個從外接精密(Precision)電源或 V_{SS} 所供應的參考電壓，其精確度和電壓的調整(Voltage regulation)與溫度的特性有關。

(9) $V_{REF\ OUT}$(第 5 支腳)：提供如圖 9-7 的第 3 支及第 5 支腳間之元件 C_{REF} 的充電電流，而由內部電路來供應，控制開關也接至此腳。

(10) GND(第 6 支腳)：此一接腳為 TSC9400 和外界電路的共同參考點。

(11) I_{BIAS}(第 1 支腳)：如圖 9-7 中電阻 R_{BIAS}，在 TSC9400 特性中使用 $100k\Omega \pm 10\%$，其電阻值選定範圍，約在 $82k\Omega \sim 120k\Omega$ 之間。

(12) V_{SS}(第 4 支腳)、V_{SS}(第 14 支腳)：建議供應 $\pm 5V$ 的電源電壓。

9-3　電路原理

使用編號為 TSC9400 的 IC，執行頻率(F)／電壓(V)以及電壓(V)／頻率(F)轉換電路，其電路原理分述如下：

9-3-1　頻率(F)／電壓(V)轉換電路

F/V 轉換器的用途，大都被使用於：(1)遠距離傳送信號(12Hz～24Hz)，(2)利用電話線進行遠距離傳送信號(500Hz～3kHz)，此處的 F/V 轉換器實驗，如以方塊圖來表示，則如圖 9-5 所示。

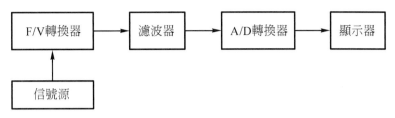

圖 9-5　F/V 轉換電路方塊圖

1. 信號源

　　此信號源是使用計時器 IC NE555 做非穩態多諧振盪器，基本電路如圖 9-6 所示，其輸出波形是屬於方波形式，V_{CC} 經由 R_A (2kΩ)及 R_B (5kΩ)及 C(0.01μF)充電，則第 3 支腳輸出端 V_o 在高準位(以圖 9-6 為例約為 11.5V)。當電容器 C 所充的電壓達到2/3 V_{CC} 時，第 3 支腳輸出端 V_o 變成低準位(約為 0.2V)，此時電容器 C 兩端的電壓 V_C 經由 R_B 與內部導通的電晶體向地端第 1 支腳放電，當 V_C 電壓放電下降至 1/3 V_{CC} 時，內部導通電晶體變成 OFF，使得第 3 支腳輸出端 V_o 變成高準位，如此又是新的周期的開始，而不斷地 ON 及 OFF，此振盪電路的頻率為

$$f = 1.44 / (R_A + 2R_B) \times C \tag{9-3}$$

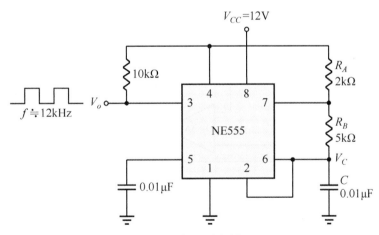

圖 9-6　非穩態多諧振盪器電路

2. F/V 轉換器

　　圖 9-7 此處是使用 TSC9400 的 IC 做 F/V 轉換器，它能接受一個有效頻率 f_{IN}(第 11 支腳)的波形，然後轉換成一個成線性比例的電壓輸出 V_o(第 12 支腳)，典型值的頻率動作圍，約可從 1Hz 至 100kHz，於圖 9-7 所示的 F/V 轉換電路，其頻率範圍則大約可以從 1Hz 至 10kHz。輸入頻率(f_{IN})與輸出電壓(V_o)的轉換關係，則依照下式計算之。

$$V_o = [V_{REF} \times C_{REF} \times R_{INT}] \times f_{IN} \qquad (9\text{-}4)$$

輸出電壓(V_o)的漣波成分是與 C_{INT}(1000pF)及輸入頻率 f_{IN} 成比例,但可以增加 C_{INT} 的電容值,用來降低漣波,對於低輸入頻率而言,C_{INT} 的使用範圍值可爲 1μF 至 100μF。

　　f_{IN}的輸入信號電壓準位,則必須經過零點,才能激發 9400 IC 內部的比較器(COMP)使其動作,如果輸入信號僅具有單極性(Uni-polar),則可以參考圖 9-8 所示的準位偏移(Offset)電路來使用即可。

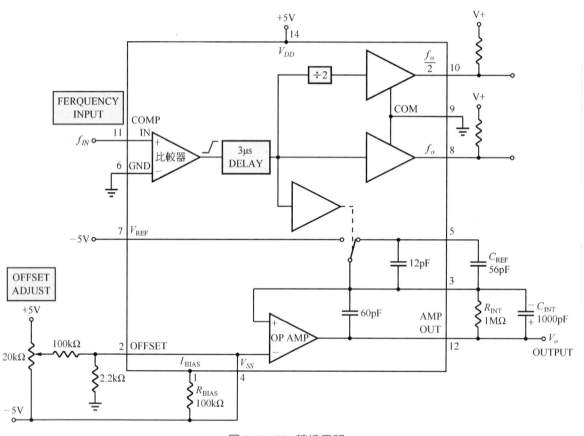

圖 9-7　F/V 轉換電路

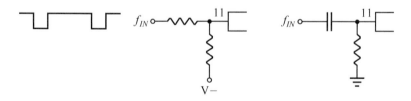

圖 9-8　準位偏移電路

　　假設輸入的頻率最大值($f_{IN\,max}$)比較低時，就必須增大 C_{REF} 的值，使輸出電壓 V_o ≒2.5～3V(在 $f_{IN\,max}$ 為最大值時)，萬一輸入頻率最大值($f_{IN\,max}$)低於 1kHz 時，則其工作周期必須大於 20%，以確保 C_{REF}(56pF)能夠完全放電，如果 $f_{IN\,max}$ 為 100kHz 時，R_{INT} 必須降低至 100kΩ。

　　圖 9-7 中，為使用 9400 做 F/V 轉換器，第 8 腳(f_o)與第 10 腳($f_o/2$)的輸出波形，如圖 9-9 所示，可做其他方面的應用，如不用時，則 IC 的第 8、9、10 腳可全部空接。

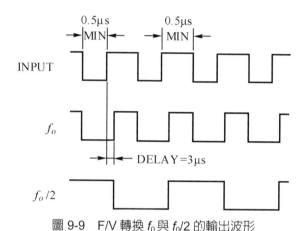

圖 9-9　F/V 轉換 f_0 與 $f_0/2$ 的輸出波形

3.　濾波器

　　F/V 轉換器的輸出，由於尚含有鋸齒狀的漣波，因此使用如圖 9-10 所示的濾波器，用以消除輸出電壓(V_o)所含有的漣波，此電路的 DC 增益是+1，而對於 AC 漣波則去除掉，圖中的 VR(10kΩ)是控制其增益等於 1，此電路不影響 F/V 的響應時間。

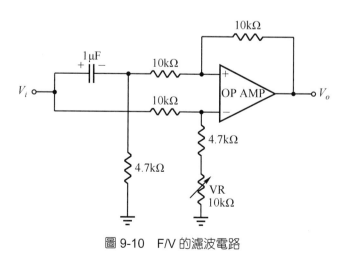

圖 9-10　F/V 的濾波電路

9-3-2 電壓(V)／頻率(F)轉換電路

V/F 轉換器的用途大部分使用於：(1)將程序信號使用在電磁計數器所計數之信號頻率(0 ~ 10Hz)。(2)進行遠距離的信號傳送(12Hz ~ 24Hz)。(3)利用電話線進行遠距離信號傳送(500Hz ~ 3kHz)。(4)在 A/D 轉換器使用(0 ~ 100kHz)。V/F 轉換電路，則如圖 9-11 所示，輸入電壓(V_{IN})與輸出頻率(f_o)的轉換是根據下式計算之。

$$輸出頻率(f_o) = \frac{V_{IN}}{R_{IN}} \times \frac{1}{(V_{REF})(C_{REF})} \tag{9-5}$$

輸入電壓(V_{IN})連接至放大器(OP AMP)，而此放大器的輸出為第 12 腳，其波形如圖 9-12 所示。輸入電壓(V_{IN})則利用輸入電阻 R_{IN}(1MΩ)，轉換成電流的形式，選用輸入電阻(R_{IN})的阻值，是使輸入電流(I_{IN})能夠達到滿刻度 F.S.(Full scale)為原則(近似於 10μA)，例如：

$$R_{IN} \cong \frac{V_{IN(F.S.)}}{10μA} \cong \frac{10V}{10μA} = 1MΩ \tag{9-6}$$

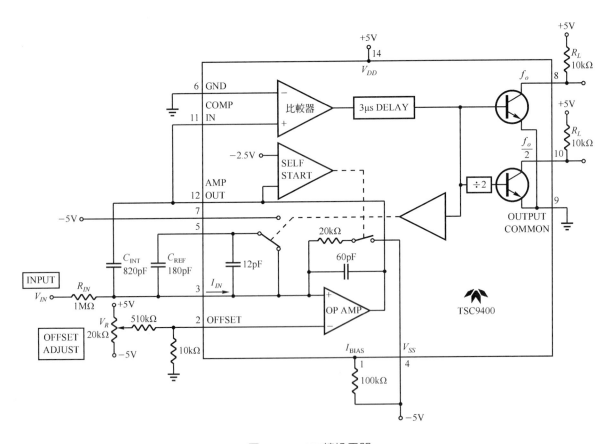

圖 9-11　V/F 轉換電路

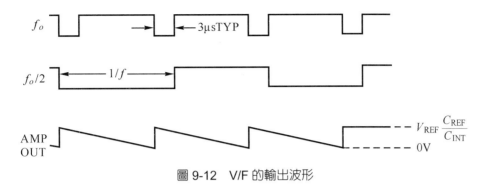

圖 9-12　V/F 的輸出波形

也就是說在輸入電壓滿刻度 $V_{IN(F.S.)}$ 的條件下，調整 R_{IN} 就可獲得 f_o 的滿刻度輸出。C_{INT} 與 C_{REF} 的值並無特別要求，但兩者的關係是 $3C_{REF} \leq C_{INT} \leq 10\ C_{REF}$，根據實驗的結果，當 $C_{INT} \geq 4\ C_{REF}$ 時，比較獲得穩定且線性的輸出，在未超過溫度界限之下，雲母與陶瓷電容均可使用，但應選用接近設計電容值的電容器。

I_{BIAS} 電阻值的使用，約為 $82k\Omega \leq R_{BIAS} \leq 120k\Omega$，本處實驗是使用 R_{BIAS} 為 $100k\Omega$。

以下為圖 9-11 V/F 轉換電路，以較簡單的調整方法：

1. f_{min} 的調整：設定 $V_{IN}=10mV$，然後調整 OFFSET ADJUST 電阻 VR($50k\Omega$)，使其頻率輸出 $f_o = 10Hz$。

2. f_{max} 的調整：設定 $V_{IN} = 10V$，然後改變 R_{IN} 或 V_{REF} 的值，使頻率輸出 $f_o = 10Hz$。

3. 欲使頻率最大輸出($f_{o\ max}$)達到 $100kHz$ 的值，則可改變 C_{REF} 的值為 $27pF$，而 C_{INT} 的值為 $75pF$。

9-4 電路方塊圖

1. V/F 轉換實習部份

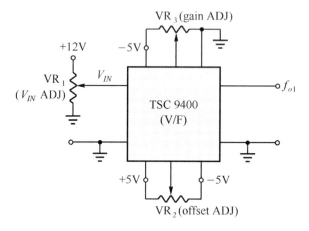

圖 9-13　圖 9-11 之 V/F 轉換實習方塊圖

2. F/V 轉換實習部份

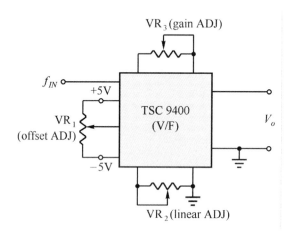

圖 9-14　圖 9-7 之 F/V 轉換實習方塊圖

9-5　檢修流程圖

1.　V/F 轉換實習部份

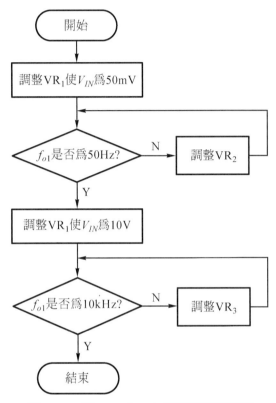

圖 9-15　圖 9-11 之 V/F 轉換實習流程圖

2. F/V 轉換實習部份

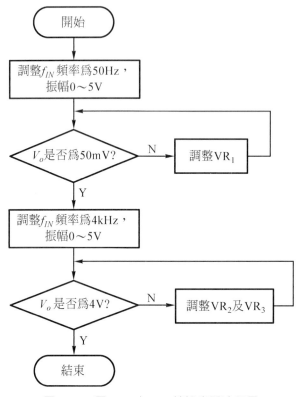

圖 9-16 圖 9-7 之 F/V 轉換實習流程圖

9-6 實習步驟

1. V/F 轉換實習部份
   (1) 如圖 9-15 V/F 轉換實習電路之裝配。
   (2) 使用 VR$_1$(100kΩ)為 20 圈的精密微調電阻。
   (3) 以數字式電表(DMM)測量 V_{IN}，以示波器或者計數器測量 TSC 9400 第 8 支腳(f_o)與第 10 腳(f_o/2)，分別為 f_{o1} 及 f_{o2} 端。
   (4) 調整 VR$_1$(100kΩ)使得 V_{IN} 電壓為 50mV，並調整抵補調整(offset ADJ)可變電阻器 VR$_2$(10kΩ)，使得 f_{o1} 為 50Hz。
   (5) 調整 VR$_1$(100kΩ)使得 V_{IN} 電壓為 10V，並調整增益調整(gain ADJ)可變電阻器 VR$_3$(10kΩ)，使得 f_{o1} 為 10kHz。
   (6) 重複調整步驟(4)及步驟(5)於最佳條件。

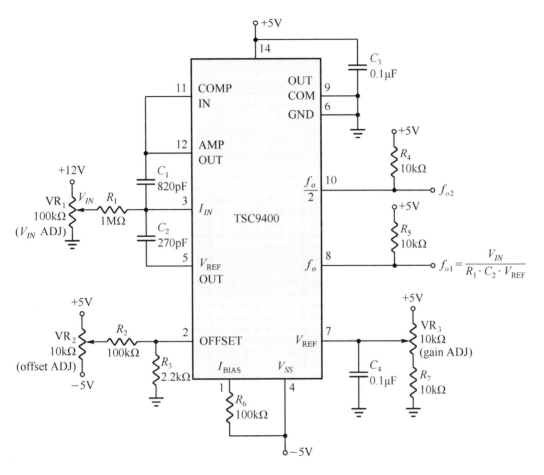

圖 9-17　V/F 轉換實習電路

(7) 若不能達到步驟(4)及步驟(5)當中的 f_{o1} 分別 50Hz 及 10kHz 時，可適度修改電容器 C_2 (270pF)或電阻 R_1(1MΩ)，修改的法則依據下式：

$$F_{01} = V_{IN} / (R_1 \times C_2 \times V_{REF})$$

(8) VR_2 (10kΩ)及 VR_3 (10kΩ)勿再調整。

(9) 調整 VR_1(100kΩ)使得 V_{IN} 值分別爲如表 9-1 所示的直流電壓值，並以計數器記錄 f_{o1} 及 f_{o2} 端的頻率讀數值於表 9-1 中。

(10) f_{o2} 的頻率讀數值是否爲 f_{o1} 的兩倍？

(11) 以示波器觀察 V_{IN} 爲 5V 時 f_{o1} 及 f_{o2} 的波形，並分別記錄於圖 9-16(a)(b)中。

表 9-1

V_{IN}	50mV	100mV	0.5	1V	2V	4V	5V	6V	8V	10V
f_{o1} (Hz)										
f_{o2} (Hz)										

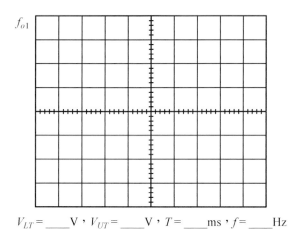

$V_{LT} =$ ____ V，$V_{UT} =$ ____ V，$T =$ ____ ms，$f =$ ____ Hz

(a)

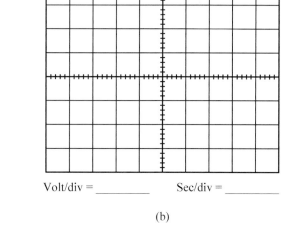

Volt/div = _____   Sec/div = _____

(b)

圖 9-18　(a) f_{o1}，(b) f_{o2}

2. F/V 轉換實習部份

(1) 如圖 9-17 F/V 轉換實習電路之裝配。

(2) 利用函數波產生器置方波信號輸出，振幅為 0 ~ 5V 加入 f_{IN} 端，並以計數器加以測量其頻率。

(3) 以數字式電表(DMM)測量 V_o 端。

(4) 改變函數波產生器之頻率為 50Hz，調整抵補調整(offset ADJ)可變電阻器 VR_1(10kΩ)，使得 V_o 為 50mV。

(5) 改變函數波產生器之頻率為 4kHz，調整線性(linear ADJ)可變電阻器 VR_2 (10kΩ) 以及增益調整(gain ADJ)可變電阻器 VR_3(10kΩ)，使得 V_o 為 4V。

(6) 重複調整步驟(4)及步驟(5)於最佳條件。

(7) 若不能達到步驟(4)及步驟(5)當中的 V_o 分別 50mV 及 4V 時，可適度修改電容器 C_2 (150pF)或電阻 R_8(1MΩ)，修改的法則依據下式：

$$V_o = (R_8 \times C_2 \times V_{REF}) \times f_{IN}$$

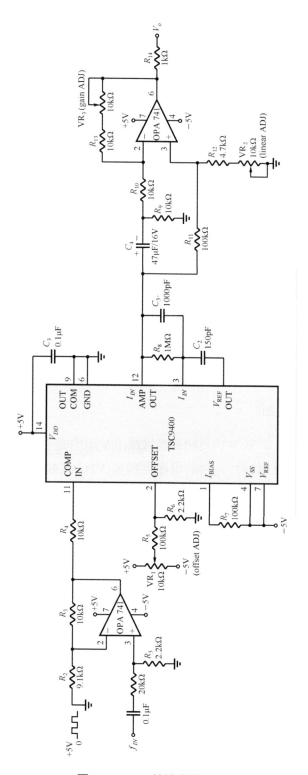

圖 9-19　F/V 轉換實習電路

(8) VR$_1$(10kΩ)、VR$_2$(10kΩ)及 VR$_3$(10kΩ)勿再調整。

(9) 改變函數波產生器之頻率分別如表 9-2 所示的頻率,並經由計數器加以讀出。

(10) 以數字式電表(DMM)記錄直流電壓 V_o 的讀數值於表 9-2 測量值 V_M 中,V_M 以 mV 為單位。

(11) 計算 V_o 真正值 V_T 測量值 V_M 的誤差值 V_E 於表 9-2 中,其中 V_T、V_M 及 V_E 都以 mV 為單位,且 $V_E = V_M - V_T$。

表 9-2

f_{IN} (Hz)	50	100	200	300	400	500	1000	2000	3000	4000
V_T (mV)										
V_M (mV)										
V_E (mV)										

9-7 問題與討論

1. 為何要使用電壓至頻率(V/F)及頻率至電壓(F/V)元件進行數位化的資訊傳輸?

2. 分別繪圖及說明 LM331 元件的電壓至頻率(VFC)及頻率至電壓(FVC)的電路工作原理?

3. V/F 及 F/V 的應用分別為何?

4. 繪圖及說明 F/V 轉換電路方塊圖及動作原理。

5. F/V 轉換器的輸入頻率(f_{IN})與輸出電壓(V_o)之關係為何?

6. 為何 F/V 轉換電路的輸出,要使用濾波器?

7. V/F 轉換器的輸入電壓(V_{IN})與輸出頻率(f_o)之關係為何?

Chapter 10

近接感測器
(馬達轉速計的應用)

10-1　實習目的

1. 瞭解近接感測元件的原理。
2. 瞭解近接感測之型態及規格特性。
3. 學習如何利用近接開關元件測試馬達的轉速。

10-2　相關知識

10-2-1　近接感測原理

　　目前在許多自動化機械中，若要能偵測到物體的存在以及取得其位置資料，以便進行計數或下一步加工。此種感測器只要將它安裝在受測物預期存在的地點附近，使物體於到達時能加以偵測而產生輸出信號即可。

　　近接式感測原理，主要是利用物體與感測器，相隔一段距離而不互相接觸的"近接"作用，因此它沒有機械故障及接觸不良等缺點。且由於沒有直接接觸到檢出受測物的原因，許多以往對於高速移動或觸碰次數過多產生的火花，響應不足等雜訊現象，都能獲得解決。

　　因此，近接開關必須利用下列三種方式之一，達到感測功能：

1. 由感測器不斷發出探測信號，每當遇有感測到物體時，立即反射回來，而經由感測器之接收部位之偵測，取得其接收信號，如光電開關或超音波元件。
2. 物件之存在會改變空間之某種物理特性，可由感測器偵測而得知。如某些物件發出熱度或機出音波、產生磁場… 等，便可利用能夠順利偵測到熱、聲音或磁場的元件，經過處理而輸出電氣信號。
3. 利用一永久磁鐵，平時於空間建立一磁場，於磁鐵與待測物之間安裝一個霍爾效應(Hall effect)感測元件，當物體進入感測元件附近時，便會造成磁通量的變化，使霍爾元件輸出信號，其動作原理如圖 10-1 所示。

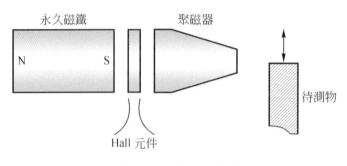

圖 10-1　霍爾效應原理

10-2-2　近接開關型態

一般而言，近接開關型態則有「電磁感應式」與「電容式」兩種，分述如下：

1. 電磁式近接開關

電磁式近接開關，其檢測對象只局限於檢測金屬物體，而其用途則做為探測金屬體〝有〞或〝無〞的檢測、位置檢測、週期的檢測，以及做為脈波產生器等用途，一般電磁式近接開關動作距離，約有數 mm～50mm 程度的規格。

電磁式近接開關由於是利用電磁感應現象，來檢測接近於某特定距離之物體的一種裝置，專門使用於偵測金屬物體。主要的理由是因為一般金屬材質通常具有導磁性(如鐵、鋁的金屬物體)，或抗磁性的物體(如銅、鉛)。因此，當接近一電感元件時，會介入磁場中，而影響電感係數，如果此電感若是由 LC 振盪電路所構成的一部份的話，則必會影響振盪信號的產生，或振盪頻率的偏移或變化。

圖 10-2 所示為一個電磁式近接開關的電路方塊圖，包括了振盪電路、檢波電路和輸出電路。此電路以振盪電路的振盪線圈做為檢測用線圈，也就是近接開關前端的檢測線圈，利用它產生高頻磁場。一旦在此磁場內有金屬性檢測物接近時，因受到檢測線圈的磁力線之影響，而在金屬體內感應發生渦流(Eddy current)效應，如圖 10-3 所示，使得振盪線圈的電阻變大，而停止振盪或降低振盪信號的振幅。而此振盪變化再送入檢定電路變成直流信號電壓，然後經輸出電路作電壓降的輸出(OUT)。

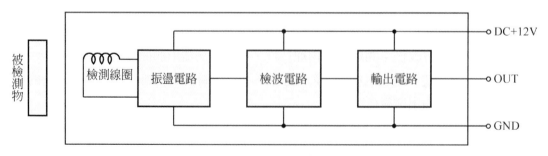

圖 10-2　近接開關動作原理圖

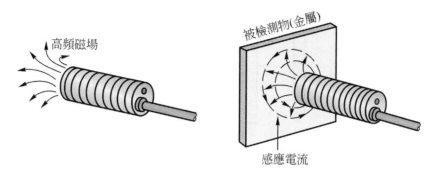

圖 10-3　振盪型近接開關的原理

　　直流型之近接開關，主要以低壓直流(5~30V)供給其電壓，而輸出則為 NPN 或 PNP 之電晶體(T_r)，以集極開路(O.C.：Open collector)為輸出，如圖 10-4 所示。可在集極 C 與電源 V_+間加入繼電器(Realy)：一般交流型之近接開關，大多使用 SCR 或 TRIAC 做為輸出，可以直接推動交流繼電器。

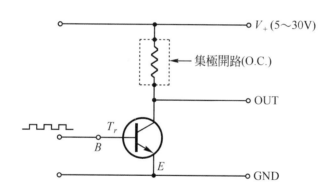

圖 10-4　集極開路推動輸出

2.　電容式近接開關

　　電容式近接感測器之動作原理，為待測物與感測器問產生之雜散電容效應所致，圖 10-5 為電容型近接開關的檢出電路。將數百 kHz~數 MHz 的高頻率振盪電路的一部分，引出到檢出電極板(檢出頭)，由於極板產生高頻率所形成的電場，若有待測物(UUT：Unit under test)接近此電場時，物體表面和檢出電極板表面起分極現象，使電容增大，因此更容易引起振盪，增加振幅而增加輸出信號。

　　電容式近接感測器，則可以用來檢測金屬和非金屬物體，只要是具有介電物質材料的特性，都可加以檢出。

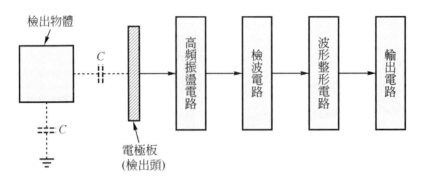

圖 10-5　電容型近接開關的檢出電路

10-2-3　近接感測器的規格特性

　　近接感測器的感度，隨著待測物的大小、材質及距離而有所不同，我們可從圖 10-6 中，觀察感測器的動作距離會隨接近物體(即偵測物)材質而有大幅改變。對於相同大小的磁性體及非磁性體而言，明顯地看出感測磁性體的動作距離，較非磁性體為長，由圖 10-6 中的曲線關係，可知磁性體的 a、b、c 及 d 都較 a'、b'、c' 及 d' 為長。

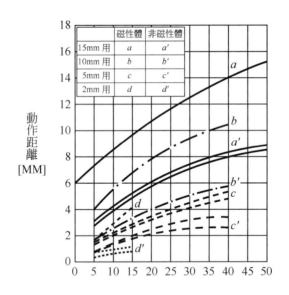

圖 10-6　不同材質近接體大小與動作距離的關係

　　材料直徑與感測面直徑比值(橫軸)，對於最大有效感測距離(縱軸)的關係可由圖 10-7 看出，因此當待測物面積小於感測面積約 30%以下，最大感測距離則會大幅減小；當待測物面積比感測器之偵測面積大或相等時，最大有效感測距離則是一樣的。

圖 10-7　材料直徑與感測面直徑比值與最大有效感測距離之曲線

　　由於不同的材質會影響感測線圈的電感係數，但對於同一材質當厚度不同時，也會有不同的感磁特性，因而導致最大感測距離的不同。

　　檢測距離與被檢測物的材質及大小皆有關係，檢測材質若是為鐵的物質，則與規格所定的距離相同，如果是銅、鋁等的材質，則檢測距離就會縮短，其修正係數是表 10-1 所示。然而檢測距離與被檢測物的大小也有關係，檢測物如果太小則檢測距離也會縮短，其關係則如圖 10-8 所示，圖 10-9 為各種不同型式的近接感測器外觀。

表 10-1　檢測距離的修正係數

被檢測物	修正係數
鐵	約 1.0
不鏽鋼(SUS 304)	約 0.76
黃銅	約 0.5
鋁	約 0.48

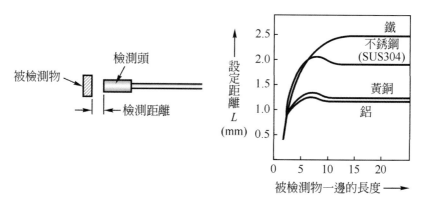

圖 10-8　被檢測物的材質、大小與檢測距離的關係

圖 10-9　各種不同形式的近接感測器外觀

10-3　電路原理

　　如何利用近接開關，進行檢測馬達的轉速功能，是本實習的主要目的，它是在馬達的轉軸配置一個轉盤，然後再利用近接開關檢測轉盤轉動的次數，如圖 10-10 所示的裝置，每個檢測物體有一定的間隔，因此從近接開關的輸出信號，就可以檢測出每秒的旋轉次數。假設轉盤上有十個凸出的被檢測物體，則馬達轉一圈就會獲得 10 個脈波信號，每分鐘就會有 600 個脈波，這就是一般我們所俗稱的響應頻率，對於馬達的轉速來說就是 rpm，由於近接開關的響應頻率很高(最高可達 1500Hz)，因此對於高速移動的物體，也能很穩定的檢測出來。

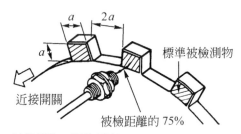

a：被檢測物一邊的長度

圖 10-10　利用近接開關檢測轉盤次數

　　利用圖 10-10 近接開關，來檢測轉盤次數的原理，使用如圖 10-11 馬達轉速計應用電路，就可以做 rpm 的轉速計。圖 10-11 開關(SW_1)當切換到ⓒ點與ⓑ點接通時，此時利用函數波產生器(校正用)輸出振幅為 0～5V，頻率分別為 10Hz 及 60Hz 輸入到 C_1(0.1μF)，進行 F/V 電路的測試。當 F/V 電路完成校正測試後，則將開關(SW_1)切換到ⓒ點與ⓐ點接通，此時直接利用近接開關所感測到的信號變化，輸入到 $C_1(0.1\mu F)$ 及 F/V 電路，而由測試端 T_6 做 rpm 的指示。

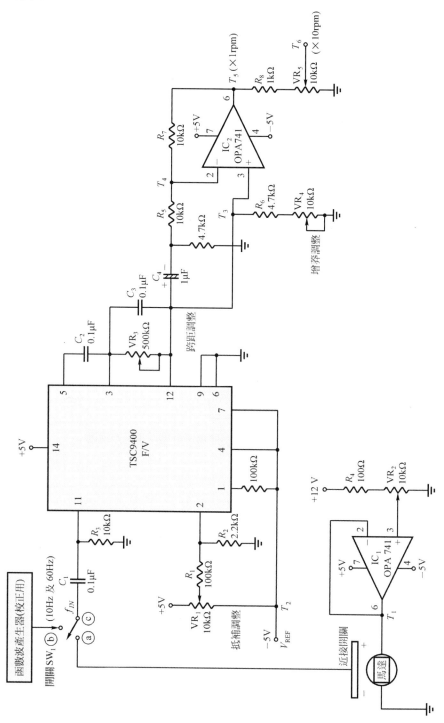

圖 10-11　馬達轉速計應用電路

VR$_1$ (10kΩ)做低頻率的抵補調整(Offset adjust)，藉以校正 10Hz 的頻率，IC$_1$(OPA741)做電壓隨耦器(Voltage follower)使 IC$_1$ 輸出阻抗變低，R$_4$(100Ω)與 VR$_2$(10kΩ)用來分壓，經過 IC$_2$ 輸出端 T$_1$ 的緩衝作用，以便調整 VR$_2$(10kΩ)時即可控制馬達的轉速。

VR$_3$ (500kΩ)用以調整 60Hz 的校正頻率，進行跨距調整(Span adjust)，IC$_2$(OPA741)做為 F/V 電路的濾波電路，可以將 T$_3$ 端的交流漣波加以濾除對，VR$_4$ (10kΩ)可以控制 IC$_2$ 的增益為1，因此 IC$_2$ 的電路並不影響 F/V 電路的響應時間。

VR$_5$(10kΩ)可以做為 T$_5$ 端的分壓調整，從 T$_6$ 端輸出的電壓值變化範圍可由 VR$_5$(10kΩ)加以改變。

10-4　電路方塊圖

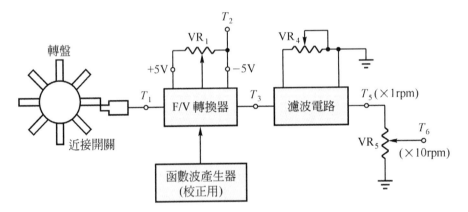

圖 10-12　圖 10-11 之馬達轉速計應用電路方塊圖

10-5 檢修流程圖

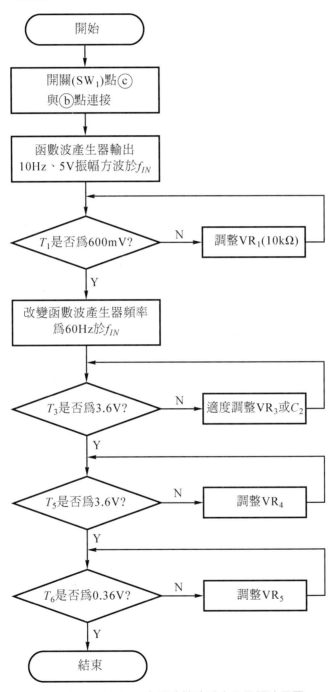

圖 10-13　圖 10-11 之馬達轉速計應用電路流程圖

10-6 實習步驟

1. 如圖 10-11 馬達轉速計應用電路之裝配。

2. 將開關(SW_1)ⓒ點與ⓑ點連接,並以函數波產生器輸出端為方波振幅為 0～5V 的信號連接到ⓑ點。

3. 將數字式電表(DMM)置於 DC 檔,測量 T_3 端。

4. 調整函數波產生器頻率為 10Hz,調整 VR_1(10kΩ)使 T_3 為 600mV(即 600rpm)。

5. 改變函數波產生器頻率為 60 Hz,調整 VR_3(500kΩ)使 T_3 為 3.6V(即 3600rpm)。

6. 重複調整步驟 4 及步驟 5 為最佳條件。

7. 若不能達到步驟 4 及步驟 5 當中 T_3 的電壓值分別為 600mV 及 3.6V 時,適度地修改 C_2 (0.1μF) 及 VR_3 (500kΩ),修改的法則依據下列公式:

$$T_3 = (V_{REF} \cdot C_2 \cdot VR_3) \cdot f_{IN}$$

8. 適度地調整 VR_4(10kΩ)使 T_4 與 T_5 的電壓值與 T_3 同,也就是 T_5 與 T_3 之間的增益為 1。

9. 在 f_{IN} 為 60Hz 時 T_5 為 3.6V,調整 VR_5(10kΩ)使 T_6 為 0.36V(即 360mV),此時 T_5 為 3600× 1 rpm 而 T_6 為 306 × 10 rpm 的指示。

10. 將開關(SW_1)ⓒ點與ⓐ點連接,將數位式儲存示波器(DSO)CH1 接於 f_{IN} 端,數字式電表(DMM)連接於 T_3 端以及 T_6 端。

11. 調整 VR_2(10kΩ)使馬達轉速由慢逐漸變快,其分成 5 個轉速等級,分別為等級 A～E,並記錄頻率 f_{IN} (Hz)、T_3 電壓(mV)以及 T_5 (mV) × 1 rpm、T_6(mV) × 10 rpm 顯示值於表 10-2 中。

表 10-2

轉速等級	A	B	C	D	E
頻率 f_{IN} (Hz)					
T_3 電壓 (mV)					
T_5(mV)顯示值 × 1 rpm					

T_6(mV)顯示值 × 10 rpm					

12.　在轉速等級 A、E 時，以 DSO 測量 f_{IN} 波型，並記錄於圖 10-14(a)及(b)中。

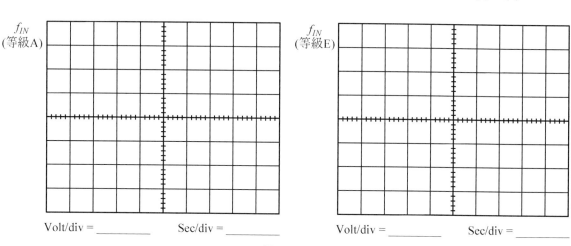

f_{IN}
(等級A)

Volt/div = _____　　　Sec/div = _____

f_{IN}
(等級E)

Volt/div = _____　　　Sec/div = _____

圖 10-14

10-7　問題與討論

1.　何謂霍爾效應(Hall effect)？

2.　繪圖及說明電磁式近接開關之動作原理為何？

3.　電容式近接開關之動作原理為何？

4.　對於金屬與非金屬物體而言，使用何種近接感測器較佳？

5.　材料直徑與感測面直徑，兩者比值與最大有效感測距離的關係為何？

6.　繪圖說明利用 F/V 及近接感測器，進行馬達轉速計(rpm)之動作原理。

Chapter 11

聲音感測器
(微音器 ECM 的聲控應用)

11-1　實習目的

1. 瞭解聲音的基本動作原理。
2. 瞭解微音器(ECM)元件構造及種類。
3. 瞭解微音器(ECM)元件工作特性。
4. 學習微音器 ECM 的聲控應用電路。

11-2　相關知識

　　聲音(Sound)主要的動作原理，是因為物質粒子經由空氣中的振動而產生，因此在真空的條件之下，聲音"基本上"是無法加以傳遞的。而物質粒子經由彈性物質做媒介，可以在空氣中加以傳送聲音。

　　聲音依頻率大小來區分，可以如圖 11-1 所示，頻率在 3GHz 以下的頻譜分佈，計分三大部分：

1. 亞音(Infrasonic)：頻率大約在 0.5Hz～20Hz 左右。
2. 可聽音(Audio 或 sonic)：頻率大約在 20Hz～20kHz 左右。
3. 超音波(Ultrasonic)：頻率大約在 20kHz 以上的範圍，一般通常都指 38kHz～40kHz 的頻率。

　　在亞音、可聽音及超音波三個區域裡，通常都只注意到"可聽音"及"超音波"兩大部份的頻率及頻譜，因此於有關聲音感測器的電路應用例或使用例，主要都是以這兩大部份來設計及考量。由於在可聽音部份所指的頻率範圍，也就是人類耳朵所能"可聽"到的部份，因此可聽音的主要感測器為一般人們所常用的微音器(Microphone)，俗稱"麥克風"。而在超音波部份所指的頻率範圍，通常都在 38kHz～40kHz 左右，在超音波感測器應用方面，可以依據不同的用途而選擇不同的型式。

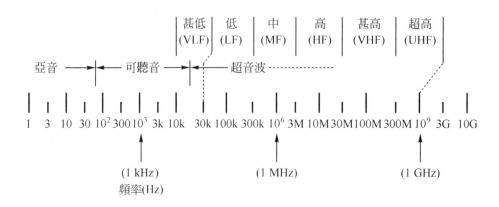

圖 11-1　3GHz 以下的頻譜

11-2-1　聲音的基本知識

"聲音"由於是物質粒子的振動，因而產生的一種現象，而這種現象是牽涉到了粒子的"振動"特性，它包含有能量(Energy)及壓力(Pressure)的存在，這兩個特性及定義如下：

1. 音能(Sound energy)：在一物質或空間中的任一個"區域"內，每當有音波(Sound wave)存在時的總能量，減去沒有音波時總能量所得到的能量值，稱之為音能值。

2. 音壓(Sound pressure)：物質在空間中的"某一點"上，當有音波存在時，總瞬間壓力與靜壓力兩者之間的差值，可以如(11-1)式所示：

$$P_S = \frac{F_S}{A} \tag{11-1}$$

其中 F_S：聲音作用於表面積為 A 時所產生的力量(Force)

　　A：面積(Area)

音波在各種物質裡傳送時，會有一部份的能量被吸收，這些被吸收的能量，可能會轉換為其他形式的能量輸出。同時音波在傳送過程中，也會受到阻礙，而物質對音波傳送所呈現的阻礙特性，可用音阻抗(Acoustic impedance)加以表示，音阻抗可表示如(11-2 式)所示：

$$Z_a = \frac{P_{\text{rms}}}{U} = \frac{P_{\text{rms}}}{AU} = R_a + \eta X_a = \rho C_L \tag{11-2}$$

其中 P_{rms}：音壓的均方根值(rms：Root mean square)

　　A：音波作用的表面積

　　u：產生音波的物質粒子速度的均方根值

　　R_a：音阻

　　X_a：音抗

　　U：體積速度

表 11-1 所示為各種材料於不同的密度時，與音阻對照表。

表 11-1　各種材料之音阻抗

材料	密度 $\rho \times 10^3$ (kg/m³)	縱波音速 C_L (m/s)	縱波之音阻抗 $Z = \rho C_L \times 10^6$ (kg²/s)
鋁	2.7	6220	16.9
鋅	7.1	4170	29.6
銀	10.5	3600	37.8
金	19.3	3240	62.5
錫	17.3	3230	55.9
水銀	13.6	1460	19.9
鎢	19.1	5460	104.3
超硬合金	11~15	6800~7300	74.8~109.5
鐵	7.86	5950	46.8
鋼	7.8	5870~5950	45.8~46.4
鑄鐵	7.2	3500~5600	24~40
銅	8.9	4700	41.8
黃銅	8.54	4640	39.6
鉛	11.4	2170	24.6
鎳	8.8	5630	49.5
鈦	4.58	5990	27.4
鎂	1.54	5770	10.0
鋁	6.44	4650	30.0
鈾	1.54	3370	63.0
電木	1.4	2590	3.63
壓克力	1.18	2730	3.2
水(20℃)	1.0	1480	1.48
變壓器油	0.92	1390	1.28
甘油	1.26	1920	2.43

聲音的其他特性及定義如下：

3. 音能通量(Sound energy flux)

$$\ast j = \frac{P^2 A}{\rho C} \cos\theta \tag{11-3}$$

4. 音強度(Sound intensity)

$$I = \frac{P^2}{\rho C} \tag{11-4}$$

5. 由"點源"(Point source)所發射的總音功率(Total sound power)

$$W_P = 4\pi r^2 I \tag{11-5}$$

其中 J：音能通量

$\quad I$：在傳播方向的音強度

$\quad \rho$：傳播介質的密度

$\quad C$：音速

$\quad \theta$：音傳播方向與面積垂線相交之角度

$\quad W_P$：音功率(power)

$\quad r$：與聲音來源間之距離

11-2-2　微音器(Microphone)

　　在圖 11-1 中，3GHz 以下聲音頻譜中，所謂"可聽音"是泛指頻率從 20Hz 至 20KHz 範圍的音波，最常用的可聽音感測器為微音器，微音器是以膜片來作聲音感測元件的基本動作原理，主要是利用膜片受音波的作用，當膜片產生振動後而感測到音壓的大小。

　　在某一個頻率或某一特定範圍裡，對微音器而言，其靈敏度 S(Sensitivity)的定義如(11-6)式所示：

$$S = \frac{V}{P} \tag{11-6}$$

其中　　V：所感應出來的電壓(Voltage)

$\quad\quad P$：加入於微音器某一基準點的音壓(Pressure)

微音器的相對靈敏度可以如(11-7)式所示：

$$L_x = 20 \log_{10}(S / S_r) \tag{11-7}$$

其中　　S_r：大小為 1V/Pa 的基準靈敏度

$\quad\quad S$：如(11-6)式的定義

$\quad\quad L_s$：以 dB 值表式的靈敏度對數值表示法。

當使用(11-6)式的 S，或(11-7)式的 L_s 對頻率 f 的關係，稱爲靈敏度－頻率特性曲線，如圖 11-2 所示。從圖 11-2 典型的微音器靈敏度－頻率響應曲線當中，可知當頻率 f 超過 10kHz 以後，則靈敏度響應曲線則不太平坦。

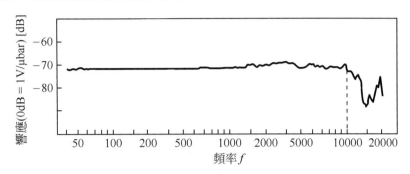

圖 11-2　靈敏度-頻率特性曲線

微音器的構造基本上可以分爲下述三種：

(1)　電容式微音器

(2)　動態式微音器

(3)　壓點式微音器

現分述如下：

1.　電容式微音器

電容式微音器是由振動膜、空腔、絕緣物、背面電極以及外殼所構造而成的，如圖 11-3 所示。在薄薄的塑料片上，蒸塗上一層非常薄的金屬膜，如此的程序，就可以成爲兩個極板之中的一個，而這一層薄的金屬膜可以在氣壓的作用下產生機械振動。在這個振動膜的後面，有一個大約尺寸只有 0.01~0.05mm 的小間隔空間，放置著一個背面電極，由於背面電極與外殼產生絕緣的關係，因此振動膜所構成的電極與背面電極兩個電極間，就如同構成了一個電容器 C 的作用，如圖 11-3 的等效電容器 C 所示。

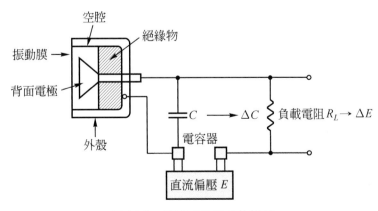

圖 11-3　電容式微音器的構器

　　將電容式微音器串連在一負載電阻 R_L，並接上直流偏壓 E，由於聲波的粒子產生振動，使振動膜的膜片也產生振動，因而引起電容量ΔC 的改變，ΔC 的變化附加在負載電阻 R_L 上，因而產生電壓降ΔE，即產生輸出聲音相對應的信號電壓值。

　　由於兩個極板間為空氣或是其他絕緣物所填充，其動作特性及原理，就如同一般電容器的基本特性及動作原理一樣。如圖 11-4 所示，為電容式微音器的原理，將電池 E 的正極⊕及負極⊖，分別加到這兩個極板上，並與負載電阻 R_L 串聯時，使得兩個極板成為帶有正、負兩個不同極性的電池，由於兩極板所帶的電荷 Q 是相等的，而電容器電容量 C 是由兩個極板的面積 A 和極板間距離 d 所決定的。電容器電容量 C，則依(11-8)式所決定

$$C = \varepsilon \frac{A}{d} \tag{11-8}$$

其中 ε：介質常數(Permitivity)

　　　A：兩個極板的面積(Area)

　　　d：兩個極板間距離(Distance)

　　也就是說當兩極板的面積 A 愈大時，則電容量 C 也就愈大，兩極板間距離 d 愈小時，電容量 C 也愈大，C 與 A 成正比而與 d 成反比。從(11-8)式中的介質常數 ε，由於與兩個極板間所填充的空氣或其他絕緣物有關，因此當 ε 與 A 固定時，若能改變極板間 d 的距離時，就能改變電容量 C 的大小。

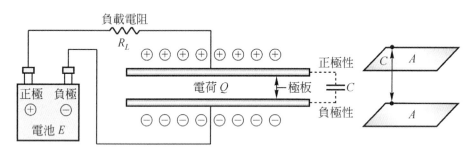

圖 11-4　電容微音器的原理

2. 動態式微音器

　　動態式微音器主要是經由音圈在磁場中做上下振動，利用切割磁力線 L 的原理，產生感應電動勢 V_L (即 $V_L = -L \dfrac{di}{dt}$)，在閉合的線路中就會產生電流 i，動態式微音器的結構，如圖 11-5 所示。磁體分為中心磁極和外磁極，磁力線呈現放射性狀，線圈就會

在磁隙中自由移動，線圈上端由於連接振動板，每當振動板感受到聲音時，就產生振動，使音圈在磁隙中，作切割磁力線的運動，進而在閉合電路中產生感應電動勢 V_L。

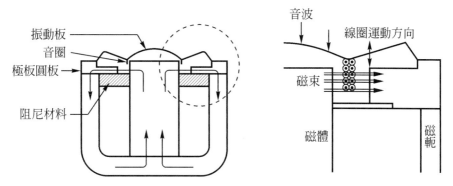

圖 11-5　動態式微音器的構造

3. 壓電式微音器

　　壓電式微音器的構造如圖 11-6 所示，它的工作原理與設計方式和一般壓電式壓力轉換器相類似。它包含有一用於作保護以及使轉換器固定的圓柱形外殼，每當音波訊號經由金屬膜片，對壓電元件施壓產生電氣輸出作用時，壓電元件將產生相對應的電氣訊號。這些訊號經內裝 IC 型電子系統中的前置放大器放大之後，經由共軸連接器送至外部的記錄器或顯示器，以作為分析或記錄。前置放大器主要功能，是用來放大信號，它還有另一功用，那就是它提供一較低的輸出限抗(約 1kΩ 左右)，以便與電纜或其它設備互相結合。

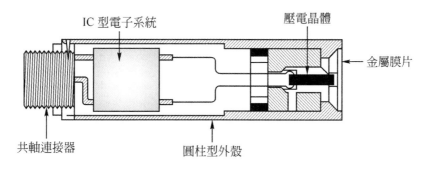

圖 11-6　壓電式微音器

11-2-3　微音器的工作特性

　　量化微音器的工作特性，通常以下列幾個主要參數做為考量，相關參數的定義分述如下：

1. 範圍(Range)：也就是微音器所能夠測定的距離極限，通常都以相對於某一基準壓力的音壓準位(SPL：Sound pressure level)來表示。

2. 線性度(Linearity)：這一個特性與範圍是共同存在的，也就是希望在"實用的範圍內"，其響應是完全的線性化。如果有非線性現象存在時，則系統會產生諧波失真(Harmonic distortion)，而所謂線性動態範圍(Linear dynamic range)，指的是特定百分比失真產生時的音壓準位 SPL 值。

3. 靈敏度(Sensitivity)：以 mV/Pa 的壓力靈敏度來表示，有時也稱為靈敏度位準(Sensitivity level)，使用相對於某一基準靈敏度的分貝數來表示。以分貝(dB)來表示的靈敏度時，相當於 $20 \log_{10}(S/S_r)$，其中 V 為輸出電壓，P_S 為音壓有效值(rms：Root mean square)。

4. 頻率響應(Frequency response)：從這個特性中，可以得知相對於其它諸如壓力響應、隨機入射響應(Random incidence response)或自由場響應(Free-field response)等參數的關係。壓力頻率響應，通常等於自由場的隨機入射響應，其相對的波長較微音器的最大因次為長。

5. 方向性(Directivity)：此一特性通常以方向性因素(Directivity factor)，或對稱於微音器主軸的固體角(Solid angle)等特性來加以表示。微音器的響應與聲音的入射方向，有很大的關係，假如聲音沿著主軸方向傳播時，則稱為 0 度入射(0° Incidence)，有時也稱為垂直入射(Perpendicular incidence)；若在主軸方向傳播時，則稱為 90 度入射(90° Incidence)，或稱餘角入射(Grazing incidence)。

6. 溫度靈敏度(Temperature sensitivity)：以 dB/℃來表示，即定義在一定溫度範圍內，響應變化的情形。

7. 溫度範圍內響應變化的情形(Acceleration and vibration effect)：表示由於微音器移動或受振動時，對於輸出所產生的影響。

除了上述各項特性以外，還有由於周圍環境的電磁場所產生的影響等因素，也是在使用微音器時，所必須考慮的因素。

11-3 電路原理

圖 11-7 為微音器(ECM：Electret condenser microphone)聲控應用電路，每當 ECM 接收到 20Hz～20kHz 頻率範圍的聲音信號，每當達到一定的音壓位準時，則經由 IC2(555)輸出端，延時約 4 秒左右的時間，使得 LED₂ 的指示用途 LED 亮，因此圖 11-7 是一個具聲音控制的應用電路。

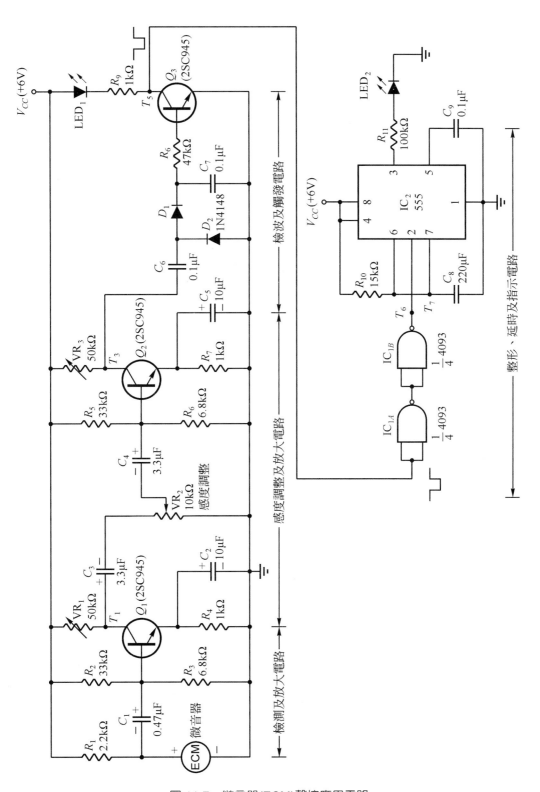

圖 11-7　微音器(ECM)聲控應用電路

當 ECM 接收到如"拍手"或"講話"等聲音的音量信號時，經由 Q_1(2SC945)所構成的檢測及放大電路，主要用以檢測 ECM 的聲音信號，並且加以做第一級的放大。由於微音器(ECM)種類很多且特性不一，因此再經過 VR_2(10kΩ)做 ECM 靈敏度或感度調整，並且經由 Q_2(2SC945)做第二級的放大，使得輸出端 T_3 的電壓，達到最大不失真的程度，確保電路在最佳的線性放大動作範圍內工作。

由於 T_3 的輸出波形為一具零點往正、負端的交流信號波形，經由 D_1、D_2 兩個分別為整流及截波用途(編號為 1N4148)的 Si 質二極體，及 C_7 (0.1μF)做交流信號的檢波用，並經由電晶體 Q_3 (2SC945)集極輸出端 T_5，輸出一負向觸發脈波(⎍)，經 R_9 (1kΩ)及 LED$_1$ 指示出有"拍手"信號。

由於 LED$_1$ 所指示的由 ECM 感測到"拍手"等信號，造成 T_5 端負向觸發脈波期間太短，因此經由 IC$_{1A}$、IC$_{1B}$ (1/4 CD4093)做 T_5 信號的波形整形後，由 T_6 端輸出，同時觸發 IC$_2$ (555)加以延時，約 4 秒間左右，再由 LED$_2$ 在這 4 秒的期間加以點亮，藉以指示。

11-3-1　檢測及放大電路

由於微音器的種類很多，在本實習中，我們採用市面上容易購買且價格便宜的電容式微音器(ECM)，而 ECM 依其配線的引線數目，可分為兩端子型或三端子型，分別如圖 11-8(a)及(b)的照片實體外觀所示。圖 11-8(a)兩端子型 ECM，具有兩個引線數目，而圖 11-8(b)三端子型 ECM 則具有三個引線。

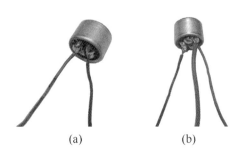

(a)　　　　　　　　(b)

圖 11-8　(a)兩端子型：(b)三端子型 ECM 實體外觀

圖 11-9 為 ECM 的檢測電路，本實習使用如 11-8(a)圖所示的兩端子型的 ECM，負端(−)給予連接到地電位，另一個正端(+)則以 R_1(2.2kΩ)連接到電源電壓 V_{CC}端(+6V)，而耦合 ECM 輸入交流信號的電容器 C_1(0.47μF)則連接到電晶體 Q_1(2SC945)的基極輸入端。R_2(33kΩ)、R_3 (6.8kΩ)構成 Q_1 的分壓偏壓電阻，R_4 (1kΩ)及 C_2 (10μF)元件，使 Q_1 的電路具有射極電阻 R_4 (1kΩ)偏壓穩定法的檢測放大電路，又稱之為"電流增益穩定式"偏壓電路，對於漏電流及

電流增益之變化而言，都可獲得較高的穩定性，調整 VR₁(50kΩ)使檢測電路輸出端 T_1，在測試拍手信號時，可獲得如圖 11-10 最大不失真的波形。

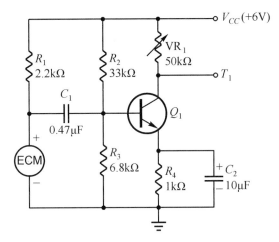

圖 11-9　ECM 檢測及放大電路(使用具兩端子型的 ECM)

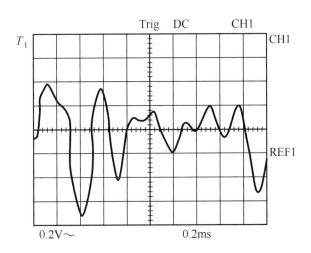

圖 11-10　測試拍手信號時的波形(T_1 端)

若讀者採用的是圖 11-8(b)所示的具三個引線數目的 ECM，則圖 11-9 檢測電路當中的 R_1(2.2kΩ)不用連接，而應該使用如圖 11-11 所示三端子型 ECM 的電路連接法。主要是由於三端子型 ECM 的內部，已經包括了圖 11-9 中的 R_1(2.2kΩ)電阻，因此只要將 A、B、C 三端，分別如圖 11-11 接 V_{CC}(+6V)、地電位及 C_1(0.47μF)即可。

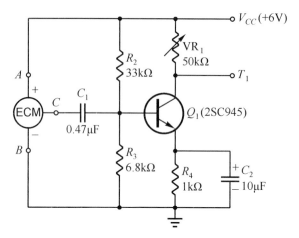

圖 11-11　三端子型的 ECM 電路連接法

11-3-2　感度調整及放大電路

　　使用各種不同類型的 ECM 感測器時，由於各種微音器(ECM)的特性不一，因此經由圖 11-9 或圖 11-11 中，具兩端子型或三端子型的檢測及放大電路後，則會有 ECM 感度過高或過低的現象。因此再附加如圖 11-12 感度調整及放大電路，第一級的檢測及放大電路的輸出端 T_1 信號，可以經由 $VR_2(10k\Omega)$ 做感度的靈敏度調整用途，而 $Q_2(2SC945)$ 則做為承接 T_1 信號的第二級放大電路作用，將第一級檢測及放大電路的輸出信號，再經由第二級加以放大，並由 T_3 端輸出，圖 11-12 的動作原理與圖 11-9 相同。

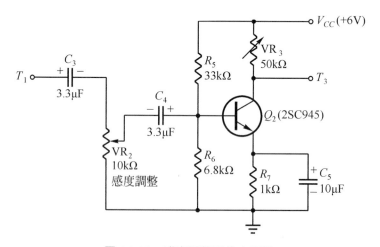

圖 11-12　感度調整及放大電路

11-3-3　檢波及觸發電路

　　經由圖 11-9(或圖 11-11)及圖 11-12 的兩級放大電路後，T_3 的輸出信號已經被放大到足夠大的信號了，但是此時 T_3 的波形與圖 11-10 的 T_1 端交流信號波形相似，只不過是被放大了而已。若經過如圖 11-13 檢波觸發電路後，則可以將 T_3 的交流信號加以檢波，並整流為直流脈衝的觸發信號，藉以觸發下一級的電路，若經由 R_9(1kΩ)限流電阻及 LED_1，加以指示及檢測 ECM 是否有聲音信號輸入。

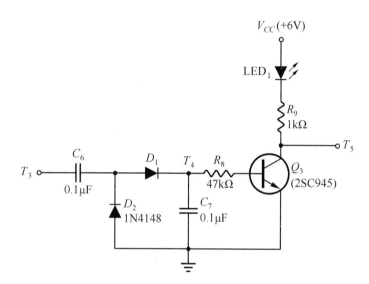

圖 11-13　檢波及觸發電路

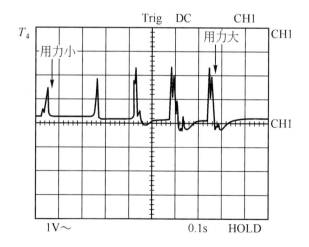

圖 11-14　手掌連續拍手時之信號(用力從小→大)

　　圖 11-13 中，C_6(0.1μF)做爲耦合電容器，以便耦合 T_3 的信號。而二極體 D_1(1N4148)做爲整流作用，D_2(1N4148)做爲截波用途，因此 D_1、D_2 及 C_7(0.1μF)做爲將 T_3 交流的信號加以檢波之功能，此時 T_4 只有高準位(High level)脈波的輸出，如圖 11-14 所示爲以手掌連續拍打時，用力從"小"到"大"的高準位脈波變化情形。電晶體 Q_3(2SC945)做爲 T_4 輸入信號的放大電流及反相電路作用，因此圖 11-13 中 T_5 的信號與 T_4 成 180°的反相，電阻 R_8(47kΩ)做基極限流電阻的限流用途，圖 11-15 爲手掌沒有拍手時的高電位波型，當手掌"用力拍"一下時，則產生圖 11-16 由高電位至低電位的低準位觸發脈波(Low level trigger pulse)。

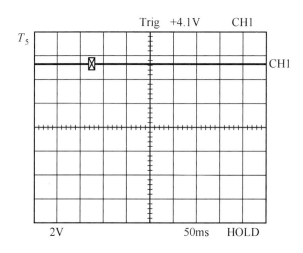

圖 11-15　沒有拍手時 T_5 的信號

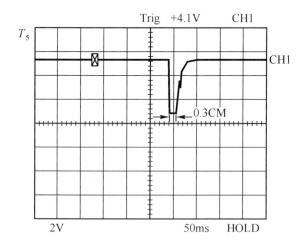

圖 11-16　用力拍手時 T_5 的信號

11-3-4　整形、延時及指示電路

　　由圖 11-16 當中的觀察波形，當 T_5 在手掌"用力拍"一下時，低準位觸發脈波的週期只維持了約 15ms(即 50ms/cm × 0.3cm)的短期間，且波形只"近似"於負脈波。假如經由圖 11-17 的整形、延時及指示電路，則利用 IC_{1A}、IC_{1B} (各為 1/4 CD4093)做史密特觸發(Schmitt trigger)的脈波整形電路，再輸入到 IC_2(555)執行時間的單穩態(Mono stable)延時電路。

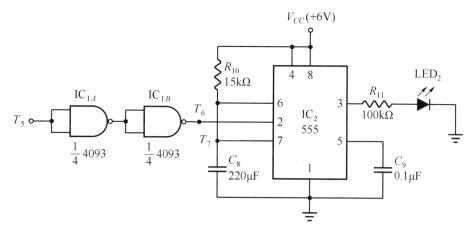

圖 11-17　整形、延時及指示電路

　　由於 IC_2(555)的第 2 支腳觸發輸入端，是由高電位降到 $1/3\ V_{CC}$ 以下時來完成的，因此 T_5 的波形要經過兩個由 IC_{1A} 及 IC_{1B} 所構成的 NAND 閘，由兩個反相器所構成的正相作用，加以做緩衝器(Buffer)的整形及推動作用，因此 T_5 的波形與 T_6 的波形為同相。當 IC_2(555)第 2 支腳有一低準位觸發脈波信號輸入時，則經由 IC_2(555)第 3 支腳(即 T_8)輸出高電位狀態，高電位狀態的動作週期由 R_{10}(15kΩ)即 C_8(220μF)來決定，延時週期 T_D 如(11-9)式

$$T_D = R_{10}C_8 \ln\left(\frac{V_{CC}}{V_{CC} - V_{TH+}}\right) = R_{10}C_8 \ln\left(\frac{V_{CC}}{V_{CC} - 2/3\ V_{CC}}\right)$$

$$= R_{10}C_8 \ln\left(\frac{V_{CC}}{1/3\ V_{CC}}\right) = R_{10}C_8 \ln 3 = 1.0986 R_{10}C_8 \qquad (11\text{-}9)$$

(11-9)式可以簡化為一般式子則可以簡寫為 $T_D ≒ 1.1\ R_{10}C_8$，當 R_{10} 為 15kΩ即 C_8 為 220μF 時，則延時週期

$$T_D ≒ 1.1\ R_{10}C_8 = 1.1 \times 15kΩ \times 220μF = 3.63sec$$

如圖 11-18 的 T_7 端所示，為 IC_2(555)第 6、7 腳所接電容器 C_8(220μF)的充放電波形，而 T_8 為 IC_2(555)第三支腳輸出高電位的週期波形。從圖 11-18 的 T_8 波形中，可知實際的延時週

期 T_D 約為 3.85 秒(即 0.5s/cm×7.7cm)。由於 IC$_2$(555)第 3 支腳，輸出高電位狀態時的推動電流(Source current) I_{source} 可高達 200mA，因此足以經由 R_{11}(100Ω)直接推動指示用 LED$_2$，因此 LED$_2$ 在 ECM 接收到如"拍手"信號時，LED$_2$ 維持點亮的時間約為 3.85 秒。

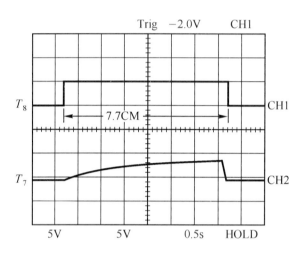

圖 11-18　延時電路充放電端(T_7)及輸端(T_8)波形

11-4　電路方塊圖

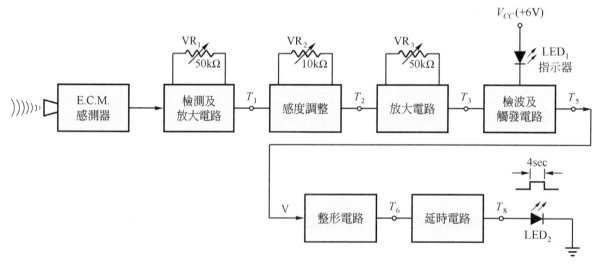

圖 11-19　圖 11-7 之微音器 ECM 聲控應用電路方塊圖

11-5 檢修流程圖

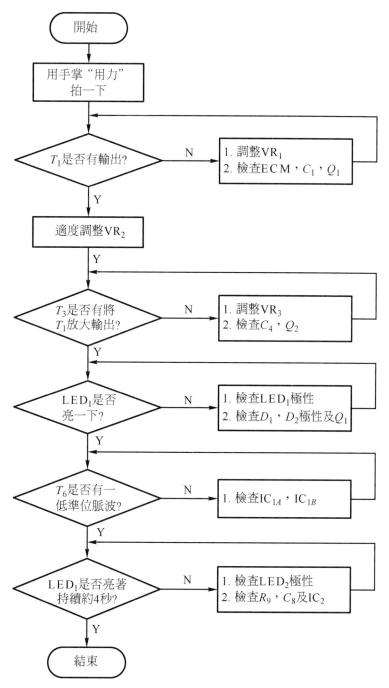

圖 11-20 圖 11-7 之微音器 ECM 聲控應用電路流程圖

11-6 實習步驟

1. 如圖 11-7 微音器(ECM)聲控應用電路之裝配。

2. 以手掌"用力"拍一下，並適當地調整圖 11-7 中 VR_1(50kΩ)、VR_2(10kΩ)、VR_3(50kΩ)，使得 T_1 及 T_3 端有最大不失真的信號波形。

3. 使用具有儲存功能之數位式儲存示波器 DSO (digital storage oscilloscope)較佳，以 DSO 測試圖 11-7 的 T_1 及 T_1 之波形，分別記錄於圖 11-21 及圖 11-22 中。

T_1 波形

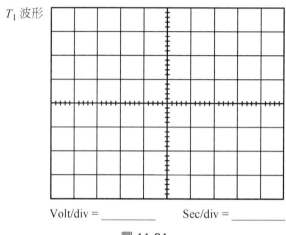

Volt/div = _____   Sec/div = _____

圖 11-21

T_3 波形

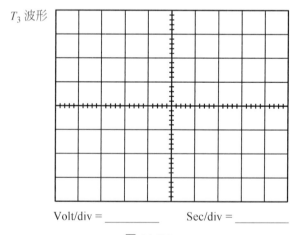

Volt/div = _____   Sec/div = _____

圖 11-22

4. 請仔細觀察 LED_1 是否亮？為什麼？

5. 重覆步驟 2，以數字式電表(DMM)置於 DCV 檔，記錄 T_1 及 T_3 直流電壓變化的情形於表 11-2 中。

表 11-2

測試端	T_1(V)	T_3(V)
不拍手		
拍手		

6.　重覆步驟 2，　仔細觀察 LED$_2$是否亮？並記錄 LED$_2$亮的時間=＿＿＿＿＿＿＿秒。

7.　重覆步驟 2，以 DSO 分別觀察 T_5、T_6、T_7 及 T_8各點的波形於圖 11-23(a)(b)(c)(d)中。

8.　若以手掌"用力"拍的力量從小變大時，仔細觀察 LED$_1$ 的亮度是否隨著"用力"的大小而成正比變化呢？也就是說"用力"愈小 LED$_1$愈暗，而"用力"愈大，LED$_1$愈亮，爲什麼？

T_5 波形

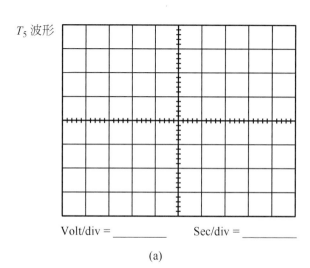

Volt/div = ＿＿＿＿　　Sec/div = ＿＿＿＿

(a)

T_6 波形

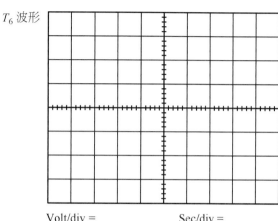

Volt/div = ＿＿＿＿　　Sec/div = ＿＿＿＿

(b)

T_7 波形

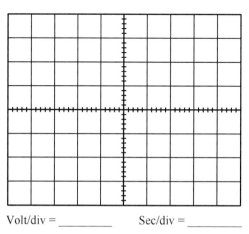

Volt/div = ＿＿＿＿　　Sec/div = ＿＿＿＿

(c)

T_8 波形

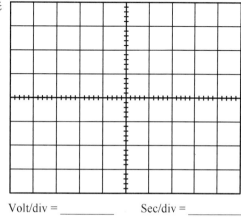

Volt/div = ＿＿＿＿　　Sec/div = ＿＿＿＿

(d)

圖 11-23

11-7 問題與討論

1. 若以頻率來區分，聲音的三大分佈為何，其頻率範圍為多少？

2. 解釋下列名詞：(1)音能(Sound energy) (2)音壓(Sound pressure) (3)可用音阻抗(Acoustic impedance)。

3. 試說明微音器(Microphone)的動作原理為何？

4. 定義微音器的靈敏度(Sensitivity)及相對靈敏度？

5. 試繪圖說明微音器的靈敏度－頻率特性曲線。

6. 微音器基本構造而言，可以區分為哪三種？試加以說明之。

7. 繪圖及說明電容式微音器的構造及動作原理。

8. 繪圖及說明動態式微音器的構造及動作原理。

9. 繪圖及說明壓電式微音器構造及工作原理。

10. 解釋下列為音器相關名詞：(1)範圍(Range) (2)線性度(Linearity) (3)靈敏度(Sensitivity) (4)頻率響應(Frequency response)。

11. 兩端子型及三端子型電容式微音器(EMC)有何異同？

Chapter 12

超音波感測器
(測距儀的應用)

12-1 實習目的

1. 瞭解超音波動作原理。
2. 瞭解超音波感測器基本構造。
3. 瞭解超音波種類及驅動電路。
4. 學習如何利用超音波感測器做測距儀。

12-2 相關知識

12-2-1 超音波動作原理

　　超音波(Ultrasonic waves)一般泛指頻率高於人類聽覺範圍頻率(20Hz~20kHz)的音波，也就是"超"過一般音波的頻率，它具有電磁頻率功能的振動波。這種振動波的頻率高於20kHz 以上，由於是以疏密波的形式出現，所以藉由介質中元素的位移而達成的特性，因此幾乎任何具彈性的材質皆能傳遞超音波。

　　相信大家也對"超音波" 這三個字並不陌生，也許有人認為「超音波」顧名思義就是頻率很高很高，而且越高越好，其實未必，如在本實習中，它所選擇的超音波材料而言，以大約頻率在 40kHz 時靈敏最高，太高或太低都不是很好。目前，它廣泛的運用在一些精密的感測上，不論是在國防上、醫學上、科學上、工業上及甚至日常的生活中等，皆有龐大的貢獻，它是一種很重要的感測器。

　　一個簡單的超音波，當其離開聲源後，則會依距離之增加而迅速地失去其強度，如圖12-1(a)所示，此種音波沿著路徑的強度衰減，會受到沿途上不連續性的影響，如圖 12-1(b)所示。對一個超音波控制系統而言，其傳播路徑主要是經由空氣而達成，傳播路徑上任何一點的音波強度，乃是由聲源算起之距離的函數。介質材料在傳導時，將部分"吸收"或"反射"一些聲音的能量。此種沿著路徑之正常減弱或衰減的作用，可以用以操作電子電路。

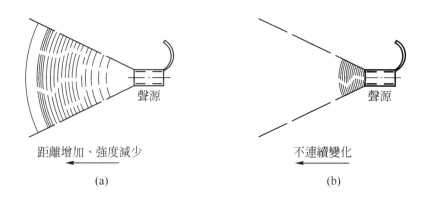

圖 12-1　(a)距離增加，強度減少；(b)強度不連續的遞減

　　若於空氣中對音波作較徹底之研究時，將會發現除了距離因素外，尚有其它因素會造成音波的衰減。例如，相對濕度、溫度及發生駐波等，均是此類電子控制系統的主要障礙。我們可以設計複雜的電子電路，加以克服大部份的問題，然而此種方式會有製造昂貴、調整不易及維護困難之缺點。

　　在空氣中由於波的傳送速度和粒子成份、壓力及溫度有關，如表 12-1 所示。單純的空氣中，於攝氏 0℃ 及大氣壓 1Atm 時，波速為 331.45m/s，於霧氣較重時(即含多量水氣)，音速較高。至於溫度之影響較為複雜，溫度升高時，氣體粒子之動能增大，至於溫度的改變如何影響音速將留待下面說明。

表 12-1　音波之速度(m/sec)

固體 Solids(20℃)		液體 Liquids(25℃)		氣體 Cases(0℃)	
Iron(鐵)	5130	Sea water(海水)	1532.8	Hydrogen(氫)	1269.5
Aluminum(鋁)	5100	Fresh water(淡水)(3% salinity)	1493.2	Steam(水蒸氣 100)	404.8
Copper(銅)	3750			Nitrogen(氮)	339.3
Lucite(合成樹脂)	1840	Mercury(水銀)	1450	Air(空氣)	331.45
Lead(鉛)	1230	Kerosene(油)	1315	Oxygen(氧)	317.2

　　超音波感測器一般而言，則包含產生超音波的發射器和接收超音波的接收器，其構造如圖 12-2 所示。

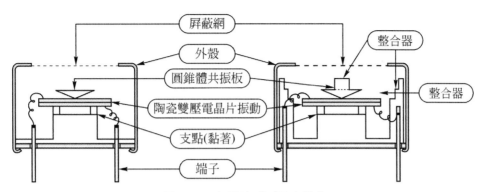

圖 12-2　超音波感測器之構造

　　圖 12-3 所示，為各種超音波感測器的配置及其用途、特徵，我們可以依不同使用的需求及用途，選擇不同的配置方式。發射器(T)或接收器(R)和物體的距離為 D，音速為 C，超音波至物體反射時間 ΔT 可表示成：

$$\Delta T = \frac{2 \times D}{\cos\theta} \times \frac{1}{C} \text{ (s)} \tag{12-1}$$

　　我們不難發現，圖 12-3(a)為配對型配置方式，用於搖控物體的檢出。而圖 12-3(b)的角度 θ 為零度時，則 $\cos\theta = 1$，如同圖 12-3(c)配置方式，就比較不會產生誤差，如圖(b)在近距離時，就會產生誤差，本單元實例中使用如圖(c)型態的配置方式，所以應盡量使發射器(T)和接收器(R)的間隔越小則會越好，其時間是由計數器中讀出，如此便可求出它的距離。如圖 12-4(a)所示，由發射超音波發射器(T)開始發射約 40kHz 的超音波，經由空氣中傳送，一直到碰到物體(如壁面)，使音波經由超音波接收器(R)，這一段時間內所測得的距離，除以 2 即是實際的距離。如果現在物體和超音波感測器間的距離為 L(m)，測定時間為 ΔT 秒，由於超音波的本質是音波於空氣中傳輸大約以每秒 340 公尺的低速度 V 加以傳播，超音波在發射的物體及接收之間往返的這一段時間內的距離 L，可由下式求出：

$$L = \Delta T \times \left(\frac{V}{2}\right) \text{ (m)} \tag{12-2}$$

由於音速 V 會隨溫度 t 而有所改變，空氣中如果加上 t ℃影響，則

$$V(t) = 331.5 + 0.6t \text{ (m/sec)} \tag{12-3}$$

所以在溫度 15℃時音速為 340.5m/s，在 25℃時就變成 346.5m/s，測定的距離大約有±2%的誤差，如測定 3m 的距離時，溫度的變化若有 10℃，就會有±6cm 的誤差。

配置方式	用途	特徵
(a)對型 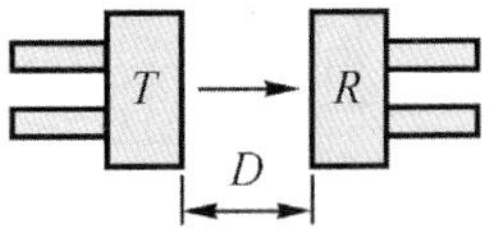	遙控 物體的檢知	1.感測器要使用寬頻帶型。 2.要有發送接收切換電路。 3.近距離不適用測量。
(b)反射方式(獨立型) 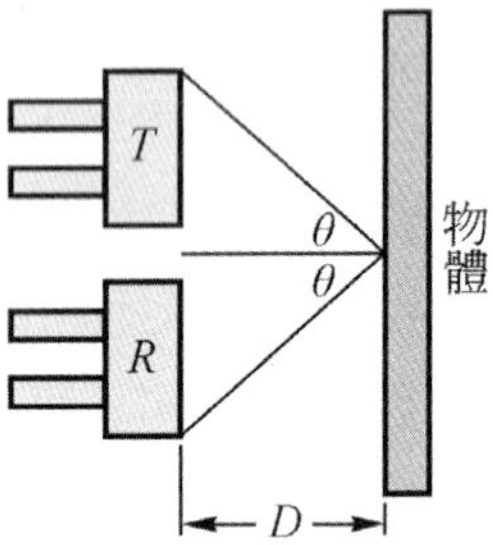	物體的檢知 距離的測定	1.檢知感度可以自由設定，易於設計。 2.需要二個設置場所。
(c)反射方式(兼具型) 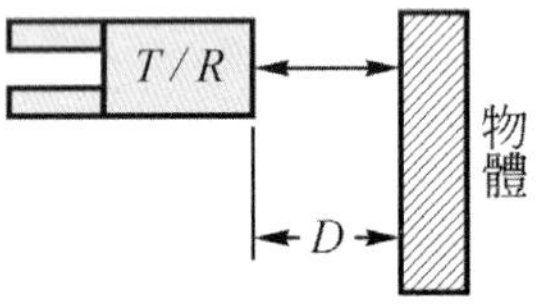	物體的檢知 距離的測定	1.要有對策來處理 T 到 R 之直接發射問題。 2.可以使用 T 與 R 的專用感測器。 3.近距離(10cm 以下)之情形居多。

圖 12-3　超音波感測器的檢出方式

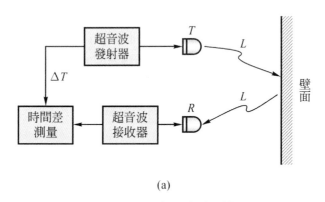

(a)

圖 12-4　(a)超音波測距離 L

12-2-2　超音波感測器原理說明及基本構造

1.　超音波感測器的壓電效應

　　　超音波感測器被配對成發射器和接收器，實際上發射器和接收器它們同樣具有「壓電效應」，對超音波發射器而言，為"電→壓"效應，亦即，將"電氣"信號轉換成"壓力"的型式去壓縮周圍空氣,隨後產生壓電"逆"效應,而這些受壓縮的空氣則會壓縮接收器上的壓電材料,產生"壓→電"的"正"效應現象,又回復及轉換成電的信號。當接收器和發射器為面對面的情況下,則如圖 12-4 (b)所示為發射器(T_X)基本的壓電逆效應、接收器(R_X)的壓電正效應說明圖。

	壓電正效應	壓電逆效應
說明圖		
原理	1.壓電振盪元件的分極方向,由力與元件端子的出力極性來決定。 2.壓→電效應。	1.壓電振盪元件的分極方向和輸入電壓的極性有關,而振盪元件的伸縮方向由外加電壓來決定。 2.電→壓效應。
用途	1.壓電振盪元件。 2.超音波接收器(R_x)。	1.壓電振盪用。 2.高頻用振盪元件。 3.超音波發射器(T_x)。

(b)

圖 12-4　(b)壓電效應的正逆效應說明圖

2. 超音波感測器的型式

(1) 電磁感應型振盪器

此類的結構有些類似動圈式喇叭的動作原理,係利用"磁場"的方式來達到超音波的發射與檢知。在工作頻率比較高時,轉變換效率就會降低,且其頻率選擇性差,很容易拾取雜音等缺點,然而並不受共振頻率所影響。

(2) 磁伸縮振盪器

如圖 12-5 所示,為鐵酸鹽材料振動器的外觀,它係利用 Si、Co、Ca 及 Fe 等金屬氧化物的混合粉末,加熱並加上高壓壓縮而成型,再將線圈纏繞在材料上加以完成的,當電流流過線圈時,由於材料本身受磁場變化,因而產生共振形成超音波,而共振的方向與磁場垂直。

由於鐵酸鹽為非導體材料的特性,因此,對高頻電流所產生的磁場,而形成渦電流的情形降低,因而使得能量轉換的效率大為提高,所以常被使用在工業用途中(如洗淨機、工具機中)，而其輸出的能量在 6W/cm² 左右，頻率工作範圍約在 28kHz 或 100kHz 左右。

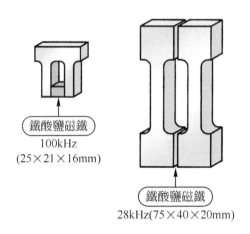

圖 12-5　鐵酸鹽振盪器的形狀

(3)　壓電振盪器

　　本實習中係採用此種壓電振盪器，它係以石英晶體，酒石酸鉀鈉鹽(Rochelle salt)的結晶，鈦酸鋇、鈦酸鉛等構成的，此類型壓電效應元件所做出超音波的發射和檢知，其共振頻率大都在 23~25kHz、40~50kHz 左右，圖 12-6 為發射及接收超音波感測器的頻率與感度特性曲線。

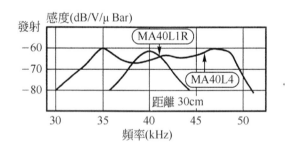
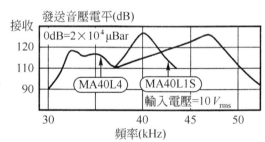

圖 12-6　頻率—感度特性

12-2-3　超音波的種類

1.　汎用型感測器：一般超音波感測器的頻帶寬，大約為數十 kHz 範圍以內，都具有良好的選擇性。汎用型感測器，由於頻帶較狹窄，相反的，靈敏度則比較好，且具有抗雜訊之功能。然而若能將頻率加以錯開，藉以作為多頻道通信等用途。

2. 寬頻帶型感測器：寬頻帶型超音波感測器，由於動作頻帶內，具有二個諧振特性，可以將頻帶放寬些。

3. 屋外防雨型感測器：可以使用於屋外密閉型構造，因為具有良好的耐氣候性，可適用於汽車之車後偵檢裝置及路邊汽車計時等功能。

4. 高頻型感測器：迄今所說明超音波感測器之中心頻率大都在數十 kHz，目前頻率超出 100kHz 以上之感測器，因其中心頻率已高出 200kHz，因此可應用於分解力很高的場合。

12-2-4 驅動電路

1. 自激振盪電路：如圖 12-7 和圖 12-8 所示，分別為兩種不同自激型振盪電路的型態，它主要是由 L、C 諧振電路和超音波發射器組成的諧振電路，如圖 12-7 中電晶體用來提供諧振所需的能量，並且可由控制電晶體的 Lo、Hi 來引起振盪及停止振盪，而其自由振盪型式則如圖 12-8 所示，其基本的工作原理與方式與圖 12-7 是相同的。

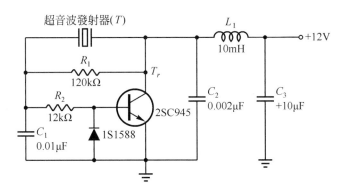

圖 12-7　自激振盪驅動電路

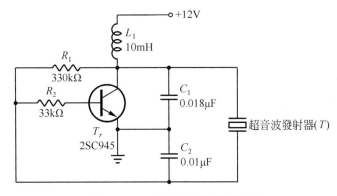

圖 12-8　二端子型自激振盪電路

2. 他激振盪型電路：他激振盪型電路的振盪信號源，不經由本身電路所產生，而係經由其它電路提供振盪信號，此種型式的電路結構，類似於一個後級放大驅動電路，可以提供較長距離的發射範圍及信號強度，其電路結構如圖 12-9 所示。

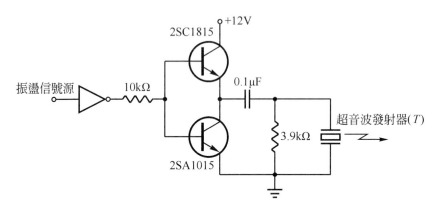

圖 12-9　他激振盪驅動電路

3. 接收驅動電路：如圖 12-10 接收電路所示，由超音波接收器 R 所接收的訊號經由電晶體放大後，由 LM311 加以訊號的處理，由於電晶體的集極連接 LC 並聯諧振電路，因此可提高電晶體，在特定頻率區的高倍電壓增益，使得超音波訊號可被 LM311 加以檢出。

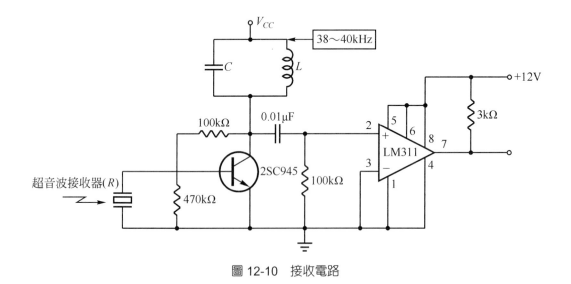

圖 12-10　接收電路

12-3　電路原理

　　圖 12-11(a)及(b)所示，分別為超音波測距儀發射及接收電路與指示電路，當一反射物置於如圖 12-11(a)所示的位置，超音波發射器(T_X)發射 40kHz 的脈波串，若碰到反射物體後，經由超音波接收器(R_X)所接收，利用從 T_X 碰到反射物再到達 R_X 的時間差，於室溫約 25℃ 條件下的音速 340m/s，計算出反射物與 T_X、R_X 的距離，以便做為測量距離的"測距"用途，以七段顯示器指示出以公分(cm)為單位的測距儀。

　　圖 12-11(a)發射及接收電路中，JP$_1$開路時，則執行「手動測量」功能，經由人工按下 PB(Push button)測量開關(SW$_1$)，藉以進行測量及顯示動作。當 JP$_1$ 短路時，則執行「自動測量」功能，測量的動作時間，由圖 12-21(a)中 IC$_{10C}$、IC$_{10D}$(1/4 4011)所構成的不穩多諧振盪器，經由調整 VR$_3$(500kΩ)來決定，振盪信號的頻率由 T_1 輸出。

　　T_1 信號經 IC$_{1A}$(1/2 4538)單穩複振器，做單穩態(Mono-stable)輸出信號 T_2。T_2 信號經由 IC$_{2A}$、IC$_{2B}$ 及 IC$_{2C}$ (各 1/4 個 4011)等三個 NAND gate 所組成的反相器，構成一個輸出為 40kHz 的不穩多諧振盪電路，由 T_3、T_4 輸出，再透過 IC$_{3A}$~C$_{3E}$(各 1/6 4069)推動電路由 T_5 及 T_6 輸出，以便經由超音波發射器(T_X)，每間隔 T_2 波形正準位脈波時間，加以發射 40kHz 的脈波串。

　　超音波接收器(T_X)測試端 T_7，當接收到發射信號後，再經由 IC$_{4A}$、IC$_{4B}$ (各為 1/4 LM3900) 做兩級放大電路，分別由 T_8 及 T_9 輸出這兩級放大信號 T_7，(1000pF)做為 T_9 及 T_{10} 端之耦合電容器。元件 D_5 (1N60)、D_6 (1N60) 及 C_8(1000pF)做為整流及濾波用途，以便將 T_{10} 接收信號中，加以取出 T_{11} 的振幅封波，T_{11} 與 T_{12} 信號端，經由 IC$_{4C}$ (1/4 LM3900) 比較電路，由 T_{13} 輸出，以便經由 IC$_{3F}$ (1/4 4069)觸發 IC$_{5A}$ (1/2 4013)的 D 型正反器，做為觸發信號的儲存。

　　圖 12-11(b)的超音波測距儀指示電中，則分別由 IC$_{6A}$~ IC$_{6C}$(各 1/4 4011)的三個 NAND 閘所組成的 17.2kHz 不穩多諧振盪器，和 IC$_{7A}$、IC$_{7B}$ (各 1/2 4538)的觸發電路，以及 IC$_{8A}$、IC$_{8B}$、IC$_{9A}$ (各 1/2 4518) 及 IC$_{11}$~IC$_{13}$ (4511)的顯示電路等三部份所組成。

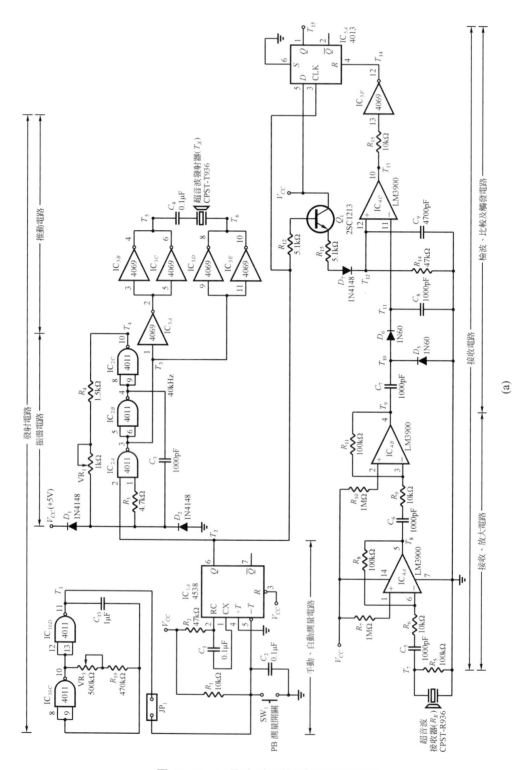

圖 12-11　(a)音波測距儀發射及接收電路

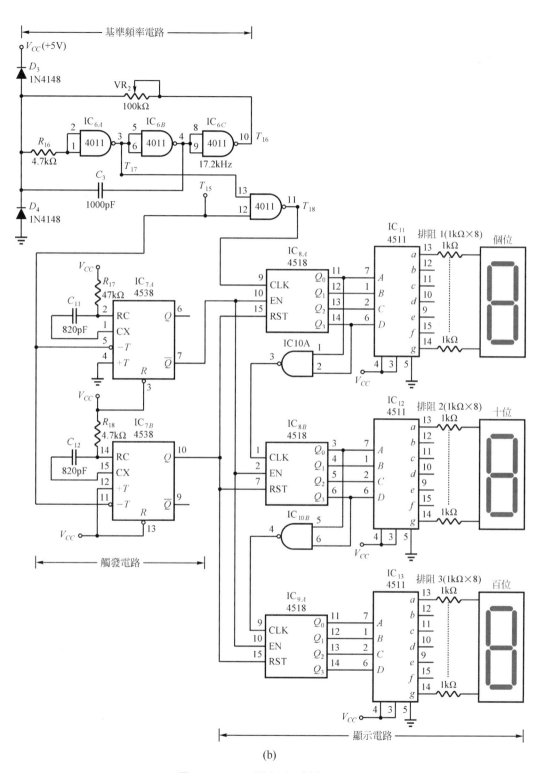

(b)

圖 12-11　(b)音波測距儀指示電路

12-3-1 發射電路

　　圖 12-11(a)超音波發射電路中，計分為：(1)手動或自動測量電路 (2)振盪電路 (3)推動電路，分述如下：

1. 手動或自動測量電路

　　圖 12-12 手動或自動測量電路，可以利用 JP$_1$ 來選擇要執行「手動」或者是「自動」測量的功能，JP$_1$ 是使用短路插梢元件。當 JP$_1$ 開路時，則執行手動測量功能，經 PB(Push button)測量開關(SW$_1$)按下接地時，則 V_{CC} 經由 R_1(10kΩ)到接地端，控制 IC$_{1A}$(CD4538)具有雙精準單穩複振器(Dual precision monostable multivibrator)功能的 IC，而 IC$_{1A}$ 第 5 支腳($-T$)則執行負脈衝觸發功能。當 JP$_1$ 短路時，則執行自動測量功能，利用 IC$_{10C}$、IC$_{10D}$(各為 1/4 4011)兩個 NAND 閘，所構成的不穩多諧振盪器，並由 T_1 端輸出脈波，如圖 12-14(a)測試端 T_1 波形所示，脈波週期約為 0.76 秒(即 0.2s/cm×3.8cm)，此脈波週期可以經由 VR$_3$(500kΩ)串聯 R_{19}(470kΩ)及電容 C_{13}(1μF)來決定。

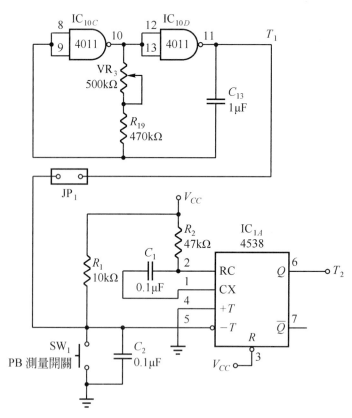

圖 12-12　手動或自動測量電路

　　不論是使用手動或自動測量，只要由 IC$_{1A}$(1/2 4538)第 5 腳輸入一低電位觸發脈波時，則經由 IC$_{1A}$(1/2 4538)第 6 腳(Q 輸出端)，產生如圖 12-14(b)所示測試端 T_2 高準位脈波波形所示，脈波寬度約為 1.6ms(即 2ms/cm×0.8cm)，T_2 正脈波寬度則由 R_2(47kΩ)及 C_1(0.1μF)來決定。

2.　振盪電路

　　由圖 12-12 手動或自動量測電路 T_2 輸出端，輸出的脈波每隔 1.6ms 觸發一次，經過圖 12-13 中，由 IC$_{2A}$ (1/4 NAND gate)以及 IC$_{2B}$、IC$_{2C}$ (各為 1/4 4011)兩個 NAND gate 所組成的反相器，構成一個輸出 40kHz 的不穩多諧振盪器，產生如圖 12-14(c)(d)的 T_3 及 T_4 波形，在這兩個波形中，具有 40kHz 左右的頻率，此 40kHz 是由 VR$_1$(1kΩ)串聯 R_4(1.5kΩ)及 C_3(1000pF)所決定，調整 VR$_1$(1kΩ)使得是 40kHz 左右的振盪頻率，可以匹配超音波發射器(T_X)，圖 12-14(c)(d)所示 T_3 及 T_4 波形，分別使用 5ms/cm 及 1ms/cm 兩種不同測量時基(Time base)。

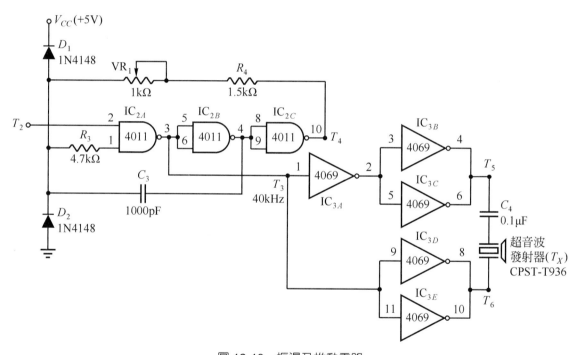

圖 12-13　振盪及推動電路

3.　推動電路

　　圖 12-13 的 T_3 所輸出的 40kHz 振盪頻率，經 IC$_{3A}$(1/6 4069)反相並經由 IC$_{3B}$～IC$_{3E}$(各 1/6 4069)等 4 個由反相器所構成的推動電路，經由輸出耦合電容器 C_4(0.1μF)輸出到 T_5 及 T_6 端，加以驅動超音波發射器(T_X)發射出信號。T_5 及 T_6 的波形則如圖 12-14(e)及(f)所示，注意 T_5 及 T_6 成反相，但是卻是相同的波形輸出形狀，如圖 12-14(e) T_5 及 12-14(f) T_6 端之信號，分別使用 5ms/cm 及 2ms/cm 兩種不同的時基測量，表面上看來似乎兩者波形不同，其實不然，只是選擇的時基不同罷了！

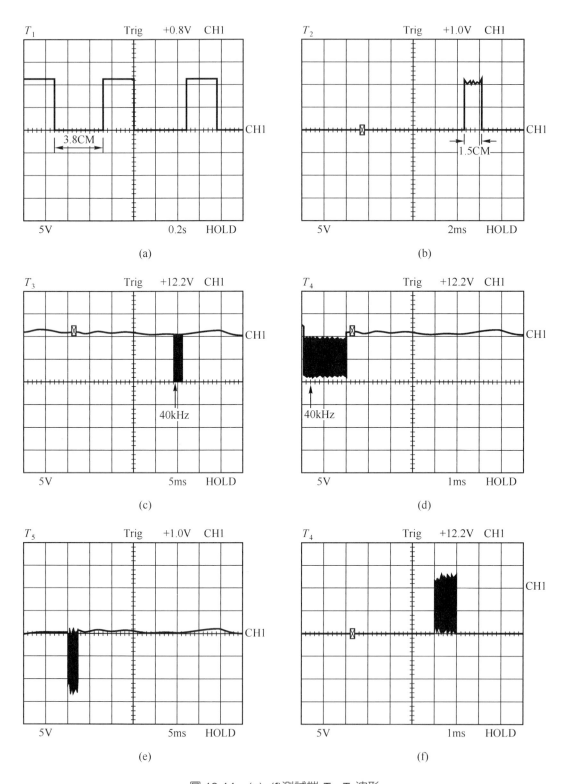

圖 12-14　(a)~(f)測試端 T_1~T_6 波形

12-3-2　接收電路

　　圖 12-11(a)接收電路，計分為：(1)接收、放大電路 (2)檢波、比較及觸發電路，分述如下：

1. 接收放大電路

　　圖 12-15 接收、放大電路中的超音波接收器(R_X)，當接收到由圖 12-13 超音波發射器(T_X)，發射出的信號，在一定的距離內，由於碰到物體而反射回來信號時，由於反射波的信號振幅很小，故須經由兩級放大電路 IC_{4A}、IC_{4B}(各為 1/4 LM3900)，加以放大到足夠的輸出電壓。

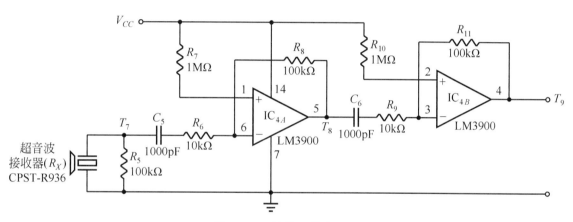

圖 12-15　接收、放大電路

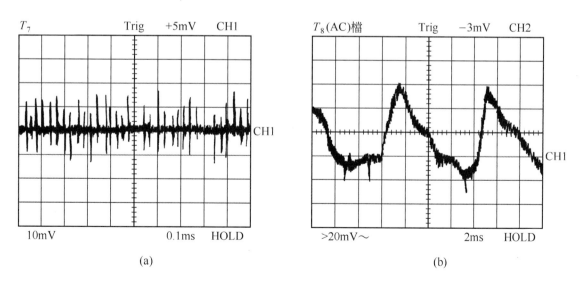

圖 12-16　測試端 T_7~T_9 波形

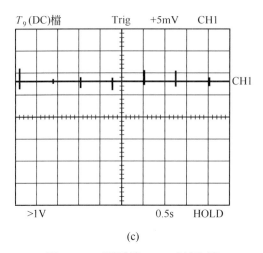

(c)

圖 12-16　測試端 $T_7 \sim T_9$ 波形(續)

　　C_5(1000pF)及 C_6(1000pF)分別為 IC_{4A} 及 IC_{4B} 的耦合電容器，放大器 IC_{4A} 的電壓增益，則由 R_8(100kΩ)及 R_6(10kΩ)所決定，同理放大器 IC_{4B} 的電壓增益，則由 R_{11}(100kΩ)及 R_9(10kΩ)所決定，由圖 12-16(a)(b)(c)測試端 $T_7 \sim T_9$ 波形中，可以看出 T_9 的交流信號中，已經將 T_7 的交流信號做兩級放大了，特別注意到圖 12-16(a) T_7 及圖 12-16(c) T_9，分別使用 10mV/cm 及>1V/cm 的垂直靈敏度。

2.　檢波緩衝及觸發電路

　　由圖 12-15 接收、放大電路輸出端 T_9，當信號輸入圖 12-17 中 C_7(1000pF)做信號耦合後，經由檢波元件 D_5 及 D_6(各為 1N60)及 C_8(1000pF)做整流濾波，以便取出如圖

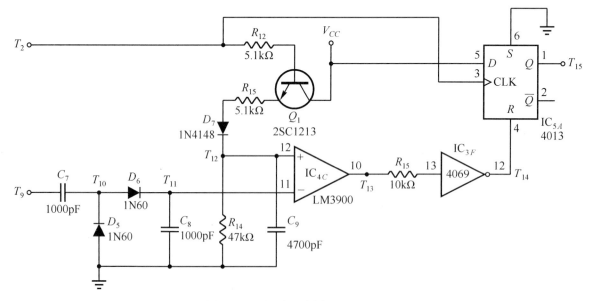

圖 12-17　檢波、比較及觸發電路

12-18(b)所示 T_{11} 的振幅之波封 (Envelop)，讀者可以比較圖 12-18(a)所示 T_{10} 接收波，以及經檢波後如圖 12-18(b) T_{11} 的波形。

　　而 IC_{4C}(1/4 LM3900)為一比較電路，做為發射電路信號端 T_2 與反射信號 T_{11} 的比較。當測距儀測量較短距離時，為了防止太早反射回來的信號，以致造成誤動作或干擾(本實習可以測量約 30cm ~100cm 之距離)，使用電晶體 Q_1(2SC1213)、R_{14}(47kΩ)及 C_9(4700pF)所組成的 RC，電路經由 R_{13}(15kΩ)、D_7(1N4148)做緩衝。

　　使用 IC_{3F}(1/6 4069)NOT 閘，用來觸發由 IC_{5A}(1/2 4013)所組成的 D 型正反器，以便做信號的儲存，T_{10}~ T_{15} 各點的波形圖如圖 12-18(a)~(f)而示。

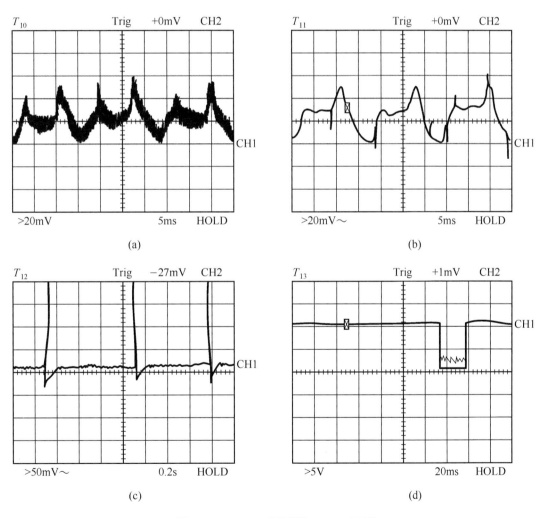

圖 12-18　(a)~(f)測試端 T_{10}~T_{15} 波形

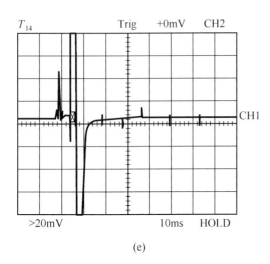
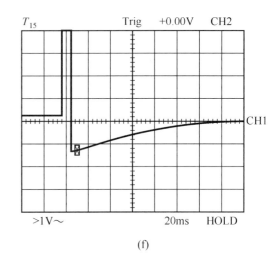

(e)　　　　　　　　　　　　　　(f)

圖 12-18　(a)~(f)測試端 T_{10}~T_{15} 波形(續)

12-3-3　指示電路

圖 12-11(b)或圖 12-20 指示電路，計分爲：(1)基準頻率電路　(2)觸發電路　(3)顯示電路，分述如下：

1.　基準頻率電路

　　IC_{6A}、IC_{6B} 及 IC_{6C}(各 1/4 4011)三個 NAND 閘，所組成的反相器，則做不穩多諧振盪器的輸出信號 T_{17}，其頻率爲 17.2kHz，T_{17} 爲測量時間差的基準頻率，由於在 25℃時，聲音的速度約爲 340m/s，在不同的溫度環境下，則要適度調整 VR_{2}(100kΩ)，使 T_{17} 的頻率爲當時聲音速度整數倍即可，17.2kHz 頻率可以依下式而決定

$$f = (100 \times V) / (2 \times 1\,\mathrm{cm}) \tag{12-4}$$

其中 V：約爲 344cm/sec。

2.　觸發電路

　　T_{15} 信號波形由於是取出超音波發射波與反射波來回的時間差 Δt，與基準頻率輸出端 T_{17} 經由 IC_{6D}(1/4 4011)做 NAND 動作後，由 T_{18} 輸出送到 IC_{8A}(1/2 4518)的第九支腳(CLK)，做時脈(clock)觸發。而 T_{15} 信號再另外經由 IC_{7A}、IC_{7B}(各爲 1/2 4538)做負端觸發($-T$)及正端觸發($+T$)，測試端 T_{17}、T_{18} 的波形如圖 12-19(a)(b)所示。

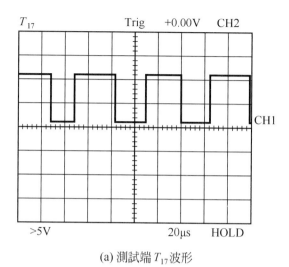

(a) 測試端 T_{17} 波形

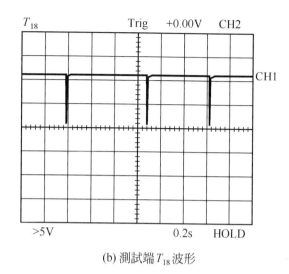

(b) 測試端 T_{18} 波形

圖 12-19

3. 顯示電路

　　圖 12-20 指示電路中，正、負觸發電路輸出端 IC_{7B} 第 10 支腳(Q)及 IC_{7A} 第 7 支腳($\overline{Q}$)，則分別加到 IC_{8A}、IC_{8B} 及 IC_{9A}(各為 1/2 4518)，其主要功能為二進制編碼十進制上數計數器(Dual BCD up counter)的重置(RST：Reset)及致能(EN：Enable)端。將信號儲存並重新計數，當信號受到 IC_{7A}、IC_{7B} 的觸發後，由 IC_{8A}、IC_{8B} 及 IC_{9A} 做上數計數的工作，送到 $IC_{11} \sim IC_{13}$(4511) 做 BCD 的解碼，並且驅動共陰的八字燈(或七段顯示器)，以便顯示以公分(cm)為單位測量的距離顯示值。

　　由於 IC_{8A}、IC_{8B} 及 IC_{9A} 是 BCD 的上數計數器，因此在執行三位數顯示時，要採用串級的方式，使用 IC_{10A}、IC_{10B}(各為 1/4 4011)將 $Q_0 \sim Q_3$ 為高電位時，也就是十進位的 9 時，逢 9 進 1 以達成十進制的顯示，排阻 1、2、3 分別使用 1kΩ×8 的規格，數量有 3 個。

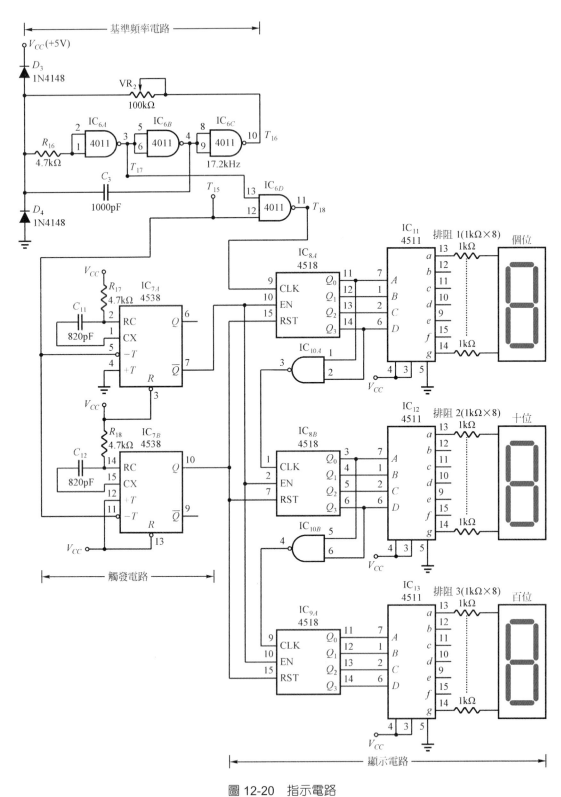

圖 12-20　指示電路

12-3-4　實際測試時應注意事項

1.　由於超音波測距儀電路是以量取時間差為基準,而時間又以測定回波之抵達為主,為了具有準確的測定回波功能,必須測定一個以上的回波才可以,因此所測量的音頻要盡可能的提高,才能得到較高的距離解析度。若使用 40kHz 超音波頻率 f,則解析度即為一個波長 λ,就有 $\lambda = V/f = 34000/40000 = 0.85$cm(25℃時,音速 $V = 340$m/s $= 34000$cm/s)。

2.　發射(T_X)與接收(R_X)元件需靠近,否則會產生基線誤差(Base line error),如圖 12-21(a) 則所測得的距離為 $D = D_P\sqrt{1-\left(\dfrac{d}{2D_P}\right)^2}$ (畢氏定理可知),即會得到較大之數值,若(D_P/d) >10 時,則 D 與 D_P 誤差會在 1%以內,會使接收器產生共振,影響較近反射波的接收。在圖 12-21(b)所示為本實習電路所使用之發射(T_X)及接收(R_X)元件實體外觀,編號分別為 CPST-T936(T_X)以及 CPST-R936(R_X)。

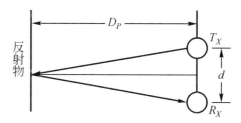

(a)發射(T_X)與接收(R_X)元件

(b)本實習電路所使用之超音波發射及接收元件實體外觀

圖 12-21

3.　測量的環境(例如溫濕度及氣壓等)對準確度影響很大,而測量範圍在 100cm 以外和 30cm 以內會有幾公分的誤差,若增大發射器的驅動力和接收器的振幅,就可將信號接收或發射到較遠的地方,即可偵測較長的距離,但是反射的波數增加,誤差產生的可能性就會相對增加。

12-4　電路方塊圖

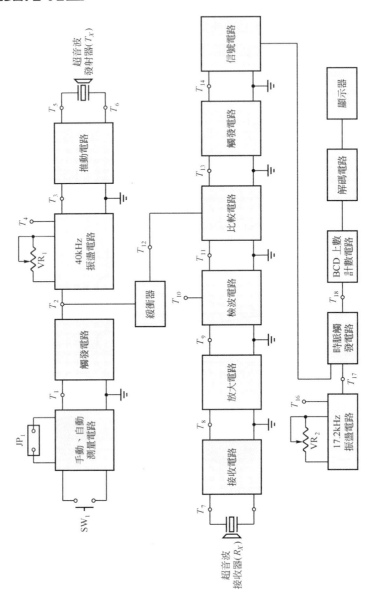

圖 12-22　圖 12-11 之(a)(b)超音波測距儀發射、接收及顯示電路方塊圖

12-5 | 檢修流程圖

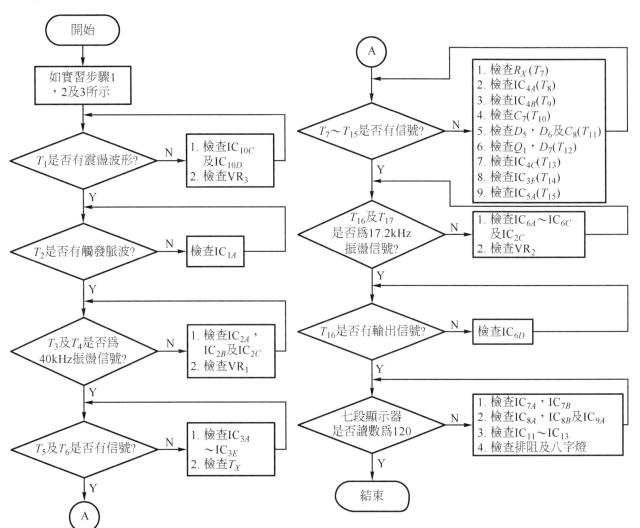

圖 12-23　圖 12-11 之(a)(b)超音波測距儀發射、接收及顯示電路流程圖

12-6 | 實習步驟

1. 如圖 12-11(a)(b)超音波測距儀發射、接收及顯示電路之裝配。

2. 超音波發射器(T_X)及接收器(R_X)如圖 12-21(a)(b)之擺設位置，T_X 與 R_X 相隔距離 d 約為 5 公分左右並將反射物置於約 80cm 的位置。

3. 將 JP_1 短路，以數位式儲存示波器(DSO)分別測量 T_1、T_2、T_3 及 T_4 端波形，並記錄於 圖 12-24 中。

4. T₃ 波形頻率是否為 40kHz？若不是則調整可變電阻 VR₁，使 T_3 為 40kHz。

T_1

Volt/div = _____   Sec/div = _____

(a)

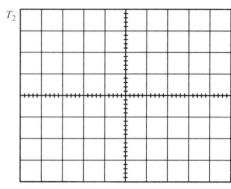

T_2

Volt/div = _____   Sec/div = _____

(b)

T_3

Volt/div = _____   Sec/div = _____

(c)

T_4

Volt/div = _____   Sec/div = _____

(d)

圖 12-24

5. 以 DSO 測量超音波發射器(T_X)兩端 T_5 及 T_6 分別對地的信號，分別記錄於圖 12-25 中。

T_1

Volt/div = _____   Sec/div = _____

(a)

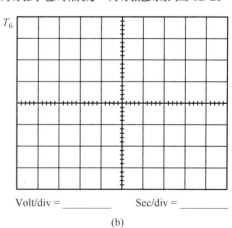

T_6

Volt/div = _____   Sec/div = _____

(b)

圖 12-25

6.　以 DSO 測量超音波接收器(R_X)R7 對地端，以及圖 12-11(a)下半部接收電路中 T_8、T_9、T_{10}、T_{11}、T_{12}、T_{13}、T_{14}、T_{15} 等端點對地端的波形，並分別記錄於圖 12-26 中。

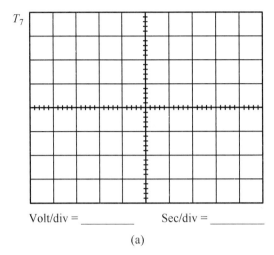

T_7

Volt/div = _____　　Sec/div = _____

(a)

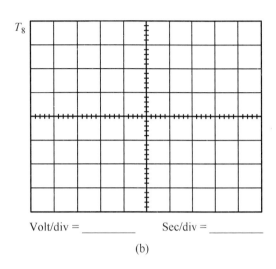

T_8

Volt/div = _____　　Sec/div = _____

(b)

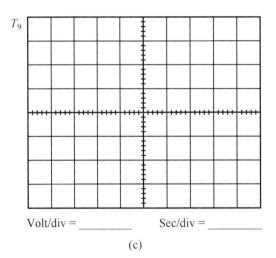

T_9

Volt/div = _____　　Sec/div = _____

(c)

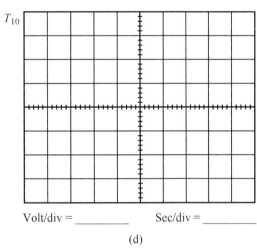

T_{10}

Volt/div = _____　　Sec/div = _____

(d)

圖 12-26

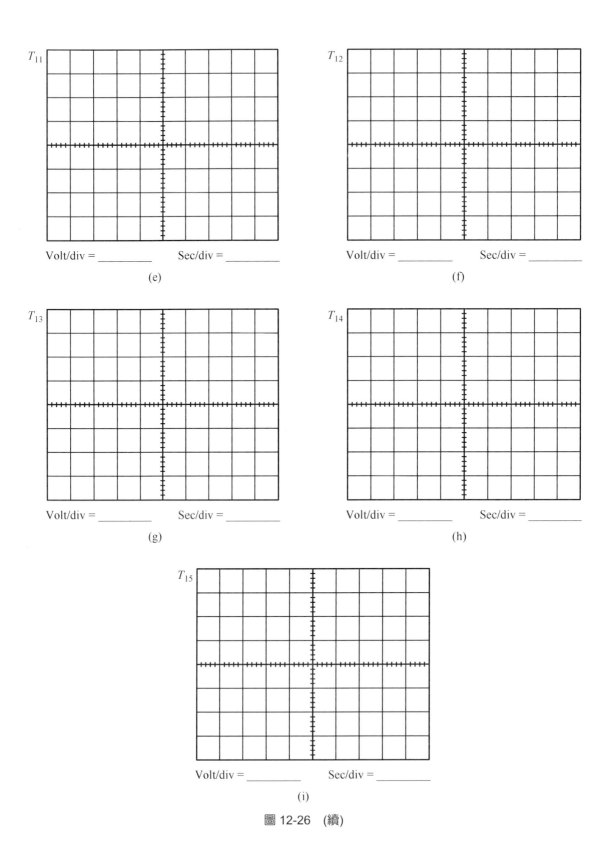

T_{11}

Volt/div = _____   Sec/div = _____

(e)

T_{12}

Volt/div = _____   Sec/div = _____

(f)

T_{13}

Volt/div = _____   Sec/div = _____

(g)

T_{14}

Volt/div = _____   Sec/div = _____

(h)

T_{15}

Volt/div = _____   Sec/div = _____

(i)

圖 12-26　(續)

7. 以 DSO 測量指示電路 T_{16}、T_{17}、T_{18} 各點對地波型，並分別記錄於圖 12-27 中。

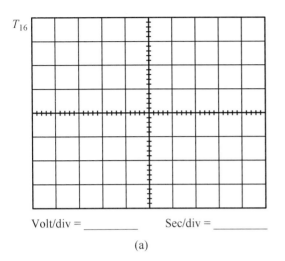

T_{16}

Volt/div = _____   Sec/div = _____

(a)

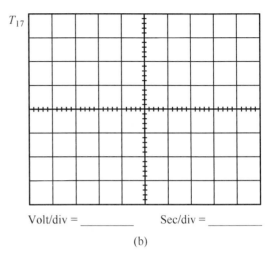

T_{17}

Volt/div = _____   Sec/div = _____

(b)

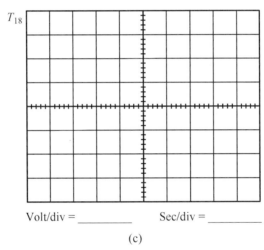

T_{18}

Volt/div = _____   Sec/div = _____

(c)

圖 12-27

8. 觀察八字燈(或七段顯示器)是否顯示為 80，若不是則調整可變電阻器 VR_2(100kΩ)，使顯示值為 80，顯示值誤差為 ±1 的數位讀數值，因此只要顯示值為 80 ±1 的範圍內都可接受。

9. 改變反射物與超音波發射器(T_X)與接收器(R_X)之距離，分別從 30cm 到 80cm 每格 5cm 取一測試點，並與顯示值做比較，求出誤差讀數，填入表 12-2 中。

表 12-2

距離(cm)	30	35	40	45	50	55	60	65	70	75	80
顯示值(cm)											
誤差值(cm)											

10. JP_1 開路，重複步驟 2，以人工手動方式按下 PB 測量開關，觀察八字燈(或七段顯示器)顯示值是否為 80？為什麼？

12-7 問題與討論

1. 何謂超音波(Ultrasonic waves)？
2. 有哪些因素，會造成超音波傳送速度的影響，試說明之。
3. 繪圖說明超音波感測器，三種檢出方式的配置方式，用途及特徵。
4. 超音波感測器中的發射器(T_X)及接收器(R_X)中，各自工作於何種型式的壓電效應？理由為和？
5. 超音波感測器有哪些種類？試加以說明之。
6. 繪圖說明自激式及他激式震盪電路的工作原理。
7. 繪圖說明超音波測距儀電路，在實際測試時應注意哪些事項？
8. 繪出超音波測距儀之發射、接收及顯示電路方塊圖。

Chapter 13

壓力感測器
(氣壓的測量應用)

13-1 實習目的

1. 認識壓力的定義。
2. 瞭解半導體壓力感測元件(應變計)的構造及特性。
3. 瞭解壓力感測元件動作原理。
4. 學習如何將壓力感測元件信號放大及測量。

13-2 相關知識

13-2-1 壓力的定義

　　壓力感測器係利用受壓元件之變形,來改變元件之電阻,例如應變計(Strain gauge)就是其中的一種。如圖 13-1 所示,當元件加以彎曲時,元件會因為變形而改變其電阻值。若能將此一電阻值的變化,並利用電量的方式加以偵測,就能夠轉換及測試到壓力之大小,因此,本感測器的重點則著重於如何有效率地將壓力轉換成變形的這一過程。壓力的定義我們可由(13-1)式了解,所謂壓力 P(Pressure)就是單位面積 A(Area)上所受的力 F(Force),因此壓力 P 是與所受的力 F 成正比,而與受力面積 A 成反比。

$$P(壓力) = \frac{F(力)}{A(受力面積)} \tag{13-1}$$

壓力或者又可以稱為「壓力強度(Pressure intensity)」,壓力的現象在日常生活中,的確是到處可見,所研究及探討的範圍也可以說是相當的寬廣,因此壓力的單位也就不勝枚舉,壓力隨著「受力」與「受力面積」的單位採用方法之不同,其值也不同。

1. 壓力常用的單位

    (1) $Pa(帕斯卡) = \dfrac{N(牛頓)}{m^2(平方公尺)}$ (Pascal)

(2) kPa(仟帕) = 10^3 Pa

(3) MPa(百萬帕) = 10^6 Pa

(4) bar(巴) = 100k Pa = 100000 Pa = 14.5psi

(5) mbar(毫巴) = 0.001 bar

(6) atm(大氣壓) = 760 mmHg = 14.69 Psi = 1033.6 cmHg = 1.013 bar(Atmosphere)

(7) Psi(磅重／平方英吋) = 1 lbw/in^2

   (註 psi：Pound per square inch，而 1 lb = 0.45359 kg , l bw：pound weight)

(8) Torr(托爾) = 1 mmHg(Torriclli)

(9) In．W(吋水) = 1.87 Torr

(10) Micron(邁庫龍) = 1μmHg

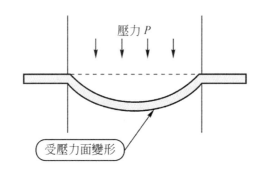

圖 13-1 壓力感測器係利用受壓力而變形之動作原理

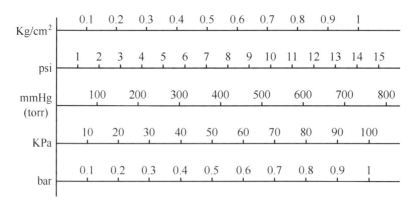

圖 13-2 壓力單位換算表

在 SI 單位系統中，壓力使用 N(牛頓)/m^2(平方公尺)爲單位，此一單位也稱做 Pa(Pascal)，也就是說 1 Pa = 1 N/m^2，由於 Pa 單位太小，因此一般常使用較大的量度單位 kPa(10^3 Pa)或 MPa(10^6 Pa)來表示之。而壓力的大小在英制單位中，壓力使用 lbw(磅重)/in²(平方英吋)來表示，通常寫成 Psi (Pound per square inch)。

　　在真空系統中，於低壓時，常用 Torr(托爾)做單位，1 個單位的 Torr 約為 133.3 Pa。由圖 13-2 壓力單位換表(Conversion table)中，可知 1 bar 約為 100 kPa，而 100 kPa 約為 14.5 Psi。壓力在測量時，所使用參考點或基準點使用的方法或使用標準不同時，其值就會有變化，對於一般測定系統而言，有兩個參考點，一個是絕對零點，另一個就是大氣壓力。

2.　壓力的幾種表示法

(1)　靜壓 P_s(Static pressure)：流體僅受重力而靜止時，其向四面八方均勻施力所產的壓力，如圖 13-3(a)所示。

(2)　動壓 P_d(Dymanic pressure)：流體因有速度而產生動能，此動能作用於與流體速度成垂直面上之壓力。

(3)　總壓 P_t (Total pressure)：作用於某面積上，其靜壓與動壓的總和，如圖 13-3(b)所示。

當流體流速為零時，

$$P_t = P_s \tag{13-2}$$

當流體具有流速時，

$$P_t = P_s + P_d \tag{13-3}$$

　　壓力的表示方式有所不同，其主要的原因是由於所選擇的基準點或參考點不同的緣故，壓力的名稱因而會有所不同，因此如圖 13-4 所示為壓力不同種類表示方法。

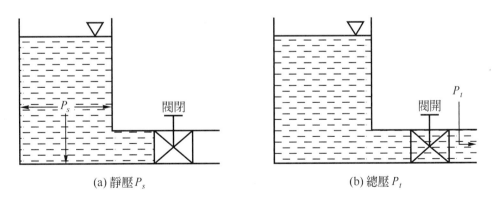

(a) 靜壓 P_s　　　　　　　　　　　　(b) 總壓 P_t

圖 13-3　流體之靜壓 P_s 與總壓 P_t

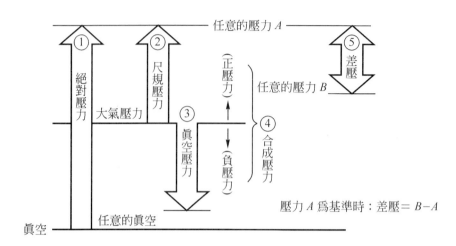

圖 13-4　壓力之種類

3. 壓力種類

(1) 絕對壓力(Absolute pressure)：以真空壓力為基準零點，英制常表大示為 Psia。

(2) 尺規壓力(Gauge pressure)：以當地之大氣壓力為基準零點，通常以高於大氣壓力多少稱之，而以 kg/cm^2 × G 來表示。所以，尺規壓力要換算成絕對壓力時，必須要知道這個時候的大氣壓力是多少，尺規壓力也可以稱為錶壓或計壓，英制單位表示為 Psig。

(3) 真空壓力(Vacuum pressure)：設定大氣壓力為零的表示方法，通常以低於大氣壓力多少稱之。而以真空壓力 kg/cm^2，或是負壓 kg × f/cm^2 等表示之。

(4) 合成壓力：同時包含尺規壓力(正壓)及真空壓力(負壓)的表示法，是以大氣壓力為中心，測量正壓力的正負變化者稱之，通常用 kg × f/cm^2 來表示。

(5) 差蹤(Differential pressure)：指兩壓力源間的壓力差，以 Psia 表示，若以其中的一方為基準，則用 kg × f/cm^2×D 來表示之。

除了以上所敘述的壓力表示法以外，其實還有不少的表示法，例如：Torr 用 mmHg×A 來表示等等，情形是非常特殊。而無論使用那一種表示法，都應選用與實際測量狀況符合者為佳，同時也應與壓力感測器的構造互相對應或匹配才可以。

13-2-2　應變計基本原理

應變計則有金屬體與半導體兩種，由於 IC 技術的進步，以及半導體壓力感測器之價格較便宜，金屬體壓力感測器元件，已經大部份被靈敏度很高的半導體元件所取代。

應變計因受壓力變形所引起的電阻變化，可由(13-4)式表之。

$$\frac{\Delta R}{R} = K\varepsilon = \left\{ (1+2\gamma) + \frac{\Delta\delta}{\delta} \right\} \varepsilon \qquad (13\text{-}4)$$

其中　　R：應變計之電阻

ΔR：因變形而引起之電阻變化量

K：應變靈敏度係數(Gauge factor)

ε：撓曲量

γ：帕松(Poisson)比(橫向變形係數)

δ：應變計之電阻率(Resistivity)

$\Delta\delta$：由變形所引起之電阻率變化

(13-4)式中$(1+2\gamma)$表示為電阻體之尺寸變化所產生的項目，而$\Delta\delta/\delta$為電阻率之變化所產生的項目。對於金屬體應變計而言，只會引起$(1+2\gamma)$之尺寸變化，應變靈敏度係數 K 最多大約為 2。而半導體應變計則為$(1+2\gamma)$以及$\Delta\delta/\delta$兩個項目都有，且由於壓電效應(Piezoelectric effect)的產生，以致於電阻 R 引起很大變化，使得 K 值大約在 100~150 之範圍內產生很大的變化。

13-2-3　擴散型半導體壓力感測器

圖 13-5(a)及(b)分別為擴散型半導體壓力感測器(P3000S 系列)的外形，有(a)尺規壓及絕對壓型以及(b)差壓型。一般在測定壓力 P 與受力 F 時，是使用測定施加在彈性體的壓力，而產生變形(Strain)的方法。所謂「彈性體」，我們大都會聯想到彈簧等的金屬，但是此處是使用以半導體為材料的擴散型半導體壓力感測元件，其構造如圖 13-5(c)所示。

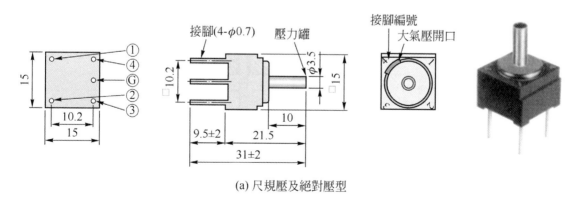

(a) 尺規壓及絕對壓型

圖 13-5　擴散型半導體壓力感測器，P3000S 的外形

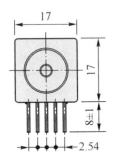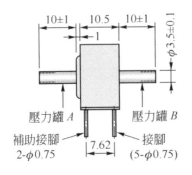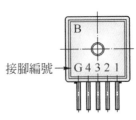

壓力罐 A　　　壓力罐 B

補助接腳　　接腳
2-φ0.75　　(5-φ0.75)

接腳編號

(b) 差壓型

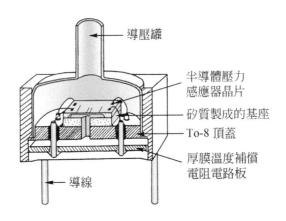

導壓罐

半導體壓力
感應器晶片

矽質製成的基座

To-8 頂蓋

厚膜溫度補償
電阻電路板

導線

(c) 擴散形半導體壓力感測器的內部構造

圖 13-5　擴散型半導體壓力感測器，P3000S 的外形(續)

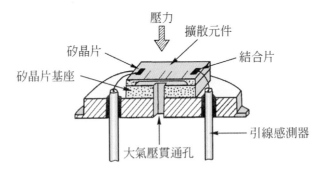

壓力　　擴散元件

矽晶片　　　　　　　　　結合片

矽晶片基座

引線感測器

大氣壓貫通孔

圖 13-6　擴散形半導體壓力感測元件截面構造

　　它是一種數 mm 的半導體晶片，受到壓力時會產生變形，如同膜片(Diaphragm)般的構造，也就是說，在數毫米的 N 型矽質基體上，以蝕刻方式將中央部份削除，僅留下約數十微米(μm：Micro meter)的厚度，這一個部份即當作膜片使用。此膜片與製造 IC 相同，使用不純物擴散，因而製造出應變計的電橋，當外在壓力變化時，利用壓電效應使電阻值產生變化，圖 13-6 爲擴散形半導體壓力感測元件截面構造。

13-2-4　擴散型半導體壓力感測器特性

在膜片的表面則選用硼(Boron)爲不純物擴散，形成 P 型電阻層，這部份就當作應變計使用功能。該應變計層則與 N 型矽質的膜片，形成 P-N 結合而有隔離效果，在 P 型電阻體的頂端則接上鋁視墊(蒸鍍層)。此 P 型電阻體各分配兩個在膜片的中央及邊緣的地方，並將其做成橋式連接，該四個 P 型電阻體，則如圖 13-7(a)所示，於橋式電路連接的條件下，其輸出電壓的溫度特性以及壓力特性，分別如圖 13-7(b)(c)所示。

圖 13-7(a)則是利用四個 P 型電阻體 R_1、R_2、R_3 及 R_4 等的電阻值及溫度特性比較後，各分爲兩對，一對爲 R_2 及 R_3，而另一對爲 R_1 及 R_4 一處於中央位置部份的 R_2 及 R_3，與在邊緣位置部份的 R_1 及 R_4 當受到壓力時，電阻值的變化正好是成相反方向的變化，主要是前者是"壓縮壓力"，而後者卻是"伸張壓力"

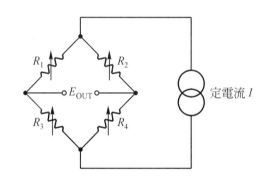

(a) 四個 P 型電阻體橋式電路連接

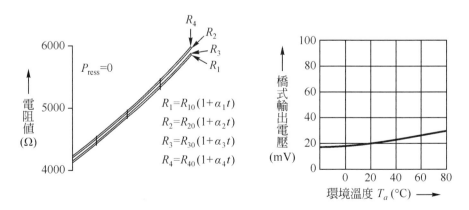

(b) 擴散型壓力感測器的溫度特性

圖 13-7

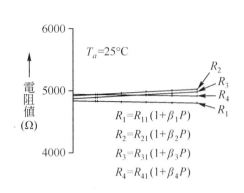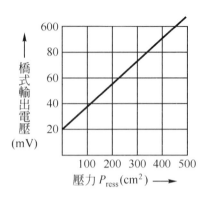

(c) 擴散型壓力感測器的壓力特性

圖 13-7　(續)

表 13-1 為 P3000S 系列擴散型半導體壓力感測器的規格表，不同的編號或型號測得的壓力不盡相同，如本實習所使用的編號為 P3000-102G 測得壓力為尺規壓力，而 P3000-102D 及 PS3000S-102A，則分別測得差壓及絕對壓力，從編號 102"G"、102"D"及 102"A"中可知分別代表為尺規(G：Gauge)、差(D：Differential)及絕對(A：Absolute)三個大寫英文字母的代號，從表 13-1 中，可知 P3000-102G 額定壓力為 1 kg/cm² 最大壓力 2 kg/cm²，精密度±0.25% FS(Full scale)，橋式不平衡 ±5mV，電橋電阻 4.7kΩ ± 30%等規格。

表 13-1　擴散型半導體壓力感測器(P3000S 系列)

測得壓力	尺規壓力		差壓		絕對壓力	
型號	P3000S-501G	P3000S-201G	P3000S-501D	P3000S-201D	P3000S-501A	P3000S-201A
額定壓力	0.5 kg/cm²	1 kg/cm²	0.5 kg/cm²	1 kg/cm²	0.35 kg/cm²	1 kg/cm²
最大壓力	1 kg/cm²	2 kg/cm²	1 kg/cm²	2 kg/cm²	1.05 kg/cm²	2 kg/cm²
精密度	±0.25% FS		±0.3% FS		±0.5% FS	
橋式不平衡	±5mV					
額定輸出	100±30mV				60 ~ 180mV	
電橋電阻	4.7kΩ±30%					
溫度飄移	±0.02% FS/℃，±0.04% FS/℃，±0.1% FS/℃				±0.04% FS/℃，±0.1% FS/℃	
適用流體	非腐蝕性流體					
外加電壓	1.5mA					
保證溫度範圍	0 ~ 50℃					
工作溫度範圍	−20 ~ 100℃					

13-2-5　擴散型壓力感測器溫度補償

　　在常溫 25℃左右的電阻質則約 5kΩ歐姆左右，溫度係數約為 3000PPM/℃，PPM(Parts per million)則為百萬分之一的單位表示法，受到壓力的電阻值變化量，約為 25,000PPM/FS。由此可知，應變計對於溫度與壓力的變化量相較，略嫌敏感。將所有的電阻器做橋式連接，依「理論而言」是不受溫度影響的。對壓力而言，靈敏度則為四倍。

　　事實上，四個電阻器的電阻則會有所誤差，因此會受到溫度變化，因而影響了電阻值。對於擴散型壓力感測器來說，溫度補償就不可欠缺了。圖 13-8(a)所示為具有代表性的溫度補償電阻 R_{C1} 及 R_{C2} 其一為將固定電阻器附加 R_{C1} 及 R_{C2} 在電路內減低對溫度的影響力，另一種則如圖 13-8(b)所示，利用電子電路所受溫度的變化量，相互抵消的方法。無論是使用那一種方法，具體而言，都必須對個別的感測器做溫度特性測試再加以補償，對於擴散型壓力感測器的使用普及化而言，溫度是它最大的致命傷。

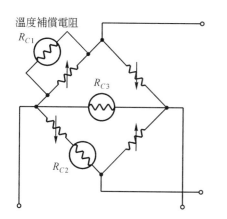

溫度補償電阻
R_{C1}
R_{C3}
R_{C2}

(a) 運用外加固定電阻作溫度補償的一個例子

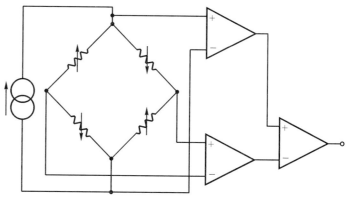

(b) 運用電子電路作溫度補償

圖 13-8　擴散型壓力感測器的溫度補償

13-2-6　壓力感測器組合電路

　　壓力感測元件在動作時，則需提供驅動電路給壓力感側元件使用，而驅動方式有定電壓 CV(Constant voltage)驅動法和定電流 CC(Constant current)驅動法兩種，由於這一類元件的輸出信號都很微弱，而且容易受溫度影響而產生偏差。因此感測器的電路設計工作相當麻煩，需特別注意到放大增益，零位準調整及感度調整等電路的工作特性。

　　偏壓方式雖有兩種方法，即定電壓和定電流二種驅動法，但由於橋式電阻受溫度影響很大，一般實用上都採用定電流來驅動，如圖 13-9(c)定電流驅動為一例。

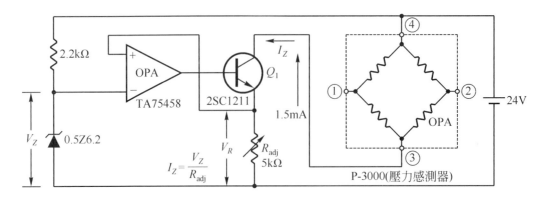

(a) OPA 與功率電晶體組合的電路

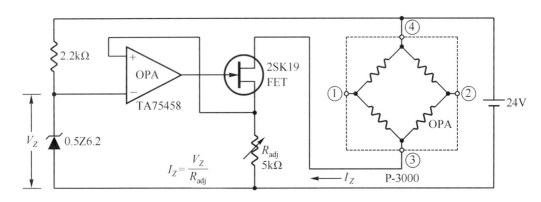

(b) OPA 與 FET 組合的電路

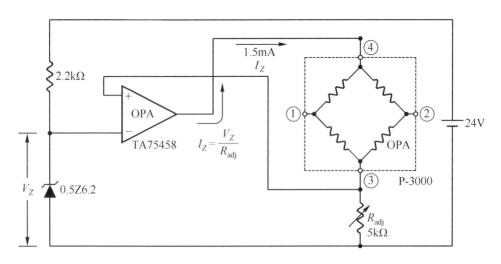

(c) 一只 OPA 構成的電路

圖 13-9　壓力感測器之偏壓電路例

　　圖 13-9 為各種不同壓力感測器組合電路，分述如下：

1. OPA 與功率電晶體：圖 13-9(a)為 OPA 和功率電晶體 Q_1(2SC1211)的組合電路，Q_1 電晶體是用來放大電流的，稽納二極體(0.5Z6.2)提供參考電壓 V_Z，於 R_{adj} 輸出電阻器與緩衝器(Buffer)OPA 之間。由於 R_{adj} 兩端的電壓 V_R 等於 V_Z，所以輸出電流 $I_Z = (V_Z/R_{adj})$，也就是說 I_Z 可以隨著 R_{adj} 的值而改變，因此只要調整 R_{adj} 即可以設定定電流 I_Z 電流值。

2. OPA 與 FET：圖 13-9(b)為 OPA 與 FET(2SK19)的組合電路，其電路原理與圖 13-9(a) 相同，都是在 OPA 的回授迴路(Feed back loop)上，加入 FET(2SK19)，藉以吸收溫度漂移的成份，使得輸出端對電路的影響降到最少，圖 13-9(b)較圖 13-9(a)電路效果為佳。

3. 一只 OPA 構成定電流源：由圖 13-9(a)(b)中，可知輸出電流 I_Z 會隨 R_{adj}，而改變，而圖 13-9(c)只使用一只 OPA 當緩衝器，產生 $I_Z = 1.5$ mA 的定電流源(Constant current source)，適用於低偏壓電流的壓力感測器電路中。

　　市面上類似的組合電路很多，尤其是如圖 13-9(c)所示的定電流源電路組合最多，但是有些組合電路中，由於溫度係數太大，並不適合用於壓力感測電路的偏壓用途，因此不得不慎選，以下針對定電流元件的特性做一分析。

　　當精密需求度高的時候，由於溫度係數產生的影響比較大，所以請不要使用如圖 13-8(a)(b)由電晶體或 FET 所組合而成的定電流元件，在此推薦國際半導體公司(NS：National semiconductor)，所發表的一種三支接腳可調式電流源組合而成的定電流元件，其編號為 LM 334。圖 13-10 中二極體(1S1588)則作外部補償，藉以減輕溫度影響，其溫度係數則如圖 13-10 中，顯示為實驗所得到的數據，此性能的電路可以當作簡單的定電流電源，在要求高精密度(High precision)的情況下，就要加以詳細考慮每一個 LM334 及二極體 1S1588 的誤差值再給予補償。

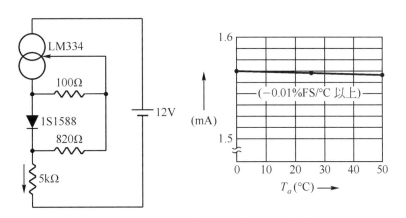

圖 13-10　三接腳電流元件的溫度補償

當使用定電流電路時，須考慮定電流動作時的最高電壓。若以表 13-1 中 P3000S 電橋電阻為例，經由校正過的 1.5 mA 定電流驅動時，電橋電阻在 25℃時為 4.7kΩ ± 30%，其溫度係數若為 +0.3%/℃時，在 0～50℃溫度條件下，最壞的狀況時的最高電壓為：

$$4.7 \times (1 + 0.30) \times (1 + 0.003 \times 25) \text{ k}\Omega \times 1.5 \text{ mA} = 9.85 \text{V} \qquad (13\text{-}5)$$

由(13-5)式計算過程中，可知定電流動作範圍，將不可超過這個上限電壓值 9.85V 的限制。

13-3　電路原理

圖 13-11 為壓力轉換電路，使用氣壓量測的一個應用例，分別要使用到如圖 13-19 壓力測定方法，以及圖 13-20(a)數位壓力測定器(或同等品)，以及圖 13-20(b)(c)所述的裝置，藉以進行對壓力感測元件 P3000S-102G 量測尺規壓力的量測應用，並經由圖 13-11 的輸出端 T_7，以數字式複用表(DMM：Digital multi-meter)做壓力-直流電壓的變化測量。

圖 13-11 由測定電路、儀表大電路、差動電路及零調整電路所組成，R_1(10kΩ)、IC_1(TL431)產生 T_1 為 2.5V 的參考電壓，並使經過 R_2 (1.6kΩ)的電流約為 l.5mA 左右。

由於壓力感測元件的輸出電壓 T_3 與 T_4 端的輸出電壓很小，約為 100mV 左右，且壓力感測元件是以電橋電路構成的，故輸出端 T_3 與 T_4 是以電位差的型式出現。

以上所述部份為壓力測定電路的 T_3 與 T_4 電位差輸出，由於測定電路中，驅動電流成份包含在信號電流內，因此若測定電路 T_3 與 T_4 端，直接將壓力感測元件的電橋電路，直接接到差動電路 IC_3(TL081)時，其電橋電路輸出與差動輸入端形成並聯狀態，會產生負載效應(Load effect)，如此將使電路輸出特性劣化，也就是說電橋的輸出阻抗約為 5kΩ，則會影響差動電路的工作輸出特性。

因此本電路從測定電路的輸出電位差端 T_3 及 T_4，不直接加入 IC_3(TL081 或同等品)，而使用兩個非反相放大器 IC_{2B} 及 IC_{2C}(1/4 LM324)，組合成具高輸入阻抗作用的儀表放大電路，並使用 VR_1(50kΩ)加以調整。圖 13-11 整個電路壓力轉換電路的總增益，以及使用可變電阻器 VR_2 (10kΩ)、R_9 (10kΩ)、R_{10} (10kΩ)則做 T_5 的零調整電壓，以便做為壓力感測元件在壓力平衡時，使輸出電壓端 $T_7 \fallingdotseq 0$V，而 IC_{2D}(1/4 LM324)做為 T_5 與 T_6 端緩衝器用途。

IC_3(TL081)為一差動放大電路，將 V_1' 及 V_2' 兩端電壓的"差"加以放大，故稱之為"差"動放大電路，放大電路的增益是由 R_7 (100kΩ)與 R_5 (10kΩ)以及 R_8 (100kΩ)與 R_6 (10kΩ)來決定的。

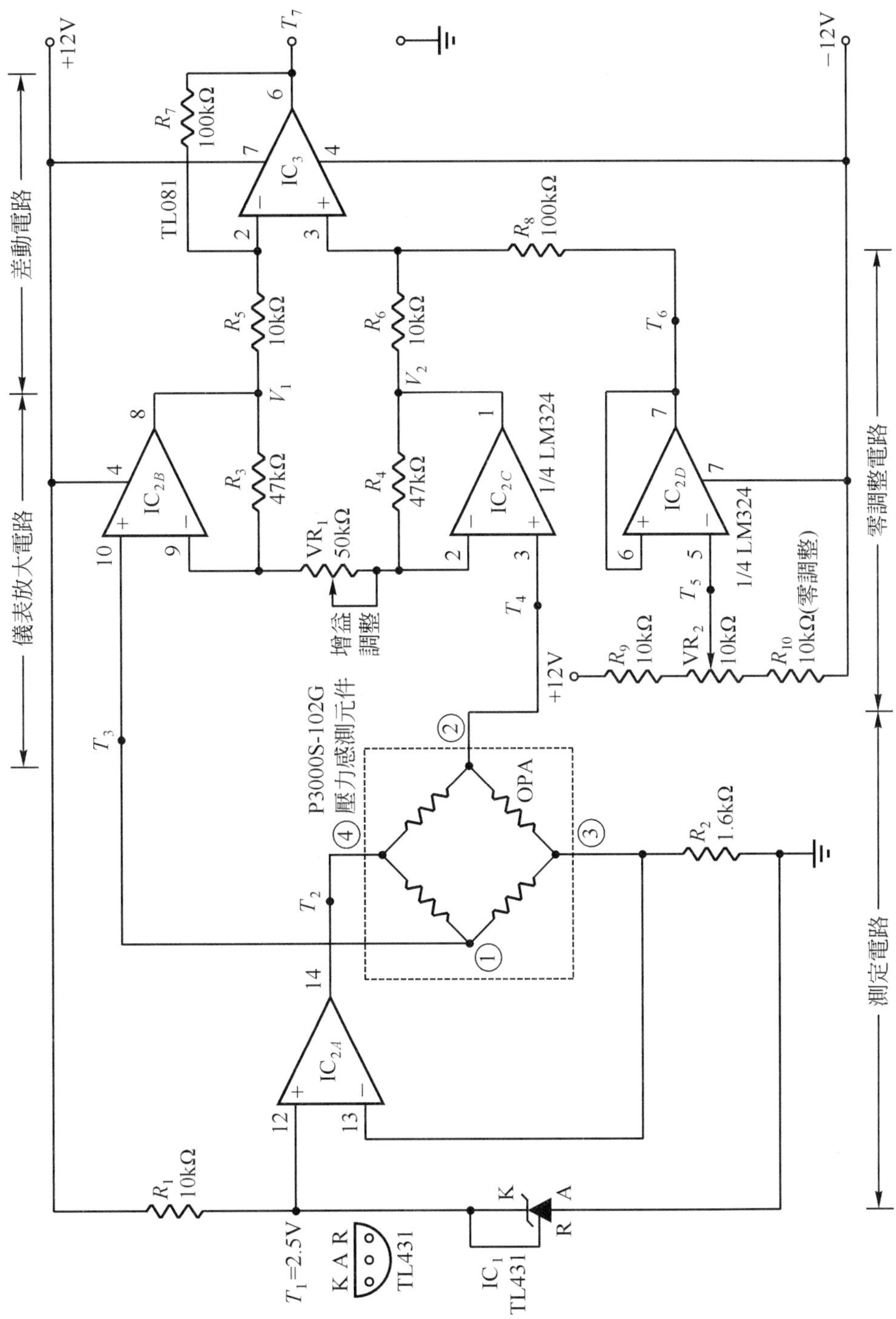

圖 13-11　壓力轉換電路(氣壓量測應用)

13-3-1 壓力測定電路

圖 13-12 為壓力測定電路，在本實習中所使用的壓力感測元件為型號 P3000S-102G 的壓力感測元件，它有編號分別為①②③④等 4 支端子，其內部的等效電路則如圖 13-13(a) 所示。從表 13-1 中可知 P3000S 系列的擴散型半導體壓力感測器中，型號為 P3000S-102G 所測得的壓力是屬於尺規壓力。也就是以測得高於當地大氣壓力的數值或量的一種測定方法，其額定壓力(Rating pressure)為 1 kg/cm²，所適用的流體是非腐蝕性的氣體。

R_1(10kΩ) 及 IC$_1$(TL431)用以產生 T_1 為 2.5V 的參考電壓，而以 IC$_{2A}$(1/4 LM324)構成一定電流源，使流過 R_2(1.6kΩ)的電流 I，約為 1.5mA(亦即 2.5V/1.6kΩ≒1.5mA)的低偏壓電流值。因此圖 13-12 壓力測定電路是使用定電流驅動法，如此可使 P3000S 壓力感測元件裏面的應變計，比較不會受到周圍溫度變化的影響。

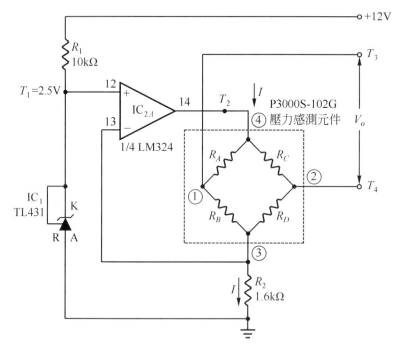

圖 13-12　壓力測定電路

P3000S 壓力感測元件內部的等效電路，則如圖 13-13(a)所示，定電流源 I 為 1.5mA，從端子④經過 P3000S 本體元件再到端子③，當壓力感測元件受壓時，則在端子①及端子②兩輸出端點 T_3 與 T_4 間有一輸出電壓 V_o。圖 13-13(a)內部的等效電路如圖 13-13(b)所示的惠斯頓電橋(Wheat stone bridge)等效電路，而圖 13-13(c)為壓力與輸出電壓 V_o 的特性曲線。

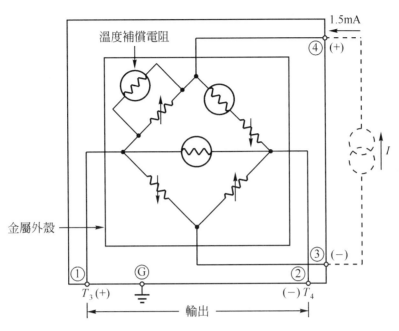

(a) 壓力感測元件內部的等效電路

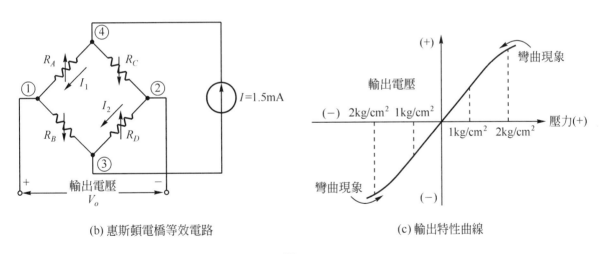

(b) 惠斯頓電橋等效電路　　　　　(c) 輸出特性曲線

圖 13-13

圖 13-13(b)輸出電壓 V_o 與定電流 I 的關係如下：

$$V_o = I_1 R_A - I_2 R_D \tag{13-6}$$

$$I_1 = I \times \frac{R_C + R_D}{(R_A + R_B) + (R_C + R_D)} \tag{13-7}$$

$$I_2 = I \times \frac{R_A + R_B}{(R_A + R_B) + (R_C + R_D)} \tag{13-8}$$

(13-7)式及(13-8)式代入(13-6)式

$$V_o = I \times \frac{R_B \times R_C + R_A \times R_D}{R_1 + R_2 + R_3 + R_4} \tag{13-9}$$

由圖 13-12 及表 13-1 當中，可知當定電流 I 在應變計 R_A、R_B、R_C 及 R_D 流過時，對於壓力感測元件 P3000S-102G 而言，只要在額定的 1 kg/cm² 壓力範圍內，都可以如圖 13-13(c)壓力一輸出電壓特性曲線中，得到線性變化的輸出電壓 V_o，當超過 1 kg/cm² 而小於最大壓力 5 kg/cm² 範圍時，則特性曲線不為直線變化而稍微有彎曲之現象。

由表 13-1 可知 P3000S 系列的電橋電阻為 4.7 kΩ ± 30%，當 1.5mA 的電流 I 流動時，電橋兩端的電壓分別為

$$V_o = 1.5\text{mA} \times 4.7\text{k}\Omega = 7.05\text{V} \tag{13-10}$$

最差的狀態(若不考慮溫度度數時)

$$V_o = 1.5\text{mA} \times (1 + 0.3) \times 4.7\text{k}\Omega = 9.165\text{V} \tag{13-11}$$

圖 13-13(a)是利用四個應變計電阻體 R_A、R_B、R_C 及 R_D 的電阻值，以及溫度特性經比較後分為兩對，在中央部份配置的 R_B 及 R_C 與在邊緣配置的 R_A 及 R_D，受到壓力時，電阻值的變化剛好相反，此乃由於前者所受到的是壓縮應力，而後者是伸張應力的結果。

13-3-2　儀表及差動放大電路

壓力感測器一般可區分為接著型與擴散型兩種，所謂接著型是在金屬網框(Diaframe)上直接擺放應變計量規(Strain-gauge)，其特點為構成簡單且具有高精確度的壓力測量，但此種應變計量規的裝配不易，無法大量生產，為其缺點。

而擴散型則是使用 IC 製造技術的延伸，所以可以比較容易的大量製造，因此成本也隨之降低，成為目前壓力感測器的一股主流。而且，輸出電壓也比接著型大。但是如果完全不配合放大器的使用，輸出電壓仍然不足以達到可實用的目標，所以應再配上運算放大器 OPA(Operational amplifier)作高增益的放大。

圖 13-14 為壓力感測器放大電路例子，而圖 13-14(a)為使用一個 OPA 的差動放大電路，其增益 A_V，由(13-12)式決定

$$A_V = \frac{V_o}{(V_2 - V_1)} = \frac{R_f}{R_A} = \frac{R_C}{R_B} \tag{13-12}$$

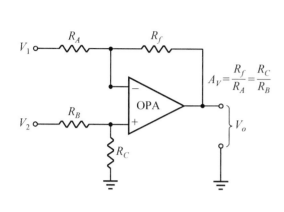

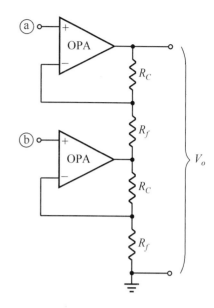

$$A_V = \frac{R_f}{R_A} = \frac{R_C}{R_B}$$

(a) 一個 OPA 之電路　　　　　　(b) 兩個 OPA 之電路

圖 13-14　壓力感測器之放大電路例

在圖 13-14(b)中是由兩個 OPA 所構成的差動放大電路，電壓增益

$$A_V = \frac{R_C}{R_f}$$
(13-13)

圖 13-14(b)兩個 OPA 與圖 13-14(a)一個 OPA 的電路互相比較下，電路的輸入阻抗可以大大的提高，而且電路設計的彈性更大，電壓增益 A_V 的設定也較容易。

　　圖 13-15 爲本實習電路所採用的使用 3 個 OPA 的理想電路，由 IC_{2B}、IC_{2C}(1/4 LM324) 所構成的儀表放大(Instrumentation amplifier)及 IC_3(TL081)的差動放大(Differential amplifier) 兩個電路所組成的，電壓增益 A；可由以(13-14)式求得：

$$I = (V_2 - V_1)/VR_1$$
(13-14)

$$V_1' = V_1 - IR_3 = V_1 - 2\left[(V_2 - V_1)/VR_1\right] \times R_3$$
(13-15)

$$V_2' = V_2 - IR_4 = V_2 + 2\left[(V_2 - V_1)/VR_1\right] \times R_4$$
(13-16)

當 $R_3 = R_4 = 47k\Omega$

$$V_2' = (V_2 - V_1) + 2\left[(V_2 - V_1)/VR_1\right] \times R_3 = (V_2 - V_1) \times \left(1 + 2\frac{R_3}{VR_1}\right)$$
(13-17)

當 $R_5 = R_6 = 10\text{k}\Omega$，且 $R_7 = R_8 = 100\text{k}\Omega$ 時，

$$V_o = \frac{R_7}{R_5}(V_2' - V_1') = \frac{R_7}{R_5}(V_2 - V_1)\left(1 + 2\frac{R_3}{\text{VR}_1}\right) \tag{13-18}$$

$$A_v = \frac{V_o}{V_2 - V_1} = \frac{R_7}{R_5}\left(1 + 2\frac{R_3}{\text{VR}_1}\right) \tag{13-19}$$

可變電阻器 $\text{VR}_1(50\text{k}\Omega)$ 做爲 IC_{2B}、$\text{IC}_{2C}(1/4\ \text{LM324})$ 儀表放大電路的增益調整用途，由於 $R_3(47\text{k}\Omega)$ 與 $\text{VR}_1(50\text{k}\Omega)$ 跟共模拒斥比(CMRR：Common mode rejection ratio)幾乎完全無關，因此從(13-18)式中，只要注意 $R_7(100\text{k}\Omega)$ 與 $R_5(10\text{k}\Omega)$ 兩個電阻元件即可。由於圖 13-15 中具三個 OPA 電路的輸入阻抗非常高，所以可以不要太在意圖 13-12 壓力測定電路中，壓力感測元件 P3000S-102G 的內阻所引起的負載效應所引起的問題，這種性能良好的儀表放大及差動放大電路，常常使用於較精密或性能優越的放大電路中。

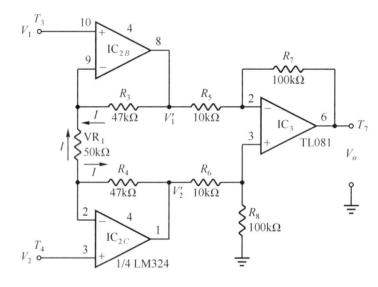

圖 13-15 具三個 OPA 所構成的理想電路

13-3-3 零調整電路

零調整電路則是利用零調整可變電阻 $\text{VR}_2(10\text{k}\Omega)$，將偏移電壓施加至圖 13-11 中 $\text{IC}_3(\text{TL081})$ 的 T_6 端，由於這種偏移電壓的阻抗必須很低才可以，故使用如圖 13-16 零調整電路 $\text{IC}_{2D}(1/4\ \text{LM324})$ 做電壓隨耦器(Voltage follower)的緩衝器用途，如此一來才可以製作出低阻抗的偏移電壓。

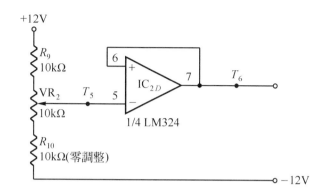

圖 13-16　零調整電路

13-3-4　零調整電路的使用

　　一般而言，零調整的作用，是在如圖 13-17 零調整電路中，將直流電壓 E 經零調整可變電阻器 VR_1 調整其分壓，以便在儀表放大及差動放大電路中的 P 點加上偏移電壓，主要的目的是降低 P 點的阻抗。電阻 R_2 是決定整個放大電路，輸出信號電壓 V_o 同相信號比值的電阻，對於差動放大的運算放大器 OPA 而言，不僅會使整個差動放大電路的雜訊特性變差，同時同相信號通過的成份也會造成差動放大電路的輸出電壓 V_o 產生漂移。

　　因此如圖 13-17 零調整電路中，在直流電壓 E 上面，使用可變電阻器 VR_1 加以調整 P 點的偏移電壓，以便在差動放大電路中加上偏移電壓，則可以消除 OPA 輸出電壓 V_o 的漂移現象，以及防止差動放大的運算放大電路特性產生劣化的現象。可變電阻器 VR_2 主要的用途，是做爲 OPA 輸出電壓 V_o 的偏移調整用途。

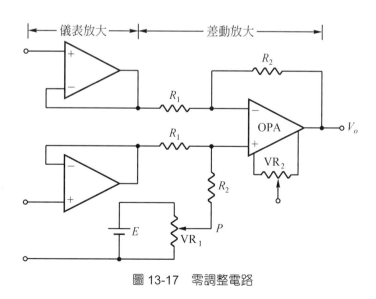

圖 13-17　零調整電路

13-3-5　靈敏度調整電路的使用

　　如圖 13-18 所示為靈敏度調整電路，當調整可變電阻器 VR_1 時，除了會改變定電流源 I 的值，同時會稍稍改變整個電路的總增益。若所選用的擴散形壓力感測器，其內部由於含有自我溫度補償功能的元件，在選用了該元件製造商所建議的定電流源 I_1 的電流值以後，若再加以任意調整 VR_1，則定電流 I 的值與製造商所建議的 I_1 會有所不同，因此會使感測器的特性會稍微改變。

　　因此可變電阻器 VR_1，都使用於不具自我溫補償功能的壓力感測器中，而如圖 13-11 本實習所使用的壓力感測元件(P3000S-102G)，其恆流源則由固定電阻 R_2 (1.6kΩ)所供給，這一電流源 I 不可調整，而為固定值。因此在一般壓力感測放大電路中，大都使用如圖 13-18，可變電阻器 VR_2 藉以改變儀表放大及差動放大電路增益的方法，加以改變電路的靈敏度，但是卻不會影響壓力感測器的特性。

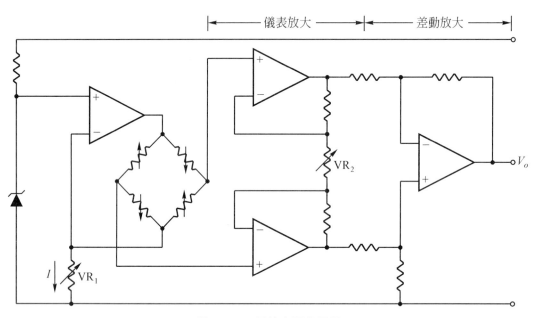

圖 13-18　靈敏度調整電路

13-3-6　壓力測定方法

　　圖 13-11 壓力轉換電路中，是使用壓力感測元件編號為 P3000S-102G，做尺規壓力的測定，該元件額定壓力為 1 kg/cm² 而最大壓力為 5kg/cm²。本實習壓力測定所使用的方法非常簡單，是如圖 13-19 所示。使用一般硬質塑膠注射筒與壓力感測元件結合在一起，當沒有空氣壓力施加到注射筒的活塞時，由於注射筒內的內壓與注射筒外的大氣壓力相等，因此從圖 13-11 的測試端 T_3 與 T_4 之間所測量到的兩端輸出電壓差為零，將注射針筒的活塞向

內壓或者是向外拉時，使得注射筒內的內壓產生變化，也就可以從壓力感測元件 T_3 與 T_4 端之間得到線性的輸出電壓。

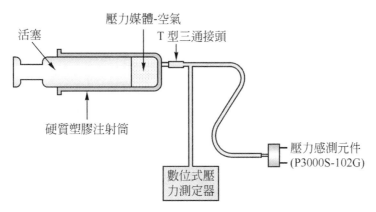

活塞
壓力媒體-空氣
T 型三通接頭
硬質塑膠注射筒
數位式壓力測定器
壓力感測元件
(P3000S-102G)

圖 13-19　壓力測定方法

　　圖 13-11 壓力轉換電路的 T_7 輸出端，其直流電壓的校正，可以利用圖 13-19 壓力測定方法，再配合使用如圖 13-20(a)市面上所販售之數位式壓力測定器(或同等品)，以及如圖 13-20(b) T 型三通接頭做壓力的測定方法，而圖 13-20(c)左圖為硬質塑膠注射筒之實體圖，其右圖為經過本實習測定後，利用以圖 13-20(a)的數位式壓力測定器讀數值，分別再記錄於注射筒的刻度上所呈現出的比較圖片。

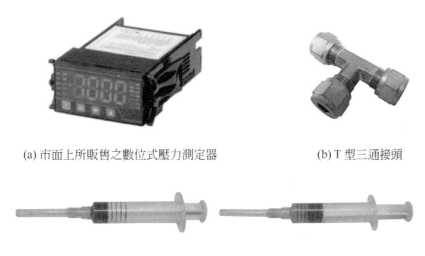

(a) 市面上所販售之數位式壓力測定器　　　　　　　(b) T 型三通接頭

(c) 實習前後注射針筒有無壓度之比較

圖 13-20

13-4 電路方塊圖

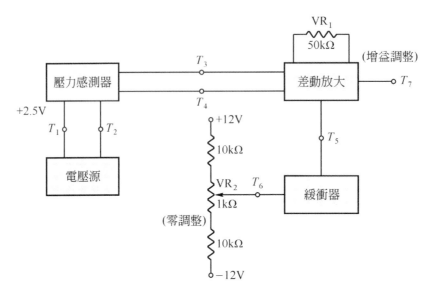

圖 13-21　圖 13-11 之壓力轉換電路方塊圖

13-5 檢修流程圖

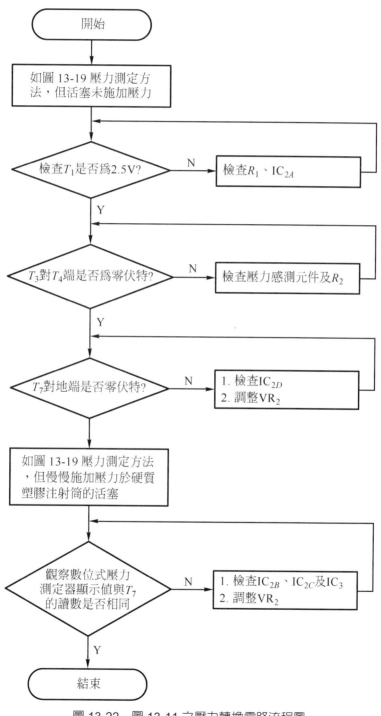

圖 13-22　圖 13-11 之壓力轉換電路流程圖

13-6 實習步驟

1. 如圖 13-11 壓力轉換電路圖之裝配。

2. 將數字式複用表(DMM)置於直流電壓檔(DCV)，並連接 DMM 輸入端的正端於圖 13-11 的 T_3 端，負端於 T_4 端。

3. 再使用另一台 DMM 並置於 DCV 檔，輸入正、負兩端分別連接於 T_6 及地端，並測量 T_1 是否為 2.5V？

4. 再如圖 13-20(a)數位式壓力測定器(或同等品)連接到如圖 13-19 壓力測定方法中的 T 型三通接頭。

5. 當圖 13-19 壓力測定方法中，硬質塑膠注射筒尚未被施加壓力時，則數位式壓力測定器的讀數值為零，而 T_3 對 T_4 端以及 T_7 對地端應為零伏特，為什麼？。

6. 記錄數位式壓力測定器讀數值 = _____，T_3 對 T_4 端 = _____V，T_7 對地端 = _____V。

7. 若 T_7 對地端的直流電壓不是趨近於零伏特，則調整 VR_2(1kΩ)零調整可變電阻使 T_7 對地端 ≒ 0V。

8. 記錄 T_5 端 = _____V，T_6 端 = _____V。

9. 慢慢施加壓力於硬質塑膠注射筒的活塞，一面觀察數位式壓力測定器顯示值與 T_7 的讀數是否相同，若不是則調整 VR_1(50kΩ)。

10. 重複調整如步驟 7～9 使符合於步驟 7 及步驟 9 之要求。

11. 調整數次後若顯示均相等後，分別記錄數位式壓力測定器的讀數值從 0～1.0kg/cm² 的變化，並將 T_3 對 T_4 端以及 T_7 對地端所測得的電壓記錄於表 13-2 中。

表 13-2　壓力單位換算表

壓力錶(kg/cm²)	0	0.1	0.2	0.3	0.4	0.5	0.6	0.7	0.8	0.9	1.0
顯示值											
$T_3 \sim T_4$ (V)											
T_7 (V)											

13-7　問題與討論

1. 壓力感測器的動作原理爲何？
2. 定義下列壓力常用單位：(1)Pa(Pascal) (2)atm (3)Psi(Pound per square inch) (4)Torr (5)Micron。
3. 對於一般的測定系統而言，有哪兩大參考點？
4. 壓力有哪三種表示法，試說明之。
5. 何謂尺規壓力(Gauge pressure)、眞空壓力(Vacuum pressure)？
6. 應變計(Strain gauge)當遭受壓力變形時所引起的電阻變化，可以由哪幾項係數決定？
7. 繪圖說明擴散型半導體壓力感測器，四個 P 型電阻體：(1)橋式電路連接方式 (2)動作原理。
8. P3000S 系列擴散型半導體壓力感測器中，編號 102G、102D 及 102A 分別代表何種意義？
9. 對於擴散型壓力感測器而言，有哪兩種溫度補償方式？
10. 繪圖說明定電流源(Constant current source)電路，於壓力感測器偏壓電路之動作原理。
11. 繪圖說明壓力測定電路之動作原理。

Chapter 14

類比/數位轉換電路
(ICL7107 及 ICL7109 的應用)

14-1 實習目的

1. 瞭解類比／數位轉換電路的轉換方式。
2. 瞭解雙重分型 A/D 轉換器動作原理。
3. 熟悉編號為 ICL7107 及 ICL7109 ADC 的使用。
4. 熟悉 ICL7107 及 ICL7109 的應用及測試電路。

14-2 相關知識

　　一般我們所談到的電壓、電流信號是類比(Analog)形式的，也就是說它們在某一個特定測定範圍內，相關的數值以內是連續性(Continuous)的變化，然而在數位裝置系統中，由於信號是數位式(Digital)的，只有在兩個位準之一，而以二進制的"0"或"1"來做代表。

　　假如在某些場合，要將這些類比式的連續性電壓或電流信號，諸如代表溫度、壓力或者是位置等，其類比式電壓或電流值，加以作數位式的運算或顯示時，就要使用到類比／數位轉換電路(ADC：Analog to digital converter)加以數位化了。

　　由類比轉換成數位的 ADC 轉換當中，轉換的方式大約有下列幾種：

1. 雙重積分型
2. 逐次比較型
3. 電荷平衡型
4. 比較隨耦型
5. 脈波循環型
6. 並聯比較型

　　除了部份 IC 外，幾乎所有 CMOS 的 IC 所構成的 ADC，是利用「雙重積分型」以及「逐次比較型」來完成的，主要的原因是雙重積分型對於雜訊免疫力(Noise immunity)非常好，而逐次比較型，則可同時獲得很快的變換速度以及高精確度，限於篇幅之限制，以下僅就雙重積分型 A/D 轉換器加以說明之。

14-2-1　雙重積分型 A/D 轉換器

如圖 14-1 所示為雙重積分型(Dual integration) A/D 轉換器的方塊圖，這種 A/D 轉換器，基本上是一種輸入電壓值 V_1，對於輸出計數脈波數目 N 的轉換原理。把未知的輸入電壓 V_1 與已知的基準電壓 V_{REF} 經過積分後，計算出它的斜率(Slope)，再加以由控制邏輯產生相對應之脈波寬，以便於特定的時間讓時序脈波通過，再經過計數器，加以計算通過時序脈波的數目，為其主要的過程。

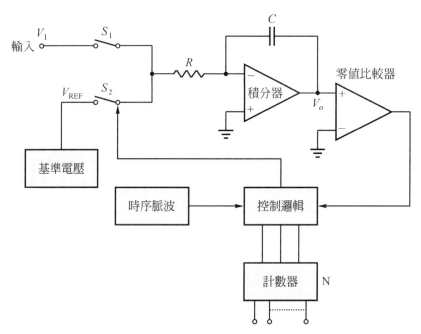

圖 14-1　雙重積分型 A/D 轉換器的方塊圖

於圖 14-1 中，最初 S_1、S_2 是處於 OFF 的狀態，此時積分器的輸出 V_o 變成只有一點點的正，而計數器是重置(Reset)的狀態，接著當輸入信號 V_1，導致開關 S_1 導通之後，積分器的輸出 V_o 產生負方向的斜波(Ramp)信號，當此斜波信號經由零值比較器使信號變成負，計數器開始計數，且時序脈波(Clock pulse)也開始計算。

直到計數器計數至 2^n (於 n-bit A/D 轉換器的場合)時，開關 S_1 被關閉 OFF，同時使 S_2 處於導通 ON 狀態，利用已知的基準參考電壓 V_{REF}，產生正方向的斜波信號，在積分器的輸出抵達零電位之前，仍然繼續計數，此時計數器的內容，則將未知的類比輸入的數字量顯示出來。

　　雙重積分型的特點，是在單一時間常數時，適用雙重的斜波，所以時序或積分電路的基本特性，是用除算的方法及效應，使得 A/D 轉換精確度不受影響，而且由於將輸入信號 V_i，使其成為積分的轉換，所以對於與信號相同模態的正常雜訊，則具有強烈的吸收力，這是它最大的特點。

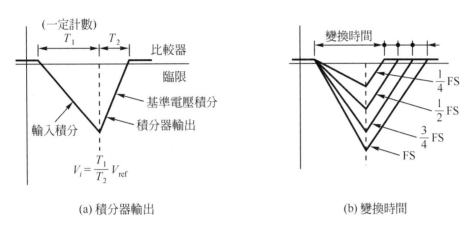

(a) 積分器輸出　　　　　　　　(b) 變換時間

圖 14-2　A/D 轉換器

　　圖 14-2(a)(b)所示為雙重積分型的 A/D 轉換器的積分器的輸出與變換時間的關係，對於這種方式的雜訊去除比 NMNRR(Normal mode noise rejection ratio)，則如(14-1)式

$$NMNRR(dB) = 20\log\left(\frac{\pi \times f_i \times T_s}{\sin \pi \times F_i \times T_s}\right)$$
$$= 20\log\left(\pi \times f_i \times T_s\right) - 20\log\left(\sin \pi \times f_i \times T_s\right) \tag{14-1}$$

其中　　f_i：輸入雜訊頻率
　　　　T_s：積分時間

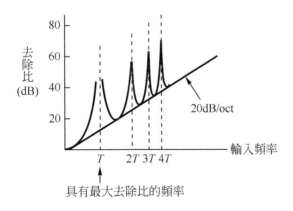

圖 14-3　雙重積分型 A/D 轉換器雜訊去除特性

在(14-1)式的第 1 項 $\log(\pi \times f_i \times T_s)$ 是表示 6dB/OCT(20dB/dec)的 1 次濾波器型，而第 2 項 $\log(\sin\pi \times f_i \times T_s)$ 是表示將 f_i、T_s 以整數選用之，變成帶拒濾波器(帶域除去)，圖 14-3 表示雙重積分型 A/D 轉換器的雜訊去除的特性。

14-2-2　具有自動歸零積分型 A/D 轉換器

前述的雙重積分型 A/D 轉換器，尚有一個大問題存在，那就是積分用途的運算放大器的偏移(Offset)電壓，此偏移電壓反映出 A/D 轉換的精確度所出現零點的誤差，要解決此問題，就要在 A/D 轉換前先測出積分放大器本身的偏移電壓後，再給與修正即可。當測出雙重積分型的偏移電壓後，其修正方法有兩種，分別是將偏移成分的類比式蓄積電容器，或數字式的往上計數器儲存等兩種方法。

此處所要介紹的是 Intersil 公司，則以蓄積電容器的方法應用例，圖 14-4 所示是其中一個例子，具有 4½ (4 位半：19999 顯示)分解能力的 IC，A/D 轉換器則利用編號 8052A 及 7103A 配對 IC 元建所構成。

8052A 是基準電壓源，由於含有 OP AMP 等元件，故利用 BI-FET 來實現，但是類比開關與邏輯計數器之類型的電路，則是使用 C-MOS IC，由 Intersil 公司所生產的 7103A 來完成的。

在圖 14-4 所示的電路，校正偏移週期，也就是所謂「自動歸零週期」是在 A/D 轉換之前實行之，那就是在 7013A 的 $SW_1 \sim SW_6$ 等 6 個類比開關之中，SW_1、SW_2 是導通者，使得與 V_{ref} 充電，SW_3 導通之後，將積分器與比較器的電路，變更成增益為 1 的開環(Open loop)回路，所以此時在電容器 C_{AZ} 被 OP AMP 與比較器的偏移電壓所充電。

等到充電結束時，SW_1、SW_2 及 SW_3 是處於關閉的狀態之後，才是真正進入 A/D 轉換週期，將輸入信號積分的第 1 週期 SW_4 是導通，而在第 2 週期是根據第一週期的輸出信號的極性，來使 SW_5 或是 SW_6 導通，然後將這段期間內的變換時間加以計數之。

此 A/D 轉換器，是在自動歸零週期與第 1 積分週期，進行 10000 計數值，而在第 2 積分週期進行 20000 計數值，所以使用 120kHz 的時序信號的場合，一定要有 333ms 的轉換時間。

而 Intersil 公司所生產編號為 ICL7107 的 A/D 轉換器 CMOS IC，就是這種具有自動歸零電路功能的轉換器。

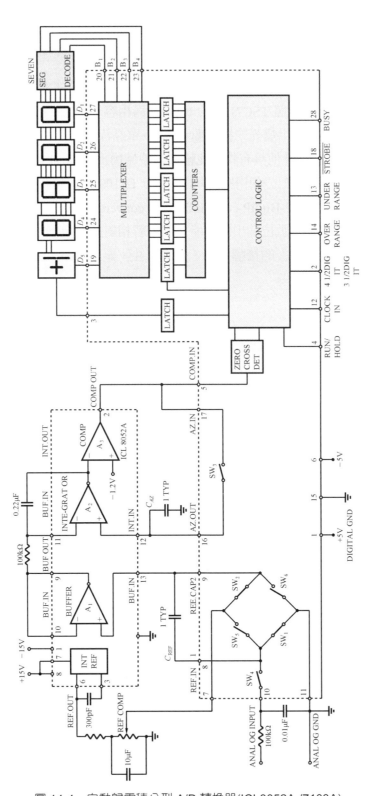

圖 14-4　自動歸零積分型 A/D 轉換器(ICL8052A /7103A)

14-3 電路原理

常用的 A/D 轉換器的 CMOS IC，則爲 Intersil 公司所生產的編號爲 ICL7107、ICL7109 的積體電路，但 ICL7107 與 TSC7107 的 IC 編號爲相容。

ICL7107 爲具有三位半發光二極體顯示用途，單晶片類比／數位轉換器(3½ - Digit LED songle-chip A/D converter)，他具有將類比輸入信號轉換爲 0000~1999 的計有 2000 個 "十進位"(Decimal)位數計數的數位輸出顯示功能。而 ICL7109 則爲具有 12 位元，可與微電腦相容的類比／數位轉換器(12-Bit μP-compatible A/D converter)，他具有將類比輸入信號轉換爲 12 位元 "二進位(Binary)"數位輸出的功能，因此若相對於十進制的話，則爲 $2^{12} = 4096$。

以下僅就這兩個 ADC 的接腳功能、基本特性、類比電路、數位電路及使用方法等，以及原理加以說明之。

14-3-1 ICL7107

ICL7107 是一般市售最流行，常用且價錢便宜的 A/D 轉換器，只要從類比輸入端加入類比電壓(Analog voltage)，就可以輸出數位信號(Digital signal)，其顯示數目能力的範圍爲 −1999 到+1999，至於此輸出顯示數目，所代表的輸入電壓大小，應從當時參考電壓、分壓等各種因素加以考慮。

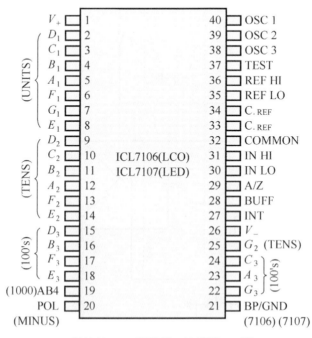

圖 14-5 ICL7107 3½ 數位的 A/D 轉換器，注意第 21 腳 BP/GNG 表示此腳在 ICL7106 做 BP 腳使用，而 ICL7107 時做 GND(接共同線)使用

　　圖 14-5 所示爲 ICL7107 的完整接腳圖，共有 40 支接腳，此積體電路爲 CMOS 製成，爲 3½ 數位的雙斜率(Dual slope) A/D 轉換器，下面我們將詳細介紹各接腳的功能，及其外接不同零件時，應考慮的因素及其大小數值的決定方式。

1.　正電源 V_+ (第 1 腳)，負電源 V_- (第 26 腳)及接地腳(或共同點)GDN

　　　　正電源對接地端，最多只能高出 6V 的範圍值，而負電源對接地端最大不能超過 $-9V$，而正電源對負電源的差值最大爲 $6 - (-9) = 15V$，如不包括推動 LED 端的電流時，V_+ 最大的供給電流爲 1.8mA，而 V_- 最大的供給電流亦爲 1.8mA。實際上在使用此電路時，如果沒有負電源可以獲得時，可以利用如圖 14-6(a)所示電路得到負電源($V_-=-3.3V$)，也就是將 OSC3 接腳的振盪輸出，經過反相器的電流放大，二極體(1N914)與電容(10μF)的整形及濾波而得，在下面列的條件下，可另外使用單組的正電源(+5V)：

(1)　輸入信號能夠被參照爲共模(Common mode)範圍的中心。

(2)　輸入信號在±1.5V 之間。

(3)　利用外接的參考值，參考值的設定則如圖 14-6(b)所示。

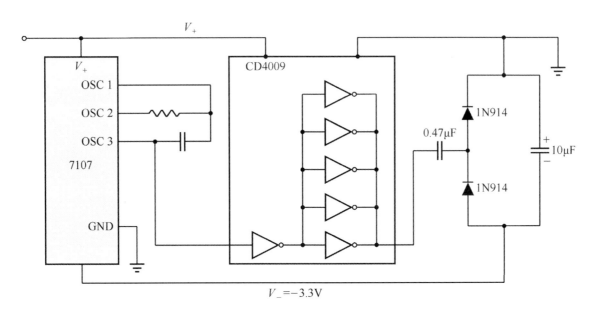

(a) 由+5V 電源產生負電源的方式

圖 14-6　特別電源處理方式

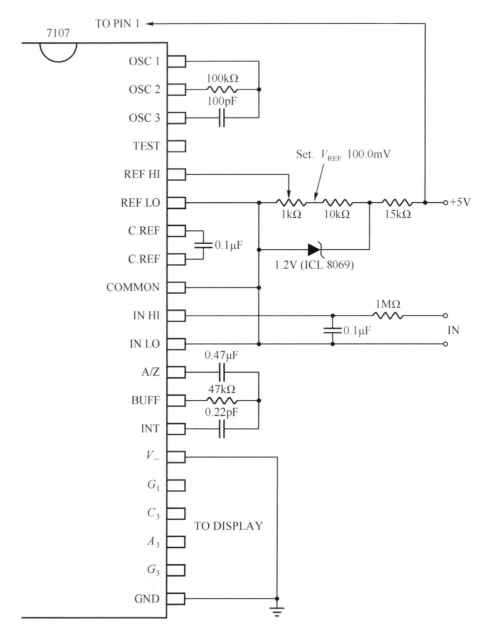

(b) 利用單電源+5V，但必須利用外接參考電壓

圖 14-6　特別電源處理方式(續)

2.　BUFFER(第 28 腳)及(第 27 腳)

　　此兩支腳應外接一組電阻 R_{INT} 及電容 C_{INT} 元件，如圖 14-7 所示為 ICL7107 內的類比電路方塊圖，它是做為內部積分器(INTEGRATOR)的 RC 迴路，當輸入電壓為 2V 滿刻度時，R_{INT} 接 470kΩ，如果輸入電壓為 200.0mV 滿刻度時，R_{INT} 則使用 47kΩ，

而 INT 所外接的電容(INT 在每秒讀 2 次的速度下)值，以 0.22μF 電容值最為適當，如
每秒讀 3 次以上，則此電容可加大一點。

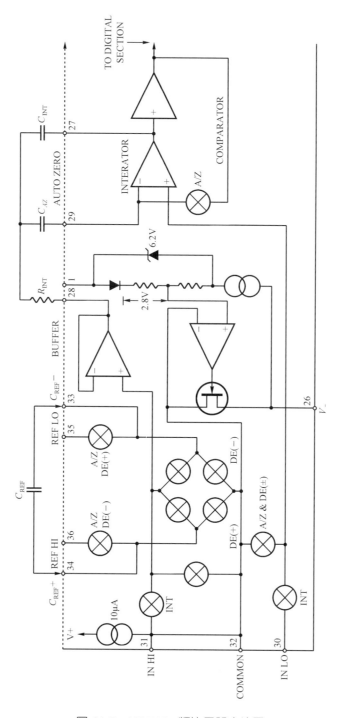

圖 14-7　ICL7107 類比電路方塊圖

3. AUTO ZERO(第 29 腳)

此腳外加電容的主要作用，是當輸入信號為 0V 時，數位顯示亦輸出 0000 的讀數值，在±2V 滿刻度時，此電容外接 0.047μF 最為適宜，而在±200mV 滿刻度時，此電容外接 0.47μF 為宜。

4. C_{REF}^{+}(第 34 腳)與 C_{REF}(第 33 腳)

一般的用途方面，此兩腳之間則連接一個 0.1μF 的電容器。

5. REF HI(第 36 腳)及 REF LO(第 35 腳)

此兩腳用以設定此電路的參考電壓，在這個電路裡，若 V_{in} 為輸入電壓，V_{ref} 為參考電壓，輸出電壓讀數值則為 $1000(V_{in}/V_{ref})$，這兩輸入端 REF HI 及 REF LO 即是用以設定參考電壓 V_{ref}，而兩端之接法，分別如圖 14-8(a)(b)(c)所示。此 V_{ref} 的電壓可在 V^{+} 與 V 間的任意值，實際上的選法分別如下所述：

(1) 如要輸出滿刻度電壓為±200.0mV，此兩端輸入電壓為 100.0mV。

(2) 如要輸出滿刻度電壓為±2.000mV，此兩端輸入電壓為 1.000mV。

(3) 如要輸出滿刻度電壓為某一個特定值時，此兩端亦應接一特定值。如輸入 0.682V 的電壓，要在輸出滿刻度為±200.0mV 而顯示值為 199.9mV 時，此兩輸入端的參考電壓該設定為 0.341V。

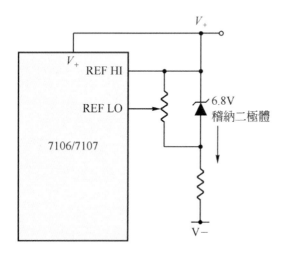

(a) 輸入為固定電壓 100.0mV 或 1.000V

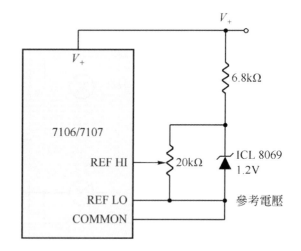

(b) 輸入為固定電壓 100.0mV 或 1.000V，但 REF LO 與 COMMON 端接在一起

圖 14-8

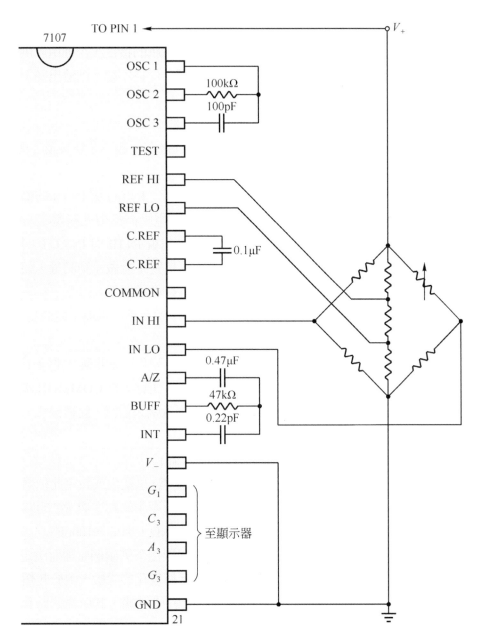

(c) 輸入電壓可為任意值，以滿足實際需要

圖 14-8　(續)

讀者應特別注意如圖 14-8(c)所示參考電壓的接法，不但可任意改變輸出顯示值的刻度，最主要的一點是可以使輸出顯示值比較穩定，也就是不受電源電壓 V_+ 變化的影響。假如因為電源電壓 V_+ 的稍微上升，此電橋的輸出(即 IN HI 及 IN LO)的輸入亦會上升，但此時輸入參考電壓 V_{ref} (即 REF HI 及 REF LO)的輸入亦會上升，如此一來，

此兩個上升電壓的效果會互相抵消。在具有高穩定度的輸出顯示裝置需求時，如溫度或擴散型壓力感測實驗裝置，就需利用此種參考電壓的接法，否則由於供給電源電壓 V_+ 的變動或不穩定，即使是感測量度，如溫度壓力保持不變，則輸出顯示裝置也會做不正確的改變。

6. COMMON(第 32 腳)

　　COMMON 腳有三種接法，即：①與 IN LO 接在一起，②空接及③與 GND 接在一起，現在將其不同接法的功能分述如下：

(1) COMMON 與 IN LO 接在一起，在此種接法下，IN LO 與 IN HI 的輸入信號，可為任何差動的信號，也就是說總輸入信號的電壓高低與此積體電路的電源電壓 V^+ 無任何關係，此電路的作用只是測量輸入信號 IN HI 與 IN LO 的「差值」。

(2) COMMON 空接：此時 IN LO 與 IN HI 輸入信號不能做差動測量，如需做差動測量時，IN LO 必須接地(及連接到第 21 腳的 GND 端)。

(3) COMMON 接 GND 時，則此時電路只能處理顯示正電壓而不能測量負電壓。

7. IN LO(第 30 腳)IN HI(第 31 腳)

　　此兩端測量信號的輸入端，其輸入電壓之大小變化，除非輸入電流小於 $\pm 100\mu A$，否則輸入電壓不能大於供給該 IC 的電源電壓 V_+。注意，當 COMMON 端不與 IN LO 連接在一起時，IN LO 必須接 GND，否則不能測量輸入信號，此種接法，參考圖 14-9 所示。

8. OSC1(第 40 腳)，OSC2(第 39 腳)及 OSC3(第 38 腳)

　　此三支腳必須外接電阻 R 及電容 C 或石英晶體，以產生或設定此積體電路內所需的計數頻率，此種接法，如圖 14-10 所示，其中所產生的頻率與 RC 的關係，可以使用公式 $f = 0.45/RC$ 代表之，如 $f = 48kHz$，$R = 100k\Omega$，則 $C = 100pF$。

　　至於設定頻率的大小與什麼因素有關呢？是根據下列兩個原則而決定的：

(1) 每秒讀值的次數：也就是說每秒鐘輸出顯示值變化的次數，由於此類比／數位轉換器每當轉換一次，即將類比信號轉換成數位信號，其所需的時鐘脈波(Clock pulse)為 16000 次，如果外加振盪頻率 f 為 48kHz 時，則每秒的轉換次數即為：$48k\Omega/16000 = 3$ 次，如果 f 為 $60k\Omega$，則每秒的轉換次數即為 $60k\Omega/16000=3.75$ 次。

(2) 雜訊問題：此積體電路之雙斜率(Dual slope)A/D 轉換器最大特徵，是當輸入電壓在積分期間，每當有電路線(Power line)的 50Hz 或 60Hz 電源頻率雜訊混入時，如果能促使雜訊的平均值為零，就不會產生 A/D 轉換所產生的誤差。因此如果要使輸入雜訊的平均值為零，則轉換時鐘脈波的頻率應為電力線頻率 50Hz 或 60Hz 的整倍數，例如電力線頻率為 60Hz，則轉換器頻率應為 240kHz、120kHz、60kHz、

48kHz 等，如電源線為 50Hz，則轉換器頻率應為 200kHz、100kHz、50kHz、40kHz 等等。根據統計，人類一般的視覺，對每秒轉換次數為 2 至 3 次的速率最能接受，故這就是我們 OSC1、OSC2 及 OSC3 設定的電力系統頻率為 60Hz 時則設定為 48kHz，而電力系統為 50Hz 時則設定為 40kHz 的主要原因。

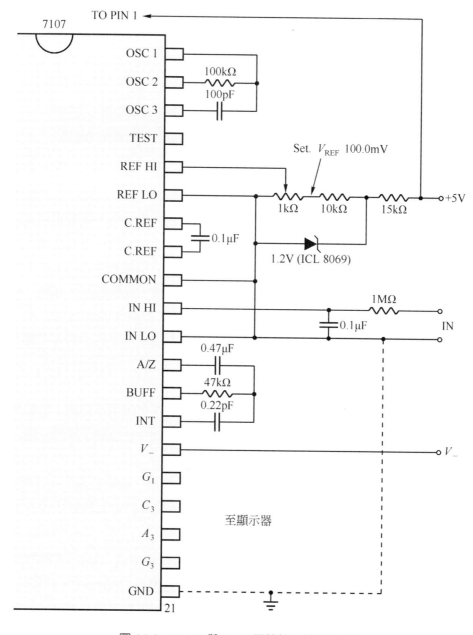

圖 14-9　IN LO 與 IN HI 兩端輸入信號的接法

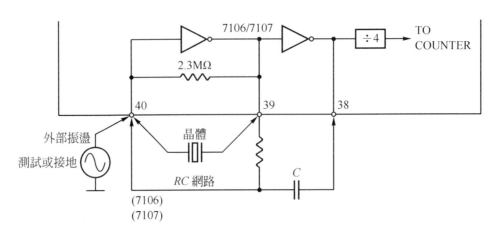

圖 14-10　OSC1，OSC2 及 OSC3 的輸出端電阻 R 與電容 C 之接
法，而第 39 腳及第 40 腳間有時可以石英振盪器代替之

9.　輸出數字顯示接腳(由第 2 腳至 19 腳，22 腳至 25 腳)

　　　此等輸出甚為簡單，只要將這些接腳接到對應的 LED 七段顯示的輸入腳即可，
參考圖 14-5 中標明 UNITS 的 A_1，B_1，C_1，D_1，E_1，F_1，G_1，即分別接到圖 14-11 中
個位數的七段顯示 a，b，c，d，e，f，g 輸入端(七段顯示器採用共陰極)，而圖 14-5
中標明 TENS 的 A_2，B_2，C_2，D_2，E_2，F_2，G_2，即分別接到圖 14-11 中十位數七段顯
示器 a，b，c，d，e，f，g 輸入，其他情況依此類推。此種接法，如圖 14-11 所示，
所應特別注意，如輸入電壓超出其滿刻度電壓(如在 2.000V 滿刻度時，輸入電壓超過
1.999V)，其個位，十位及百位數輸出皆會變為 0 而熄滅，即表示輸入電壓已超過其容
許範圍值。

10.　POL(第 20 腳)

　　　此腳應接正或負號指示，用以顯示輸出電壓的正負值指示用途，當輸出電壓為負
值時，此腳輸出高電壓，此腳連接圖 14-11 的千位數的七段顯示器的 g 輸入端。

11.　TEST(第 37 腳)

　　　在正常動作，此腳應為空接，如果此腳加 V₊電壓，則數位輸出全部變為 1，即顯
示–1888。此種作用主要目的是用以檢查個位、十位及百位七段顯示器以及負值等指
示是否有接錯的狀況。

　　　綜合上述的說明，如需滿刻度電壓為±2.000V，取樣頻率為 48kHz(即每秒讀取資料 3
次)的條件時，其電路則如圖 14-12 所示，如需滿刻度電壓為±200.0mV，只要將第 28 腳的
外接電組從 470kΩ 變成 47kΩ，而第 29 腳外接電容由 0.047μF 改為 0.47μF，然後再改變輸
入參考電壓(即第 35 與第 36 間接腳電壓)改成 100.0mV 即可。

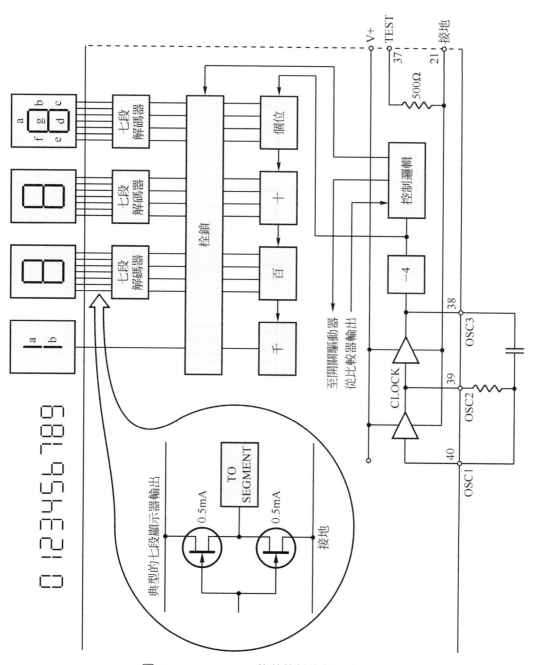

圖 14-11　ICL7107 的數位輸出部分方塊圖

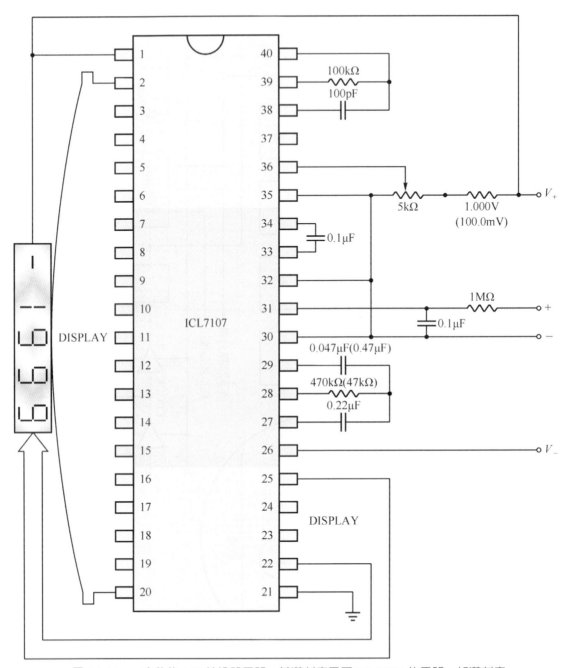

圖 14-12 一完整的 A/D 轉換器電路，其滿刻度電壓 ±2.000V 的電路，如滿刻度
電壓為 200.0mV，則第 28.29.36 角的外接值改用括號內數值即可

14-3-2 ICL7109

ICL7109 與 ICL7107 在 A/D 轉換部分基本原理大致上都相同，這一點我們可以從圖 14-7
所示的 ICL7107 類比電路方塊圖中，以及圖 14-14 所示的 ICL7109 類比電路方塊圖中，以

及圖 14-14 所示的 ICL7109 類比電路方塊圖中，可以得到印證。兩者比較不同的是數位電路部份，圖 14-11 所示為 ICL7107 的數位輸出部份方塊圖，數位輸出顯示部份是以 0 ～ ±1999 的二進制編碼十進制(BCD：Binary code decimal)顯示方式，而圖 14-15 所示為 ICL7109 的數位輸出部分方塊圖，數位輸出信號是以二進制(Binary)的 12 個位元(bits)，從 $B_1 \sim B_{12}$ 做二進制的輸出，這 12 個位元的二進制組合可以代表相當於十進制的 0~4095，總計 4096 個計數值。

　　圖 14-13 為 ICL7109 的接腳圖，而圖 14-16 為 ICL7109 的基本測是電路，其重要接腳的功能分述如下：

1. OSC IN(第 22 腳)與 OSC OUT(第 23 腳)

　　振盪器接腳(第 22 腳與第 23 腳)可以使用 RC 振盪器或石英振盪器，本實習是使用如圖 14-16 所示 3.5795MHz 的石英振盪器(CRYSTAL)，所振盪的頻率經過內部 58 個分頻器，分頻之後在 25 腳緩衝振盪器輸出(BUF OSC OUT)，其積分時間是由(14-2)式計算之。

$$T = (2048 \text{ clock periods})\frac{58}{3.58\text{MHz}} = 33.18 \text{ ms} \tag{14-2}$$

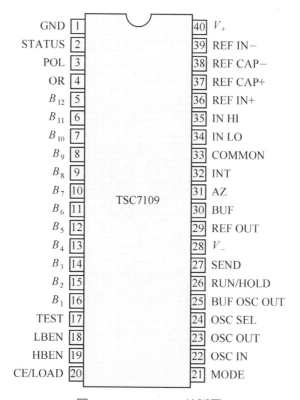

圖 14-13　ICL7109 接腳圖

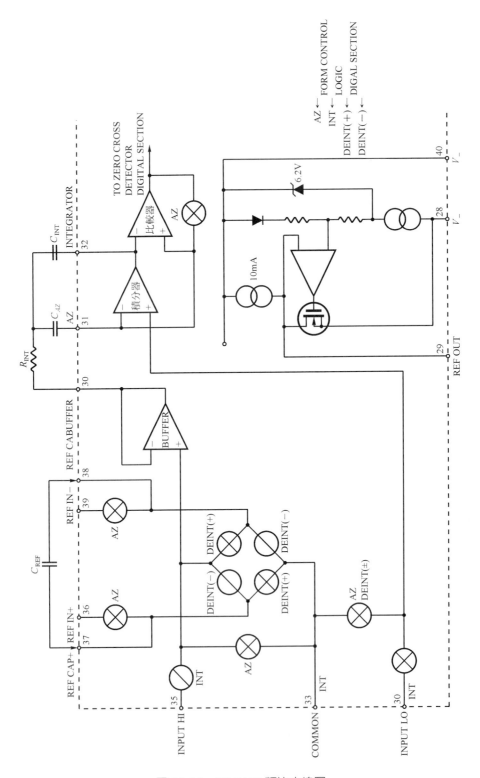

圖 14-14　ICL7109 類比方塊圖

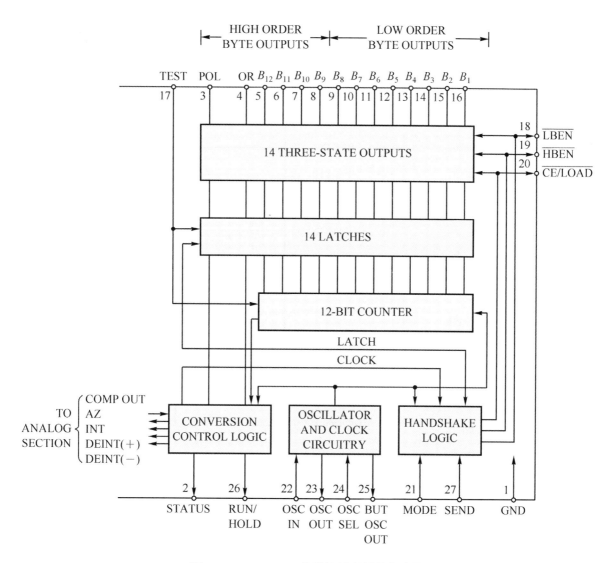

圖 14-15　ICL7109 的數位輸出部分方塊圖

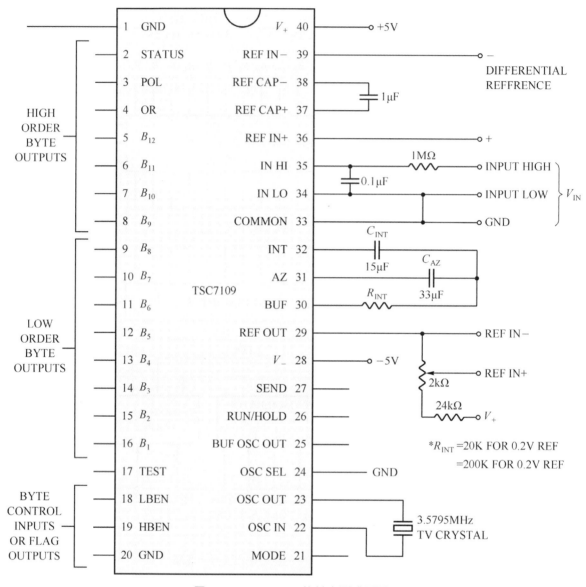

圖 14-16　ICL7109 的基本測式電路

2.　TEST 輸入(第 17 腳)

　　TEST 輸入端(第 17 腳)如果與 GND(第 1 腳)連接，則其內部的時序(Timing)是失效的，而且計數器的輸出 $B_1 \sim B_{12}$ (第 5 腳至第 16 腳)，全部被強制在高準位狀態。

3.　REF IN+(第 36 腳)與 REF IN−(第 39 腳)

　　參考電壓 REF IN+與 REF IN−(第 36 腳與第 39 腳之間)，加入 2.048V 電壓時，則可以產生滿刻度 4096 的計數輸出，其類比信號輸入端 IN HI(第 35 腳)與 IN LO(第 34 腳)的電壓是 $V_{IN} = 2V_{REF}$，所以對於 4.096V 滿刻度條件時，其參考電壓值是 2.048V。

4. AZ(第 31 腳)

　　圖 14-16 中，使用的自動歸零電容器 C_{AZ} (Auto zero capacitor)，爲積分電容 C_{INT} 的兩倍，而 C_{AZ} 電容器要使用漏電少，且能在 85℃ 以上使用的聚四氟乙烯電容器(Teflon capacitors)，圖 14-16 中 C_{AZ} 爲 33μF 而 C_{INT} 爲 15μF。

5. BUF(第 30 腳)

　　積分電阻器 R_{INT} 與緩衝(BUF：Buffer)放大器，是使用 A 類放大，其輸出級的靜態電流爲 100μA，所供給的驅動電流爲 20μA，在 4.096V 滿刻度電壓(Full-scale voltage) 時，其 R_{INT} 的電阻值是 200kΩ，若爲 409.6mV 滿刻度時，其 R_{INT} 的電阻值是 20kΩ，R_{INT} 的選用是根據(14-3)式計算之：

$$R_{INT} = \frac{Full - Scale\ Voltage}{20\mu A} \tag{14-3}$$

　　本實習的 A/D 轉換電路，則如圖 14-20 所示，參考電壓是使用 1.219V，其滿刻度的電壓就變成 2.438V，因此積分電阻器 R_{INT} 的值爲 120kΩ(也就是 2.138V÷20μA =120kΩ)。

　　表 14-1 是利用如圖 14-16 所示，A/D 轉換器 ICL7109 的基本測試電路，由第 35 腳(IN HI)與第 34 腳(IN LO)所輸入的直流電壓 V_{IN} 變化值，於 0.000~4.099V 範圍時，由二進制輸出的第 16 腳(B_1) LSB 位元到第 5 腳(B_{12}) MSB 位元，總共有 12 位元輸出關係表，其中二進制的 "0"代表該位元的輸出爲 0.8V 以下，而 "1"則代表該位源的輸出爲 2.0V 以上所量到的記錄值。

表 14-1　A/D 轉換電路的輸入與輸出關係表

V_{IN} ＼ OUT	B_{12}	二進制										B_1	十六進制
	2^{11}	2^{10}	2^9	2^8	2^7	2^6	2^5	2^4	2^3	2^2	2^1	2^0	(HEX)
0.000	0	0	0	0	0	0	0	0	0	0	0	0	000
0.010	0	0	0	0	0	0	0	0	1	0	1	0	00A
0.053	0	0	0	0	0	0	1	1	0	1	0	1	035
0.448	0	0	0	1	1	1	0	0	0	0	1	0	1C2
0.544	0	0	1	0	0	0	1	0	0	0	1	1	223
1.024	0	1	0	0	0	0	0	0	0	0	0	0	400
1.090	0	1	0	0	0	1	0	0	0	0	1	0	442

感測器原理與應用實習

表 14-1 A/D 轉換電路的輸入與輸出關係表(續)

V_IN \ OUT	B_{12} 2^{11}	二進制										B_1 2^0	十六進制 (HEX)
		2^{10}	2^9	2^8	2^7	2^6	2^5	2^4	2^3	2^2	2^1		
1.541	0	1	1	0	0	0	0	0	0	1	1	0	606
1.884	0	1	1	1	0	1	0	1	1	1	0	1	75D
2.048	1	0	0	0	0	0	0	0	0	0	0	0	800
2.290	1	0	0	0	1	1	1	1	0	1	0	0	8F4
2.582	1	0	1	0	0	0	0	1	1	0	0	0	A18
3.186	1	1	0	0	0	1	1	1	0	1	0	1	C75
3.691	1	1	1	0	0	1	1	0	1	1	0	1	E6D
3.896	1	1	1	1	0	0	1	1	1	0	1	0	F3A
4.096	1	1	1	1	1	1	1	1	1	1	0	0	FFC
4.099	1	1	1	1	1	1	1	1	1	1	1	1	FFF

14-4 電路方塊圖

1. ICL7107

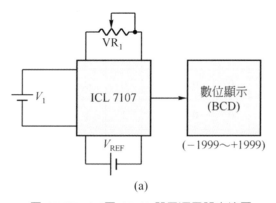

(a)

圖 14-17 (a)圖 14-19 單電源電路方塊圖

2.　ICL7109

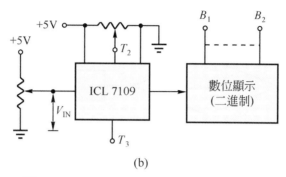

(b)

圖 14-17　(b)圖 14-20 A/D 轉換電路方塊圖

14-5　檢修流程圖

1.　ICL7107

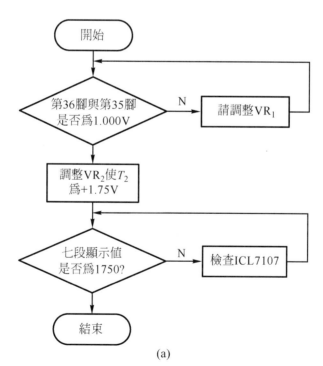

(a)

圖 14-18　(a)圖 14-19 單電源電路流程圖

2. ICL7109

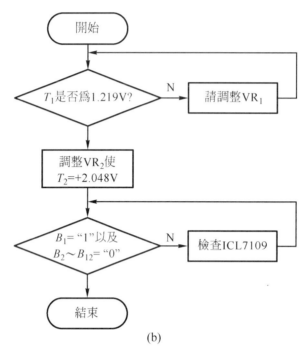

(b)

圖 14-18 (b)圖 14-20 A/D 轉換電路流程圖

14-6 實習步驟

1. 利用 ICL7107IC 及四個七段顯示器 LED，裝配如圖 14-19 單電源實習電路，注意負電源 V_-(第 26 腳)與接地端(第 21 腳)連接在一起。

2. 以數字式複用表(DMM)接於第 36 腳(REF HI)與第 35 腳(REF LO)，調整可變電阻器 VR_1(5kΩ)，使 DMM 的讀取電壓為 1.000V。

3. 從第 31 腳(IN HI)與第 30 腳(IN LO)之間，加入如表 14-2 所示不同的輸入電壓 V_1 值時，觀察各種不同輸入電壓 V_1 狀況下，七段顯示器 LED 的讀數值，並記錄於表 14-2 七段顯示讀數值中。

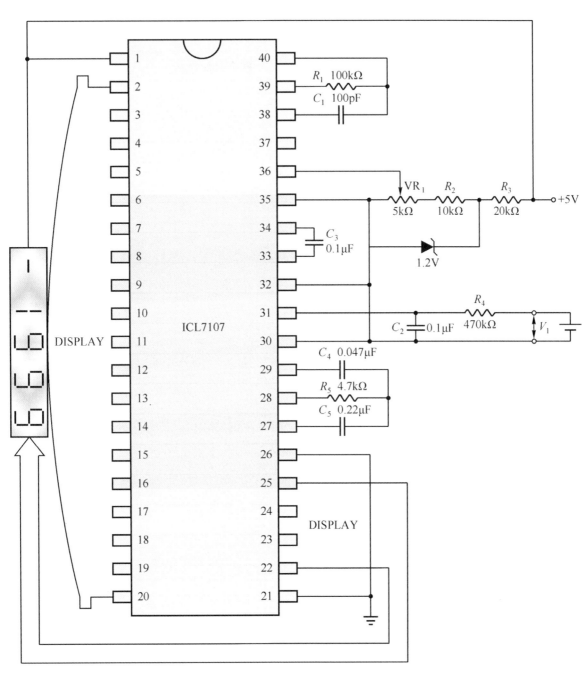

圖 14-19　單電源實習電路

表 14-2

輸入電壓 V_1(V)	七段顯示讀數值
−2.50	
−2.00	
−1.75	
−1.50	
−1.25	
−1.00	
−0.75	
−0.50	
−0.25	
−0.00	
+0.25	
+0.50	
+0.75	
+1.00	
+1.25	
+1.50	
+1.75	
+2.00	
+2.50	

4. 利用 ICL7109 及低參考電壓(low reference voltage)用途的 IC，編號為 ICL8069，裝配如圖 14-20 所示 A/D 轉換電路。

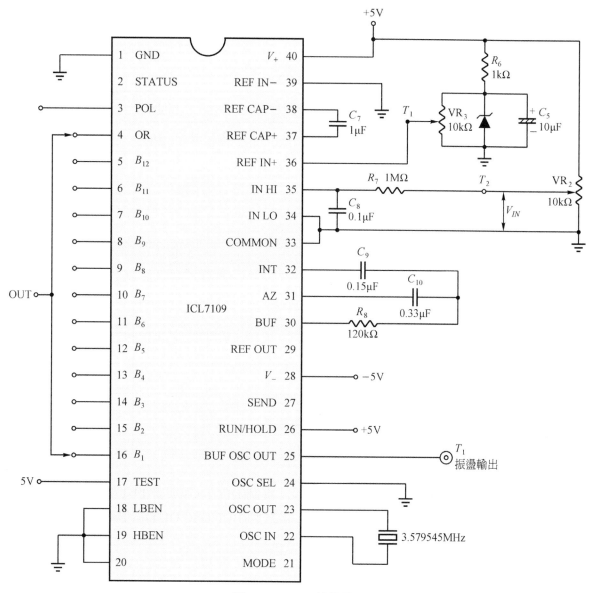

圖 14-20　A/D 轉換器

5.　以數字式複用表(DMM)置於測試端 T_1。

6.　調整可變電阻器 VR_1(10kΩ)，使得第 36 腳(REF IN+)的 T_1 測試電壓為 1.219V。

7.　參考表 14-1 當中 A/D 轉換電路的輸入與輸出關係表，調整可變電阻器 VR_2 (10kΩ)，使得輸入電壓 V_{IN} 的 T_2 測試端，如表 14-3 中輸入電壓 V_{IN} 的讀數值。

8.　以數字式複用表(DMM)，分別測量二進制輸出的 LSB 為第 16 腳(B_1)到 MSB 為第 5 腳(B_{12})，計 12 位元(B_1~B_{12})輸出信號，並記錄於表 14-3 中二進制輸出 B_1~B_{12}，填入 "0"

或"1"(測量的電壓值若為 0.8V 以下則填入低準位的邏輯"0"，若為 2.0V 以上的則填入高準位的邏輯"1")。

表 14-3

輸入電壓 (V_IN)	(MSB)	二進制輸出(填入"0"或"1")										(LSB)	十六進制	十進制
	B_{12}	B_{11}	B_{10}	B_9	B_8	B_7	B_6	B_5	B_4	B_3	B_2	B_1	HEX	DEX
0.000														
0.010														
0.448														
1.024														
1.541														
2.048														
2.582														
3.691														
4.096														
4.099														

9. 將二進制輸出換算成十六進制(HEX)及十進制(DEC)，並與表 14-1 對照之。

10. 當 V_{IN} 為 2.048V 時，以示波器測量為第 25 腳(BUF OSC OUT)振盪輸出端 T_3 的信號，並記錄圖 14-21 中。

14-7　問題與討論

1.　雙重積分型及逐次比較型 A/D 轉換功能，其優點各為何？

2.　繪圖及說明雙重積分(Dual integration)A/D 轉換器動作原理。

3.　何謂雜訊去除比 NMNRR(Normal mode noise rejection ratio)。

4.　繪圖說明雙重積分型 A/D 轉換器：(1)積分器輸出　(2)變換時間關係。

5.　IC7107 A/D 轉換器的 REF HI 及 REF LO 接腳，於實際上之使用時，有哪三種選法？

6.　IC7107 A/D 轉換器的共接腳(Common)，計有哪三種接法？試說明之。

7.　IC7107 A/D 轉換器的 IN LO 及 IN HI 的兩端測量信號輸入端，應注意事項為何？

8.　IC7107 A/D 轉換器的 OSC1，OSC2 及 OSC3 的接腳設定頻率大小，是根據哪兩大原則加以決定的？試說明之。

9.　IC7109 與 IC7107 A/D 轉換器數位輸出部分，有何差異？

10.　IC7109 A/D 轉換器積分時間如何計算而得之？

11.　IC7109 A/D 的積分電阻器 R_{INT}，如何依據何種公式加以決定其阻值？

Chapter 15

數位/類比轉換電路
(DAC0800 的應用)

實習目的

1. 瞭解數位／類比轉換電路的輸出型式。
2. 瞭解數位／類比轉換電路輸入／輸出關係。
3. 熟悉編號為 DAC0800 的 DAC 使用方法。
4. 熟悉 DAC0800 的應用及測試電路。

相關知識

在數位裝置系統中，大都以二進制的數位"0"或"1"，相對應邏輯位準信號加以運算，然而此數位裝置系統中，若要由類比式的儀表，如指針式的電壓表或電流表加以讀出時，就要使用到數位／類比轉換電路(DAC：Digital to analog converter)。

一般而言，在使用或者設計 DAC 的電路時，要考慮到下列所敘述的兩大事項：

1. 使用何種信號準位(Signal level)的類比輸出方式。
2. 數位輸入信號與類比輸出信號，是採用何種狀態的對應關係。

圖 15-1 所示，為具有代表性的數位輸入符號／類比輸出型式關係圖，數位輸入符號都以 8 個位元($B_0 \sim B_7$)的資料(DATA)做不同的組合，其中 B_0 代表最低有效位元(LSB：Least significant bit)，而 B_7 則代表最高有效位元(MSB：Most significant bit)，請注意輸入圖 15-1 中(c)(d)(e)的 MSB(B_7)所代表的意義，以及輸出型式中(b)類比輸出偏移、(c)溢位及(d)(e)正、負的變化及關係。

在我們設計 DAC 的類比輸出電路，或者是選擇 DAC 轉換器 IC 時，如果能先瞭解如圖 15-2 所示，D/A 轉換器的三種輸出型式時，則電路的設計或應用，就可達事半功倍的效果。圖 15-2(a)(b)是使用雙極性(Bi-polar)IC 所製作而成的 D/A 轉換器基本型式，這兩者的基準電流 I_{ref} 與圖 15-3 所示的基準輸入電路是相同的，但兩者不同之處是圖 15-2(a)採用單端(Single)輸出型式，而圖 15-2(b)則採用差動(Differential)輸出型式。

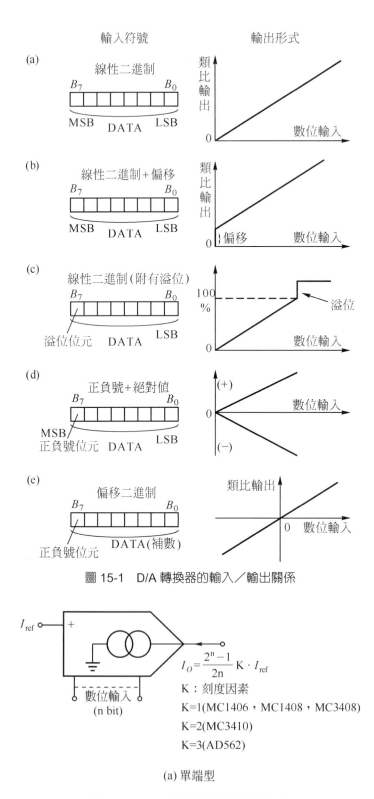

圖 15-1　D/A 轉換器的輸入／輸出關係

圖 15-2　D/A 轉換器的三種輸出型式

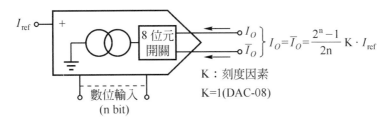

$$I_O = \overline{I_O} = \frac{2^n - 1}{2n} K \cdot I_{ref}$$

K：刻度因素
K=1(DAC-08)

數位輸入
(n bit)

(b) 差動型

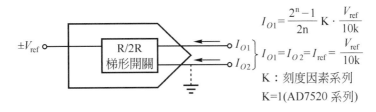

$$I_{O1} = \frac{2^n - 1}{2n} K \cdot \frac{V_{ref}}{10k}$$

$$I_{O1} = I_{O2} = I_{ref} = \frac{V_{ref}}{10k}$$

K：刻度因素系列
K=1(AD7520 系列)

(c) R/2R 型

圖 15-2　D/A 轉換器的三種輸出型式(續)

　　如果純粹以應用的角度來分析時，則差動輸出型式比較方便，但是類似如圖 15-2(b) 差動輸出型式輸出的 D/A 轉換電路，大概只有 PMI 公司的產品才有。圖 15-2(c)所示的 R/2R 輸出型式，只有適用在 CMOS IC 比較器當中，它與圖 15-2(a)(b)互相比較之下，它的特點 是這種 R/2R 型的基準電壓($\pm V_{ref}$)可以任意地選擇，這也是它最大的長處。

　　然而如圖 15-2(a)(b)所示，利用雙極性 IC 製造技術所完成的 D/A 轉換器，只能像圖 15-3 所示的以正的基準電壓($+V_{ref}$)輸入而已。但是圖 15-2(c) R/2R 型中，由於其使用的 R/2R 梯 型類比開關(Analog switch)，可以使電流做雙向(Bi-direction)的流動，因此若利用與運算放 大器(OPA)的虛接地(Virtual ground)端做巧妙的電路組合，則可以對於基準電壓做正、負 ($\pm V_{ref}$)的輸入功能。

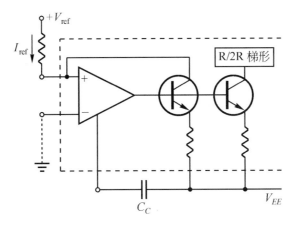

圖 15-3　雙極性 IC 的 D/A 轉換器的基準輸入電路

　　圖 15-4 所示是 D/A 轉換器的輸出電路，它是如圖 15-1(a)D/A 轉換器輸入／輸出關係圖中，屬於這種線性二進制(Straight binary)輸入的型式。所謂「線性二進制電路」，主要的功能是以數位的位元，輸入至 D/A 轉換器中，就可以獲得線性比例的類比輸出電壓的一種電路，由圖 15-4 中可以知道它的結構很簡單。

　　圖 15-4 線性二進制 D/A 轉換器，其輸出電流 I_o 之後所連接的運算放大器(OPA)，是屬於電流／電壓轉換電路，主要是將 D/A 轉換器輸出電流 I_o 經過回授電路 R_f (5kΩ)，以便可以從 OPA 輸出端，取得一輸出電壓 V_o。在 D/A 轉換器中，爲什麼不把 OPA 所構成的電流／電壓轉換電路，也包含進去呢？主要的理由是因爲 OPA 的元件價格並不高，一旦在製造 D/A 轉換器時，再將 OPA 電流／電壓轉換電路再加上去，則整個 D/A 轉換器的製造及成本價格就很高了，此外其使用方式也受到了某種程度的限制了。

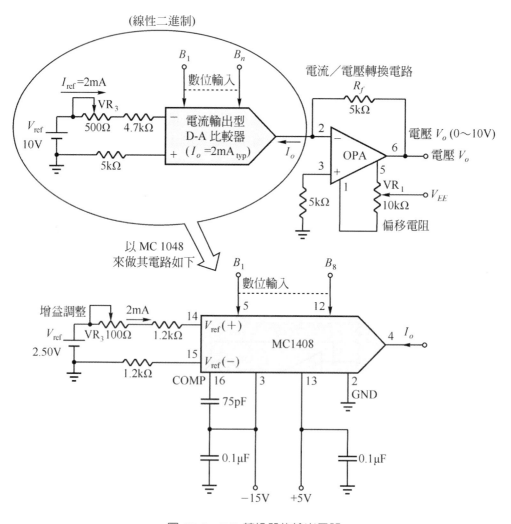

圖 15-4　D/A 轉換器的輸出電路

一般而言，基本的 D/A 轉換器的調整方法，有下述兩個步驟：

15-2-1   偏移調整(Offset adjust)

通常在 D/A 轉換器 IC 電路當中，都沒有附加此偏移調整(修正零點)的功能，因此只要在 D/A 轉換器之後，所連接的電流／電壓轉換電路中，與 OPA 的偏移合併在一起調整就可以。

如圖 15-4 中，將 D/A 轉換器的數位輸入位元 B_1(LSB)到 B_n(MSB)等 n 位元都設定為"0"，也就是 $B_1 = B_2 = B_3 = B_4\ldots\ldots = B_{n-1} = B_n = 0$，進行調整偏移電阻 VR_1(10kΩ)，使輸出電壓 V_o 為 0.000V，即完成偏移調整步驟了。

15-2-2   增益調整(Gain adjust)

圖 15-4 中，將 D/A 轉換器的數位輸入位元 B_1(LSB)到 B_n(MSB)等 n 位元，都設定為"1"，也就是 $B_1 = B_2 = B_3 = B_4\ldots\ldots = B_{n-1} = B_n = 1$，調整施加在 D/A 轉換器輸入端的基準電壓信號 V_{ref}(或基準電流信號 I_{ref})，串聯電阻 VR_2(100Ω)或 VR_3(500Ω)，使輸出電壓 V_o 如(15-1)式所求得的電壓，即完成增益調整步驟。

$$V_o = \left(\frac{2^n - 1}{2^n}\right) \times R_f \times I_{ref} \tag{15-1}$$

其中　　n：位元(Bit)數目

　　　　R_f：電流／電壓轉換電阻

從圖 15-4 中，可知 MC 1408 IC 是一個 8 位元的 D/A 轉換器，因此依據(15-1)式中將 $n = 8$，$I_{ref} = 2mA$ 以及 $R_f = 5kΩ$ 代入式子(15-1)中得

$$V_o = \left(\frac{2^n - 1}{2^n}\right) \times R_f \times I_{ref} \quad (n = 8 \text{ 位元}) \tag{15-2}$$

$$= \left(\frac{2^8 - 1}{2^8}\right) \times 5kΩ \times 2mA \fallingdotseq 9.961V$$

然而對於(15-1)式中，若在增益調整步驟下，將 D/A 轉換器數位輸入位元 $B_1 \sim B_n$ 都設定為"1"的條件，則輸出電壓 V_o 標示為 0~10V 範圍值時，對於 8 位元 D/A 轉換器而言，實際上的輸出電壓 V_o 最大值卻不是 10V，而是如(15-2)式中的 9.961V。對於 10 位元 D/A 轉換器而言，輸出電壓 V_o 最大值也不是 10V，而是如(15-3)式中的 9.990V。

$$V_o(10\text{位元}) = \left(\frac{2^n-1}{2^n}\right) \times R_f \times I_{\text{ref}} = \left(\frac{2^{10}-1}{2^{10}}\right) \times 5\Omega \times 2\text{mA} \doteqdot 9.990\text{V} \qquad (15\text{-}3)$$

對於電壓解析度(Resolution)而言，代表 1 個 LSB 的電壓值，對於 8 位元及 10 位元的 D/A 轉換器，則如(15-4)式及(15-5)式的計算數值。

$$1\text{ LSB(8-bit)} = \frac{10\text{V}}{2^8} \doteqdot 39.0625\text{mV} \qquad\qquad (15\text{-}4)$$

$$1\text{ LSB(10-bit)} = \frac{10\text{V}}{2^{10}} \doteqdot 9.765625\text{mV} \qquad\qquad (15\text{-}5)$$

從(15-4)式及(15-5)式中，1 個 LSB 的電壓值卻不是整數數值，基於此種理由，若要很迅速及簡易的找出 D/A 轉換電路中，數位輸入位元與輸出類比電壓之間的關係時，則可以把(15-4)式及(15-5)式中 8 位元、10 位元的 1 個 LSB 的電壓值定義為「趨近於」整數的數值，以便容易地找出其關係。例如可以把(15-4)式中 8 位元的 1 個 LSB 電壓值 39.0625mV，以整數值 40mV 代替，並且加以定義之；而(15-5)式中 10 位元的 1 個 LSB 電壓值 9.765625mV，則以整數值 10mV 加以代替，並且加以簡易定義之。因此，8-bit 及 10-bit D/A 轉換器的輸出電壓整數讀值，則快速的簡化成分別由(15-6)式及(15-7)式來取代之。

$$輸出電壓\ V_o(8\text{-bit}) = n \times 40\text{mV} \qquad\qquad (15\text{-}6)$$
$$輸出電壓\ V_o(10\text{-bit}) = n \times 10\text{mV} \qquad\qquad (15\text{-}7)$$

式中，n：代表為數位輸入位元 $B_1 \sim B_n$ 的十進制數值

以 10 位元的 D/A 轉換器而言，當數位輸入位元 $B_1 \sim B_n$ 都為"1"時，則其十進制值是 1023，最大輸出電壓依據(15-7)式而求得 10.23V(即 10mV×1023)，而要使最大輸出為 10V 時，則必須是十進制讀數值為 1000 才可以。如表 15-1 所示，則為 10 位元 D/A 轉換器輸入與輸出關係表，當數位信號輸入位元 $B_{10} = B_9 = B_8 = B_7 = B_6 = 0$，$B_5 = 0$，$B_4 = 1$，$B_3 = B_2 = B_1 = 0$ 時，則代表十進制值的 1000，假如我們使用 1 個 LSB 以(1023/1024)×10V 來定義時，則輸出電壓 V_{o1} 表示為 9.765…V(…則代表末標示出的小數數字)，若使用 1 個 LSB 的以趨近於整數數值 10mV 來定義時，則輸出電壓 V_{o2} 表示為 10.0000V。

圖 15-5 是使用 10 位元或 12 位元，相關單晶片多工制(Multiplying)IC 的等效電路，提供該 IC 的廠商為 AD(Analog devices)、NS(National semiconductor)及 Intersil，IC 編號 AD7520(或 7521)則分別代表 10 位元(或 12 位元)的解析度。它們是使用 R-2R 電阻梯型網路，與 NMOS SPDT 開關的型式，用來將數位輸入位元，分別從 BIT1(MSB)到 BIT10(以

AD7520 為例)或 BIT12(以 AD7521 為例)等計 10 位元(BIT1~BIT10)或 12 位元(BIT1~BIT12)
的數位信號，轉換為類比輸出電流 I_{OUT1} 及 I_{OUT2}。

表 15-1　10 位元 D/A 轉換器輸入與輸出關係表

MSB				(數位信號輸入位元)					LSB			
B_{10}	B_9	B_8	B_7	B_6	B_5	B_4	B_3	B_2	B_1	十進制值	輸出電壓 V_{o1}	輸出電壓 V_{o2}
0	0	0	0	0	0	0	0	0	0	0	0	0
0	0	0	0	0	0	0	0	0	1	1	9.76…mV	10.0mV
0	0	0	0	0	0	0	0	1	0	2	19.53…mV	20.0mV
0	0	0	0	0	0	0	1	0	0	4	39.06…mV	40.0mV
0	0	0	0	0	0	1	0	0	0	8	78.12…mV	80.0mV
0	0	0	0	0	1	0	0	0	0	16	156.25…mV	160.0mV
0	0	0	0	1	0	0	0	0	0	32	312.5…mV	320.0mV
0	0	0	1	0	0	0	0	0	0	64	625.0…mV	640.0mV
0	0	1	0	0	0	0	0	0	0	128	1.25…mV	1.280mV
0	1	0	0	0	0	0	0	0	0	256	2.50…mV	2.560mV
1	0	0	0	0	0	0	0	0	0	512	5.00…mV	5.120mV
1	1	1	1	1	1	1	1	1	1	1023	9.990…V	10.230mV
0	0	0	0	0	0	1	0	1	0	10	97.6…mV	1000.0mV
0	0	0	1	1	0	0	1	0	0	100	976.…mV	1.000V
0	1	1	1	1	1	0	1	0	0	500	4.88…V	5.000V
1	1	1	1	1	0	1	0	0	0	1000	9.765…V	10.000V

V_{o1}：1LSB 以 $\dfrac{1023}{1024} \times 10\text{mV}$ 來定義。

V_{o2}：1LSB 以 10mV 來定義。

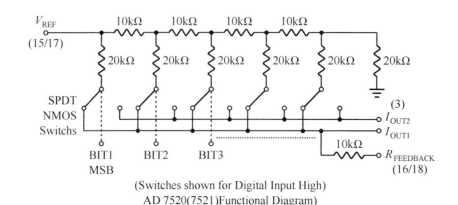

(Switches shown for Digital Input High)
AD 7520(7521)Functional Diagram)

圖 15-5 D/A 轉換的等效電路

圖 15-6 所示，則為 D/A 轉換器的方塊圖，數位輸入信號是以 DIP(Dual in package)開關的 ON(或 OFF)，來代表邏輯準位的低電位 "0"(或高電位 "1")，可以利用邏輯探針來測試 $B_1 \sim B_{12}$(12 個位元)的邏輯狀態。而 D/A 轉換器與電流／電壓轉換電路組合起來，是以單極性二進制(Uniploar binary)的操作方式，當 DIP 開關的 12 個位元都 ON 時，則 $B_1 = B_2 = B_3$ =......= $B_9 = B_{10} = B_{11} = B_{12} = 0$，電流／電壓轉換電路輸出電壓 V_o 為 0V，當 DIP 開關的 12 個位元都 OFF 時，則 $B_1 = B_2 = B_3$ =......= $B_9 = B_{10} = B_{11} = B_{12} = 1$，電流／電壓轉換電路輸出電壓 V_o 則為 4.096V。

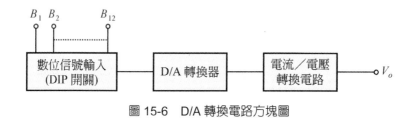

圖 15-6 D/A 轉換電路方塊圖

15-3 電路原理

使用如圖 15-7 所示 DAC 0800 D/A 轉換電路，加以做原理的說明，編號 DAC 0800 的 D/A 轉換器 IC，為國際半導體 NS(National semiconductor)廠商所生產的產品。然而依不同廠商產品名稱的不同，卻都具有與 NS 公司編號 DAC 0800 D/A 轉換器 IC 相同的接腳與功能，這些廠商名稱(IC 編號)，諸如 PMI(DAC08)、AD(ADDAC08)、RAY(DAC08)、NEC(μPC624)、FC(μA0801)以及日立(HA17008)等，這些不勝枚舉的同等品廠家及 IC 的編號。

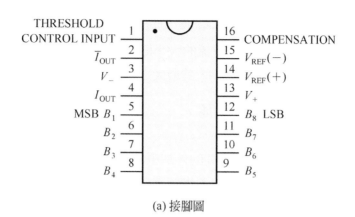

(a) 接腳圖

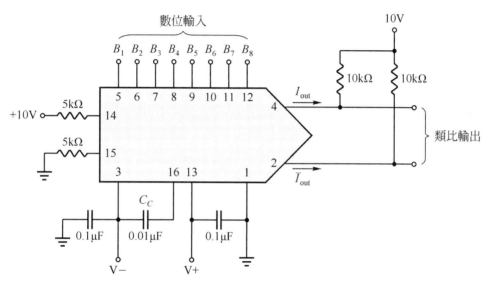

(b) 標準型的輸入輸出接法

圖 15-7　DAC 0800 D/A 電路

　　以下僅就 NS 廠商，編號為 DAC 0800(或是其它不同廠商同等品)D/A 轉換器 IC 的接腳功能、基本特性、使用方法以及基本原理加以說明之。

　　此電路的接腳圖，如圖 15-7(a)所示，而其典型的接法，則如圖 15-7(b)所示，其基本動作原理如下所述：

1.　由第 14 腳 $V_{REF}(+)$或第 15 腳 $V_{REF}(-)$送入一參考電流。

2.　第 2 腳 $\overline{I_{out}}$ 或第 4 腳 I_{out} I_{out} 的輸出電流與輸入電壓成正比，其比值常數的大小，則受到輸入數位信號，即第 5 腳 B_1(MSB)至第 12 腳 B_8(LSB)輸入數位位元信號所決定的，也就是說當輸入參考電流固定時，輸出電流的大小由輸入的 8 位的數位信號所決定，所以我們可以說這是 8 位元的 D/A 轉換電路。

3. 輸出的電流 I_{out} 或 $\overline{I_{out}}$，則由輸入的數位位元信號 $B_1 \sim B_8$(8 個位元)所決定，此電流當流經過一固定的電阻後，輸出電流的大小即轉換電壓的大小，所以最後輸出電壓的大小，即表示輸入數位信號的大小，其最大之輸出差動電壓為 $20V_{P-P}$ 的值。

下面我們將詳細討論此電路的功能：

1. 電壓 V_+(第 13 腳)與 V_-(第 3 腳)

　　V_+(第 13 腳)與 V_-(第 3 腳)間的外加電源電壓，則介於±(4.5V~18V)之間，V_+端供給電流約為 2mA 至 3mA，而 V_-端供給電流為 5mA 至 7mA 左右。此兩個電源端在正常的使用時，都接 0.1μF 的電容再接地，如圖 15-7(b)所示的使用方式。

2. COMPENSATION(第 16 腳)

　　此一補償(Compensation)端，一般在電路正常使用狀態下，連接一電容器 C_C (0.01μF)，再接負電源端 V_-，如圖 15-7(b)所示。

3. THRESHOLD CONTROL 端(第 1 腳)

　　此一臨界控制(Threshold control)輸入端主要的作用，則是用於供給第 5 腳 B_1(MSB) 到第 12 腳 B_8(LSB)，總計 8 個數位輸入位元信號臨界電壓的參考電壓值。我們若以符號 V_C 來代表臨界控制電壓的值，而以符號 V_T 來代表數位輸入位元信號臨界電壓的值時，當：

(1) 假如 V_T= 1.4V，V_C = 0V 時，則臨界電壓 V_T = 1.4V + 0V = 1.4V。

(2) 假如 V_T= 1.4V，V_C = 1.1V 時，則臨界電壓 V_T = 1.4V + 1.1V = 2.5V。

　　然而什麼叫做臨界電壓 V_T (Threshold voltage)呢？所謂臨界電壓，就是使邏輯輸出信號轉態時的電壓值，也就是說，使輸出信號由邏輯"0"變邏輯"1"(0→1)或邏輯"1"變邏輯"0"(1→0)的輸入電壓臨界值。假如我們以電晶體-電晶體邏輯(TTL：Transistor transistor logic)為例，當輸入電壓 0.8V 以下的電壓，則代表邏輯"0"，而輸入電壓 2.0V 以上的電壓，則代表邏輯"1"，在這種狀況之下，其臨界電壓 V_T = (0.8V+2.0V)/2 = 1.4V。

　　因此在圖 15-7(b)中所示數位輸入信號(第 5 腳 MSB 的 B_1 到第 12 腳 LSB 的 B_8 共 8 支腳)，為 TTL 邏輯階層(logic level)下，第 1 腳臨界控制輸入端為接地的狀態，使 V_C 為零伏特就可以了。然而當 $B_1 \sim B_8$，的輸入信號，為 CMOS 所輸出的數位輸入時，假如 CMOS 的 V_{DD} 為 10V，則在這種情況下，對於 A 系列(Series)的 CMOS IC 而言，邏輯"0"則表示為 3V(即 10V×30%)以下的值，而邏輯"1"則表示為 7V(即 10V×70%)以上的值，此時臨界電壓(3 + 7)/2 = 5V，因此在這種情況下臨界控制電壓 V_C = V_T−1.4V = 5V − 1.4V = 3.6V，其它種狀況則依此類推。

4.　$V_{REF}(+)$(第 14 腳)與 $V_{REF}(-)$(第 15 腳)

正參考電壓 $V_{REF}(+)$ 與負參考電壓 $V_{REF}(-)$ 的主要功能，是用以提供正輸出電流 I_o 與負輸出電流 $\overline{I_o}$ 的輸入參考電流 I_{REF}，如圖 15-8(a)(b)所示為 DAC 0800 的參考電壓輸入 $(+V_{REF})$ 及類比輸出電流的 I_o 與 $\overline{I_o}$ 情形。圖 15-8(a)中 $V_{REF}(+)$(第 14 腳)經 $5k\Omega(R_2)$串接電阻再接到參考電壓 V_{REF}(10V)，而 $V_{REF}(-)$(第 15 腳)經 $5k\Omega(R_1)$串接電阻後再接地，輸出電流 I_o 為正。而圖 15-8(b)中 $V_{REF}(+)$(第 14 腳)經 $5k\Omega(R_2)$串接電阻接到地端，$V_{REF}(-)$(第 15 腳)經 $5k\Omega(R_1)$串接電阻再接到參考電壓 V_{REF}(10V)，因此輸出電流 I_o 為負。

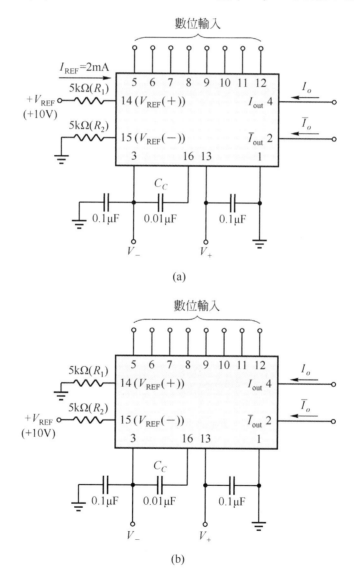

圖 15-8　DAC 0800 的參考電壓輸入及類比電流輸出的情形

5. I_{out} 端(第 4 腳)與 $\overline{I_{\text{out}}}$ 端(第 2 腳)

I_{out} 端與 $\overline{I_{\text{out}}}$ 端的輸出電流 I_o 與 $\overline{I_o}$，在 $V_{\text{REF}}(+)$(第 14 腳)與 $V_{\text{REF}}(-)$(第 15 腳)的輸入條件維持固定時，此兩端輸出電流則保持著一定值，就是：

$$I_o + \overline{I_o} = I_{FS} \tag{15-8}$$

其中 I_{FS} 代表輸出滿刻度(F.S.：Full scale)電流。

而(15-8)式中 I_o 表示為 I_{out} (第 4 腳)端的輸出電流，$\overline{I_o}$ 表示為 $\overline{I_{\text{out}}}$ (第 2 腳)端的輸出電流，正號表示電流流入 I_{out} 或 $\overline{I_{\text{out}}}$ 端，而負號則表示電流由 I_{out} 或 $\overline{I_{\text{out}}}$ 端流出的情形。

圖 15-8(a)(b)中的滿刻度電流 I_{FS}，可分別由(15-9)式及(15-10)式中求得：

$$I_{FS} = \frac{+V_{\text{REF}}}{R_{\text{REF}}} \times \frac{255}{256} \tag{15-9}$$

及

$$I_{FS} = \frac{-V_{\text{REF}}}{R_{\text{REF}}} \times \frac{255}{256} \tag{15-10}$$

在正常的動作之下，當選擇 $V_{\text{REF}} = 10.000\text{V}$ 以及 $R_{\text{REF}} = 5\text{k}\Omega$ 時，則在圖 15-8(a)(b)中滿刻度電流 I_{FS} 的值，分別如(15-11)式及(15-12)式所求得的數值。

$$I_{FS} = \frac{+10\text{V}}{5\text{k}\Omega} \times \frac{255}{256} = 2\text{mA} \times \frac{255}{256} = +1.992\text{mA} \tag{15-11}$$

及

$$I_{FS} = \frac{-10\text{V}}{5\text{k}\Omega} \times \frac{255}{256} = -2\text{mA} \times \frac{255}{256} = -1.992\text{mA} \tag{15-12}$$

6. 數位輸入(digital input)端 $B_1 \sim B_8$(第 5 腳～第 12 腳)

B_1 至 B_8 為二進制數位輸入端，共有 8 個位元，特別注意到 B_1 為 MSB 而 B_8 為 LSB，其它 B_2 至 B_7 的權重(Weight)則依二進制遞減下去。至於二進制數位位元輸入端 $B_1 \sim B_8$，與輸出電流 I_o (或 $\overline{I_o}$)以及輸出電壓 E_o (或 $\overline{E_o}$)的關係，則如圖 15-9(a)(b)(c)所示，從圖 15-9(a)單極性及電壓輸出中可以看出：

(1) 當輸入參考電流 $I_{\text{REF}} = 2\text{mA}$ 時(如圖 15-8(a)所示的電路)，輸出滿刻度電流 $I_{FS} = 2 \times 255/256 = 1.992\text{mA}$。

(2) I_{FS} = 1.992 + 0.000 = 1.984 + 0.008 = 1.008 + 0.984 = ……= 0.000 + 1.992 = 1.992mA = $I_o + \overline{I_o}$，I_o 與 $\overline{I_o}$ 表示互補的表示狀態。

(3) 當 I_o =1.000mA，$\overline{I_o}$ = 0.992mA 時，則 $E_o = 0 - I_o \times 5k\Omega = 0 - 1.000mA \times 5k\Omega =$ $-5.000V$，而 $\overline{E_o} = 0 - \overline{I_o} \times 5k = 0 - 0.992mA \times 5k = -4.960V$

(4) 輸出電流 I_o 的值，為 $I_o = I_{FS} \times$ 數位輸入信號/255，例如數位輸入信號值，$B_1 = B_2 = B_3 = B_4 = B_5 = B_6 = B_7 = B_8 = 1$，即十進制的 255，則

$$I_o = I_{FS} \times (128/255) = 1.992mA \times (128/255) = 1.000mA \qquad (15\text{-}13)$$

當然 $\overline{I_o} = I_{FS} - I_o = 1.992mA - 1.000mA = 0.992mA$，其它數位輸入的位元值，所對應的輸出，也可以依此類推。

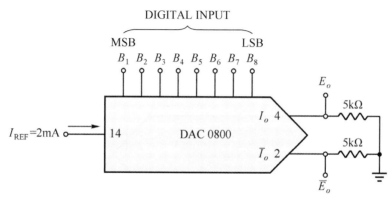

	B_1	B_2	B_3	B_4	B_5	B_6	B_7	B_8	I_o (mA)	$\overline{I_o}$ (mA)	E_o (V)	$\overline{E_o}$ (V)
Full Scale	1	1	1	1	1	1	1	1	1.992	0.000	−9.960	0.000
Full Scale −LSB	1	1	1	1	1	1	1	0	1.984	0.008	−9.920	−0.004
Half Scale +LSB	1	0	0	0	0	0	0	1	1.008	0.984	−5.040	−4.920
Half Scale	1	0	0	0	0	0	0	0	1.000	0.992	−5.000	−4.960
Half Scale −LSB	0	1	1	1	1	1	1	1	0.992	1.000	−4.960	−5.000
Zero Scale +LSB	0	0	0	0	0	0	0	1	0.008	1.984	−0.040	−9.920
Zero Scale	0	0	0	0	0	0	0	0	0.000	1.992	0.000	−9.960

(a)單極性負電壓輸出

圖 15-9　DAC 0800 輸出電壓電流與輸入數位信號的關係

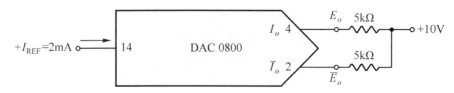

	B_1	B_2	B_3	B_4	B_5	B_6	B_7	B_8	E_o	$\overline{E_o}$
Pos. Full Scale	1	1	1	1	1	1	1	1	−9.920	+10.000
Pos. Full Scale −LSB	1	1	1	1	1	1	1	0	−9.840	+9.920
Zero Scale +LSB	1	0	0	0	0	0	0	1	−0.080	+0.160
Zero Scale	1	0	0	0	0	0	0	0	0.000	+0.080
Zero Scale −LSB	0	1	1	1	1	1	1	1	+0.080	0.000
Neg. Full Scale +LSB	0	0	0	0	0	0	0	1	+9.920	−9.840
Neg. Full Scale	0	0	0	0	0	0	0	0	+10.000	−9.920

(b)雙極性正負電壓輸出

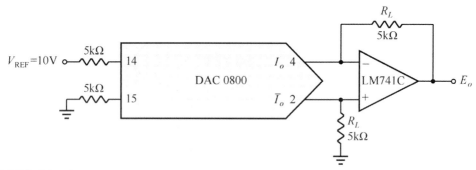

	B_1	B_2	B_3	B_4	B_5	B_6	B_7	B_8	E_o
Pos. Full Scale	1	1	1	1	1	1	1	1	+9.920
Pos. Full Scale −LSB	1	1	1	1	1	1	1	0	+9.840
(+)Zero Scale	1	0	0	0	0	0	0	0	+0.040
(−)Zero Scale	0	1	1	1	1	1	1	1	−0.040
Neg. Full Scale +LSB	0	0	0	0	0	0	0	1	−9.840
Neg. Full Scale	0	0	0	0	0	0	0	0	−9.920

(c)對稱電壓輸出(註：E_o 與 $\overline{E_o}$ 的差值最大為 $20V_{\text{P-P}}$)

圖 15-9　DAC 0800 輸出電壓電流與輸入數位信號的關係(續)

15-4 電路方塊圖

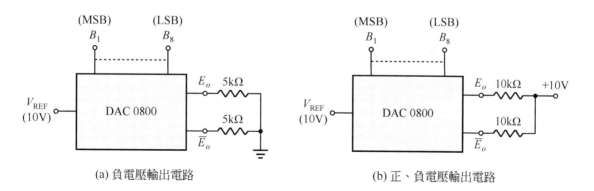

(a) 負電壓輸出電路

(b) 正、負電壓輸出電路

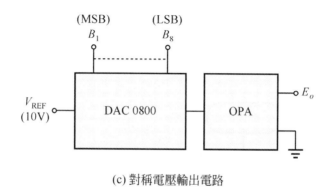

(c) 對稱電壓輸出電路

圖 15-10　圖 15-13 數位輸入信號與輸出電壓電路方塊圖

15-5 檢修流程圖

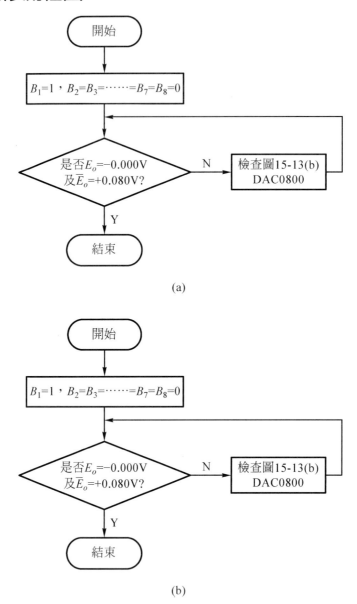

(a)

(b)

圖 15-11　圖 15-13 數位輸入信號與輸出電壓電路流程圖

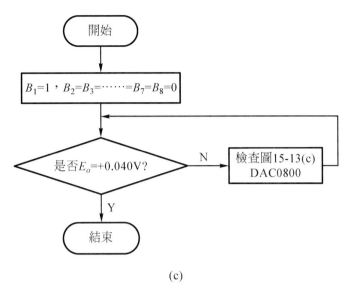

(c)

圖 15-11　圖 15-13 數位輸入信號與輸出電壓電路流程圖(續)

15-6　實習步驟

1.　如圖 15-13(a)負電壓輸出電路之裝配。

2.　使用 DAC 0800(或同等品)IC，由數位輸入信號位元端分別以如圖 15-12 所示的 DIP 開關控制，並輸入不同的"0"與"1"的組合("0"代表 0.8V 以下，而"1"代表 2.0V 以上的電壓)。

圖 15-12　DIP 開關

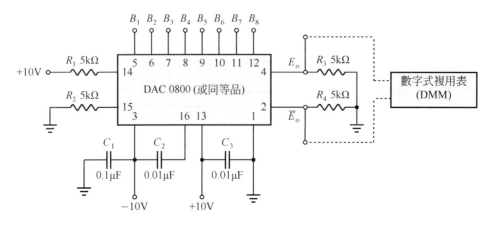

(a) 負電壓輸出電路

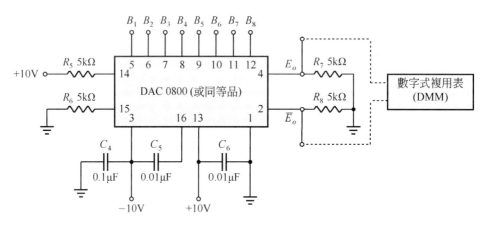

(b) 正負電壓輸出電路

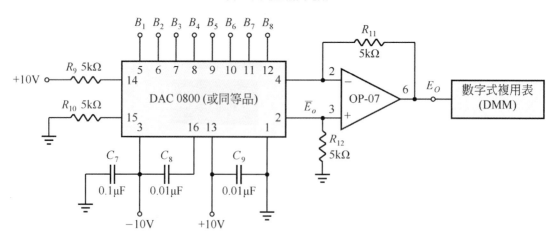

(c) 對稱電壓輸出電路

圖 15-13　數位輸入信號與輸出電壓電路

3.　以數字式複用表(DMM)置於 DCV 檔置於 E_o 及 $\overline{E_o}$ 端。

4.　數位輸入信號的組合值如表 15-2(a)所示，觀察 E_o 及 $\overline{E_o}$ 端之值並記錄於表 15-2(a)類比輸出電壓(V) E_o 及 $\overline{E_o}$ 中。

5.　如圖 15-13(b)正負電壓輸出電路之裝配。

6.　如步驟 2.。

7.　如步驟 3.。

8.　數位輸入信號的組合值如表 15-2(b)所示，觀察 E_o 及 $\overline{E_o}$ 端之值並記錄於表 15-2(b)類比輸出電壓(V) E_o 與 $\overline{E_o}$ 中。

9.　如圖 15-13(c)對稱電壓輸出電路之裝配。

10.　如步驟 2.。

11.　如步驟 3.。

12.　數位輸入信號的組合值如表 15-2(c)所示，觀察 OP-07 輸出端(第六隻腳)的輸出電壓 E_o 端對地的電壓值，並記錄於表 15-2(c) E_o 中。

13.　表 15-2(a)(b)(c)分別對照圖 15-9(a)(b)(c)之附表。

表 15-2　(a)

數位輸入								類比輸出電壓(V)	
B_1	B_2	B_3	B_4	B_5	B_6	B_7	B_8	E_o	$\overline{E_o}$
1	1	1	1	1	1	1	1		
1	1	1	1	1	1	1	0		
1	0	0	0	0	0	0	0		
0	1	1	1	1	1	1	1		
0	0	0	0	0	0	0	1		
0	0	0	0	0	0	0	0		

表 15-2　(b)

數位輸入								類比輸出電壓(V)	
B_1	B_2	B_3	B_4	B_5	B_6	B_7	B_8	E_o	$\overline{E_o}$
1	1	1	1	1	1	1	1		
1	1	1	1	1	1	1	0		
1	0	0	0	0	0	0	0		
0	1	1	1	1	1	1	1		
0	0	0	0	0	0	0	1		
0	0	0	0	0	0	0	0		

表 15-2　(c)

數位輸入								類比輸出電壓(V)
B_1	B_2	B_3	B_4	B_5	B_6	B_7	B_8	E_o
1	1	1	1	1	1	1	1	
1	1	1	1	1	1	1	0	
1	0	0	0	0	0	0	0	
0	1	1	1	1	1	1	1	
0	0	0	0	0	0	0	1	
0	0	0	0	0	0	0	0	

15-7　問題與討論

1. 在使用或設計數位/類比轉換(DAC)電路時，要考慮到哪兩大事項？

2. 繪圖說明 D/A 轉換器的 R/2R 型輸出型式。

3. 一般而言，在 D/A 轉換器中，為何不把 OPA 所構成的電流/電壓轉換電路，也一併製作於 IC 中，理由為何？

4. 基本的 D/A 轉換器中，如何進行下列兩大步驟調整：(1)偏移調整(Offset adjust) (2)增益調整(Gain adjust)？

5. 對於 8 位元(8-bit)及 10 位元(10-bit)的 D/A 轉換器而言，(1)實際的輸出電壓值，分別為多少伏特？(2)電壓解析度各為多少伏特？

6. 如何簡易或快速的簡化 8-bit 及 10-bit D/A 轉換器，輸出電壓整數讀值？

7. 何謂臨界電壓 V_T (Threshold voltage)？

附錄 A （CH1、CH13）

註：括弧內所示為使用到該參考資料之章節。

TL431C 資料(2.5V 參考電壓)

(一) 接腳圖

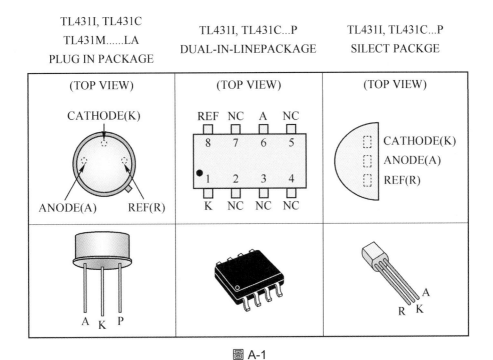

圖 A-1

(二) 符號

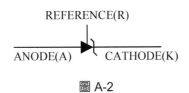

圖 A-2

(三) 一般特性

1. 輸出電壓可以設定範圍從參考電壓 V_{ref}(約 2.5V)到 3.6V(當使用兩個外加電阻時)。

2. 等值全電壓操作範圍的溫度係數：典型值 50ppm/℃。

3. 額定電壓操作下具溫度補償。

4. 快速導通(turn-on)響應。

5. 沈入電流(sinkcurrent)容量：1mA~100mA。

6. TL431M 是軍用(military)溫度動作範圍：−55℃~+125℃。

7. TL431I 是工業用(industry)溫度動作範圍：−40℃~+55℃。

8. TL431C 是商用(consumer)溫度動作範圍：0℃~+70℃。

9. 典型動態輸出電阻：0.2Ω。

附錄 B　(CH1、CH2、CH3、CH15)

OP-07(超低抵補電壓的運算放大器)

(一)　接腳圖

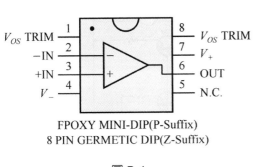

FPOXY MINI-DIP(P-Suffix)
8 PIN GERMETIC DIP(Z-Suffix)

圖 B-1

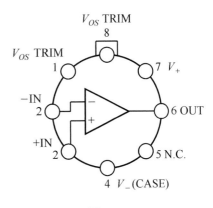

圖 B-2

(二) 內部電路圖

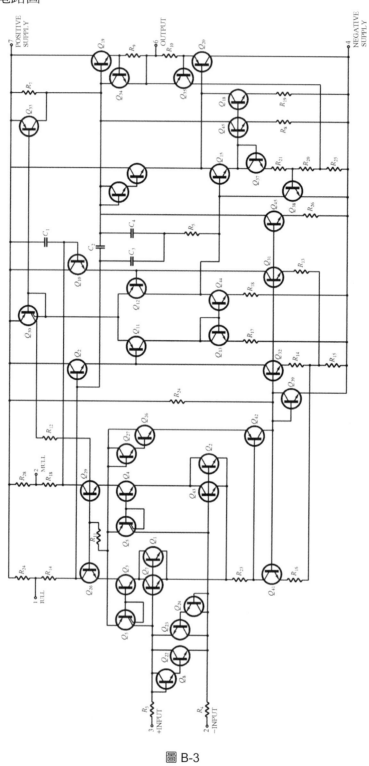

圖 B-3

(三) 一般特性

1. 低的抵補電壓(V_{OS}：offsetvoltage)：10μV。

2. 低的抵補電壓漂移(drift)：0.2μV/℃。

3. 超低(ultra)的穩定對於時間值：0.2μV/每月。

4. 極低的雜訊電壓：0.35V_{P-P}。

5. 寬廣輸入電壓範圍：±14V_{DC}。

6. 寬廣供給電壓範圍：±3V_{DC}~±18V_{DC}。

7. 125℃溫度測試小方塊(temperature-testeddice)。

8. OP-07A 以及 OP-07 操作於軍用溫度範圍−55℃~+125℃

9. OP-07E，*C* 及 *D* 操作於商用溫度範圍：0℃~+70℃

附錄 C　(CH3)

輸出電壓 V_S 與熱電偶(TypeJ、TypeK)溫度的關係(周圍溫度在+60℃時)

表 C-1

Thermocouple Temperature℃	TypeJ VoltagemV	AD596 OutputmV	TypeK VoltagemV	AD597 OutputmV
−200	−7.890	−1370	−5.891	−1446
−180	−7.402	−1282	−5.550	−1362
−160	−6.821	−1177	−5.141	−1262
−140	−6.159	−1058	−4.669	−1146
−120	−5.426	−925	−4.138	−1016
−100	−4.632	−782	−3.553	−872
−80	−3.785	−629	−2.920	−717
−60	−2.892	−468	−2.243	−551
−40	−1.960	−299	−1.527	−375
−20	−0.995	−125	-0.777	−191
−10	−0.501	−36	−0.392	−96
0	0	54	0	0
10	0.507	124	0.397	97
20	1.019	238	0.798	196
25	1.277	285	1.000	245
30	1.536	332	1.203	295
40	2.058	426	1.611	395
50	2.585	521	2.022	496
60	3.115	617	2.436	598
80	4.186	810	3.266	802
100	5.268	1006	4.095	1005
120	6.359	1203	4.919	1207
140	7.457	1404	5.733	1407
160	8.560	1600	6.539	1605
180	9.667	1800	7.338	1801

表 C-1　(續)

Thermocouple Temperature°C	TypeJ VoltagemV	AD596 OutputmV	TypeK VoltagemV	AD597 OutputmV
200	10.777	2000	8.137	1997
220	11.887	2201	8.938	2194
240	12.998	2401	9.745	2392
260	14.108	2602	10.560	2592
280	15.217	2802	11.381	2794
300	16.325	3002	12.207	2996
320	17.432	3202	13.039	3201
340	18.537	3402	13.874	3406
360	19.640	3601	14.712	3611
380	20.743	3800	15.552	3817
400	21.846	3999	16.395	4024
420	22.949	4198	17.241	4232
440	24.054	4398	18.088	4440
460	25.161	4598	18.938	4649
480	26.272	4798	19.788	4857
500	27.388	5000	20.640	5066
520	28.511	5203	21.493	5276
540	29.642	5407	22.346	5485
560	30.782	5613	23.198	5694
580	31.933	5821	24.050	5903
600	33.096	6031	24.902	6112
620	34.273	6243	25.751	6321
640	38.464	6458	16.599	6529
660	36.671	6676	27.445	6737
680	37.893	6894	28.288	6944
700	39.130	7120	29.128	7150
720	40.382	7346	29.965	7355
740	41.647	7575	30.799	7560
760	42.283	7689	31.214	7662
780	–	–	31.629	7764

表 C-1 （續）

Thermocouple Temperature℃	TypeJ VoltagemV	AD596 OutputmV	TypeK VoltagemV	AD597 OutputmV
780	—	—	32.455	7966
800	—	—	33.277	8168
820	—	—	34.095	8369
840	—	—	34.909	8569
860	—	—	35.718	8767
880	—	—	36.524	8965
900	—	—	37.325	9162
920	—	—	38.122	9357
940	—	—	38.915	9552
960	—	—	39.703	9745
980	—	—	40.488	9938
1000	—	—	41.269	10130
1020	—	—	42.045	10320
1040	—	—	42.817	10510
1060	—	—	43.585	10698
1080	—	—	44.439	10908
1100	—	—	45.108	11072
1120	—	—	45.863	11258
1140	—	—	46.612	11441
1160	—	—	47.356	11627
1180	—	—	48.095	11801
1200	—	—	48.828	11985
1220	—	—	49.555	12164
1240	—	—	50.276	12341
1250	—	—	50.633	12428

附錄 D (CH3、CH4、CH6)

LM339(低功率、低抵補電壓的四組比較器)

(一) 接腳圖及內部電路圖

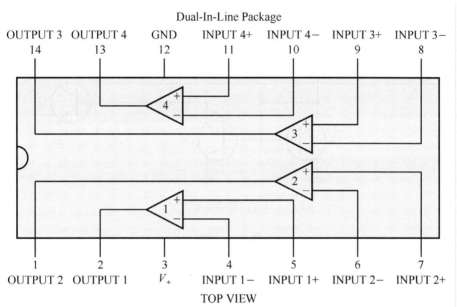

Dual-In-Line Package

(a) 接腳圖

圖 D-1

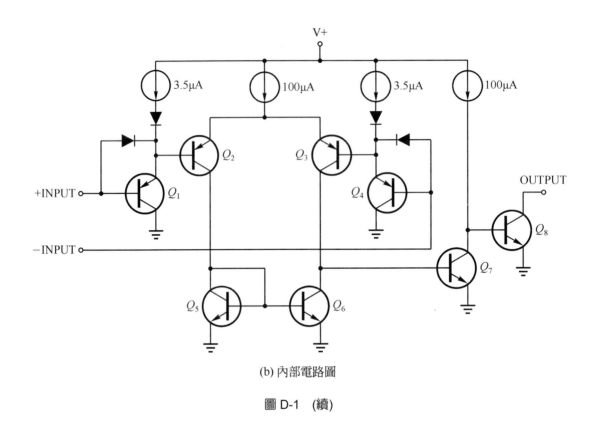

(b) 內部電路圖

圖 D-1 （續）

(二) 一般特性

1. 寬廣電源電壓範圍：單電源($2V_{DC} \sim 36V_{DC}$)、雙電源($\pm 1V_{DC} \sim \pm 18V_{DC}$)。

2. 極低的電源吸收電流：0.8mA。

3. 低的輸入偏壓電流：25nA。

4. 低的輸入抵補電流($\pm 5nA$)及抵補電壓($\pm 3mV$)。

5. 差動輸入電壓範圍等於電源供給電壓。

6. 低的輸出飽和電壓(outputsaturationvoltage)：在 4mA 時為 250mV。

7. 輸出電壓可以與 TTL、DTL、ECL、MOS 以及 CMOS 邏輯系統相容。

附錄 E　(CH4、CH5、CH7、CH8、CH13)

LM324(低功率的四組運放大器)

(一)　接腳圖及內部電路圖

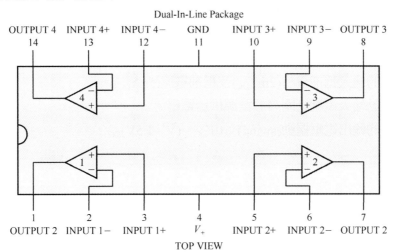

(a) 接腳圖

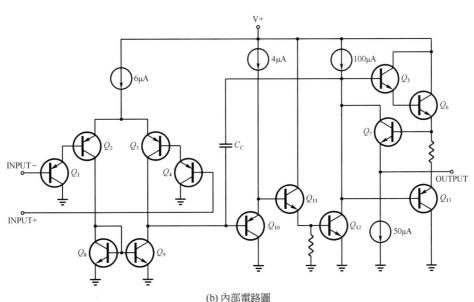

(b) 內部電路圖

圖 E-1

(二) 一般特性

1. 單增益(unitygain)具內部頻率補償。

2. 巨大的直流電壓增益(DCvoltagegain)：100dB。

3. 寬廣的頻寬：在單增益溫度補償條件下為 1MHz。

4. 寬廣的供應電壓範圍：單電源($3V_{DC} \sim 32V_{DC}$)，雙電源($\pm1.5V_{DC} \sim \pm16V_{DC}$)。

5. 非常低的吸收電流(draincurrent)：800μA。

6. 低的輸入偏壓電流：$45nA_{DC}$。

7. 低的輸入抵補電壓($2mV_{DC}$)及抵補電流($5nA_{DC}$)。

8. 差動輸入電壓範圍等於電源供給電壓。

9. 大的輸出電壓擺動(swing)：$0V_{DC} \sim (V^+ - 1.5V)_{DC}$。

附錄 F　(CH6)

LF351(寬廣頻寬的 JFET 輸入型運算放大器)

(一)　接腳圖

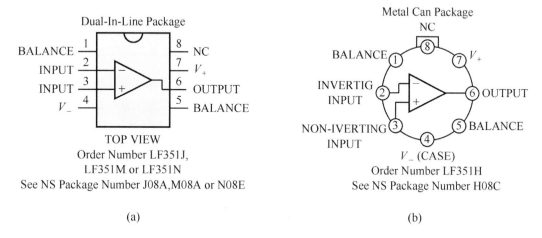

(a)

(b)

圖 F-1

(二)　應用電路及內部電路圖

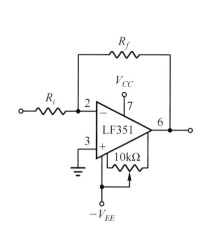

(a) 應用電路

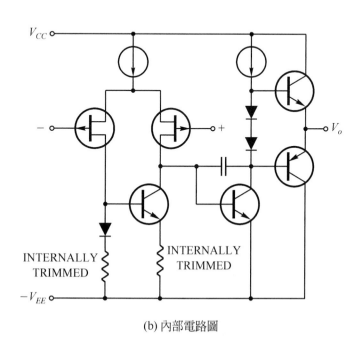

(b) 內部電路圖

圖 F-2

(三) 一般特性

1. 內部修整抵補電壓(trimmedoffsetvoltage)：10mV。

2. 低值的輸入偏壓電流(inputbiascurrent)：50pA。

3. 低值的輸入雜訊電壓(inputnoisevoltage)：25nV/$\sqrt{Hz}$。

4. 低值的輸入雜訊電流(inputnoisecurrent)：0.01pA/$\sqrt{Hz}$。

5. 寬廣增益頻寬：4MHz。

6. 高的轉動率(slewrate)：13V/μs。

7. 低值的供給電流(supplycurrent)：1.8mA。

8. 高的輸入阻抗(inputimpedance)：$10^{12}\Omega$。

9. 低值的總諧波失真(THD：totalharmonicdistortion)：在 $A_V = 10$，$R_L = 10k\Omega$，$V_O = 20V_{P-P}$，BW = 20Hz ~ 20kHz 條件下小於 0.02%。

10. 低值的 1/f 雜訊角頻率(cornerfrequency)：50Hz。

11. 快速時間設定(settingtime)到 0.01%：2μs。

附錄 G　(CH8、CH11)

LM555/LM555C

(一)　接腳圖

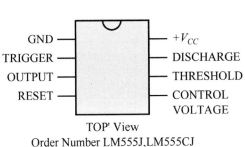

圖 G-1

(二)　一般特性

1. 計時器時間範圍：μs(秒) ~ hours(小時)。
2. 操作模式：不穩態(astable)以及單穩態(monostable)。
3. 可調整責任週期(dutycycle)。
4. 輸出推動(source)及沉入(sink)電流：200mA。
5. 輸出信號可以與 TTL 相容(compatible)。
6. 溫度穩定度：小於 0.005% per°C。
7. 正常導通(ON)及閉關(OFF)的輸出。

(三)　應用電路

1. 精密計時(Precisiontiming)。
2. 脈波產生(Pulsegeneration)。
3. 順序時序(Sequentialtiming)。
4. 時間延遲產生(Timedelaygeneration)。

5. 脈波寬調變(PWM：Pulsewidthmodulation)。

6. 脈波位置調變(PPM：PulsePositionModulation)。

7. 線性昇波產生器(Linearrampgenerator)。

(四) 電氣特性規格(ElectricalCharacteristicsSpecification)

$T_A = 25℃$，$V_{CC} = +5Vto15V$，(unlessotherwisespecified)(Continued)								
Parameter	Conditions	Limits						Units
		LM555			LM555C			
		Min	Typ	Max	Min	Typ	Max	
OutputVoltageDrop (Low)	V_{CC}=15V							
	I_{SINK}=10mA		0.1	0.15		0.1	0.25	V
	I_{SINK}=50mA		0.4	0.5		0.4	0.75	V
	I_{SINK}=100mA		2	2.2		2	2.5	V
	I_{SINK}=200mA		2.5			2.5		V
	V_{CC}=5V							
	I_{SINK}=8mA		0.1	0.25				V
	I_{SINK}=5mA					0.25	0.35	V
OutputVoltageDrop (High)	I_{SOURCE}=200mA，V_{CC}=15V	13	12.5		12.8	12.5		V
	I_{SOURCE}=100mA，V_{CC}=15V	3	13.3		2.75	13.3		V
	V_{CC}=5V		3.3			3.3		V
RiseTimeofOutput			100			100		ns
FallTimeofOutput			100			100		ns

(五) 內部電路圖

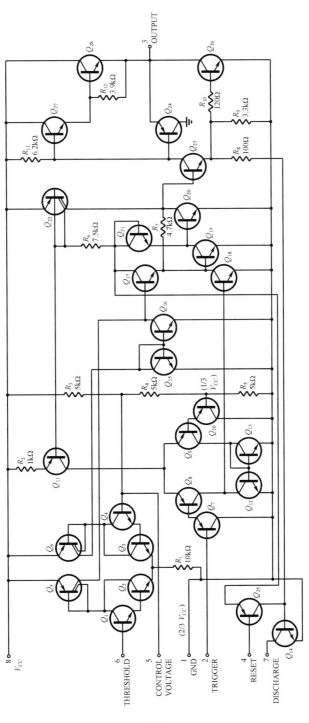

圖 G-2

附錄 H　(CH9)

LM331(精密電壓—頻率轉換器)

(一)　接腳圖及 10Hz ~1kHz 應用電路

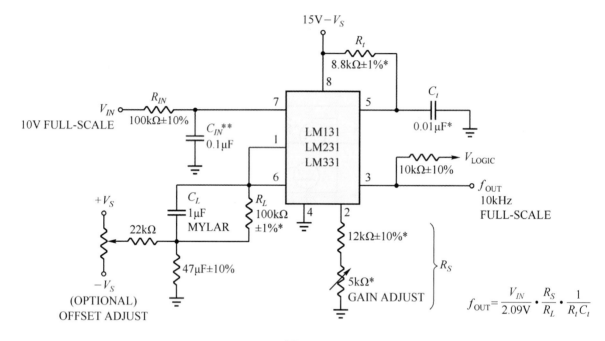

圖 H-1

(二)　一般特性

 1.保證線性度(Linearity)：0.01%最大值。

 2.分割(Split)或單(Single)電源操作。

 3.可操作在單一的 5V 供應電壓。

 4.輸出脈波可以與所有邏輯型式的信號相容。

 5.極佳的溫度穩定度：±50ppm/℃最大值。

 6.低的功率消耗(powerdissipation)：典型值為 15mW(在 5V 時)。

 7.寬廣動態範圍：在 10kHz 滿刻度頻率(fullscalefrequency)時，最小值為 100dB。

 8.寬廣的滿刻度頻率：1Hz ~100kHz。

 9.低價格。

附錄 I (CH9、CH10)

LM741(運算放大器)

(一) 接腳圖

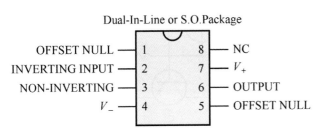

Dual-In-Line or S.O.Package

OFFSET NULL — 1   8 — NC
INVERTING INPUT — 2   7 — V_+
NON-INVERTING — 3   6 — OUTPUT
V_- — 4   5 — OFFSET NULL

Order Number LM741CJ,LM741CM
LM741CN or LM741EN
See NS package Number J08A,M08A or N08E

(a)

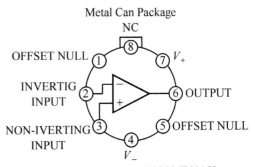

Metal Can Package
NC

OFFSET NULL ①   ⑦ V_+
INVERTIG INPUT ②   ⑥ OUTPUT
NON-IVERTING INPUT ③   ⑤ OFFSET NULL
④ V_-

Order Number LM741H,LM741AH
LM741CH or LM741EH
See NS package Number H08C

(b)

圖 I-1

(二) 內部電路圖

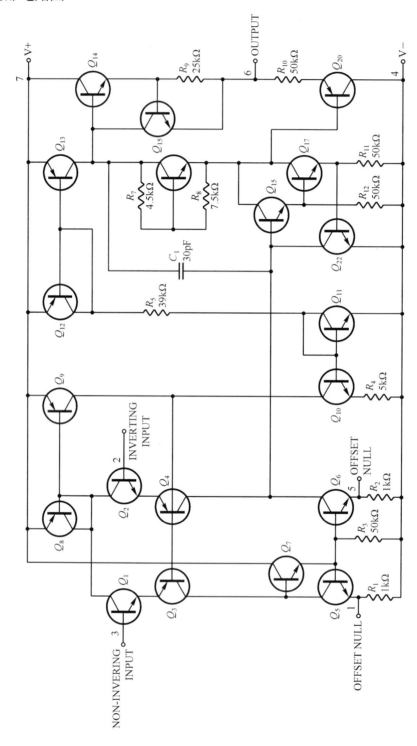

圖 I-2

附錄 J　(CH6、CH11、CH12)

數位 IC(CD4011B、CD4093B、CD4096B、CD4013B、CD4511B、CD4518B) 接腳圖

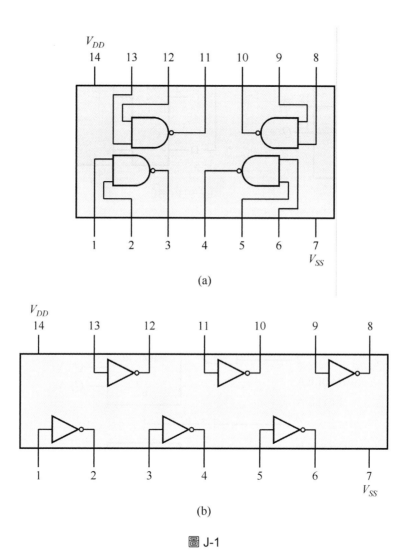

(a)

(b)

圖 J-1

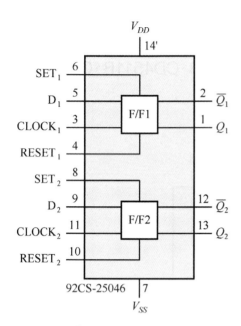

(c) Dual "D" Filp with Set/Reset Capabilty
　　CD4013A
　　CD4013B

(d) BCD-to-7-Segment Latch Decoder Sriver
　　CD4511B

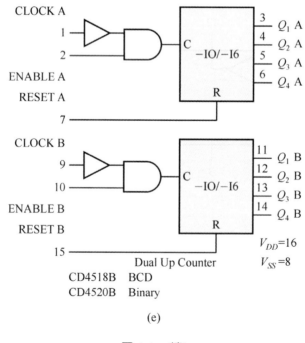

(e)

圖 J-1　(續)

表 J-1　CD4518B/CD4520BTRUTHTABLE

CLOCK	ENABLE	RESET	ACTION
	1	0	Increment Counter
0		0	Increment Counter
	X	0	No Change
X		0	No Change
	0	0	No Change
1		0	No Change
X	X	1	Q1 thru Q4 = 0

X = Don't Care　　　1 = High State　　　0 = Low State

附錄 K　(CH12)

LM3900(四組放大器：QuadAmplifiers)

(一)　內部電路圖及接腳圖

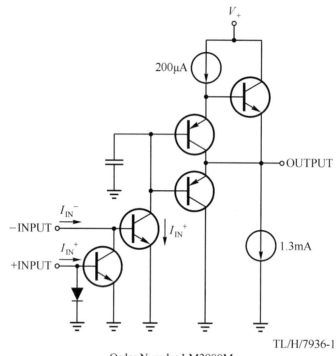

Order Numder LM3900M
See NS Package Numder M14A

(a) 電流鏡(CURRENT MIRROR)

圖 K-1

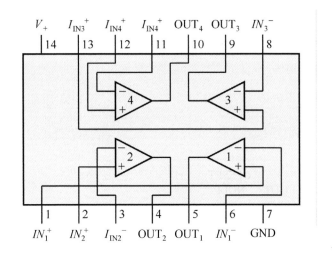

Top VIew
Order Numder LM2900N,LM3900N,LM3301N or LM3401N
See NS Package Numder N14A

(b) Dual-In-Line and Flat Package

圖 K-1 （續）

(二) 一般特性

1. 寬廣單電源電壓範圍($4V_{DC}$~$32V_{DC}$)及雙電源電壓範圍($\pm 2V_{DC}$ ~ $\pm 16V_{DC}$)。

2. 供給的吸取電流(draincurrent)與供給的電源電壓無關。

3. 低的輸入偏壓電流(inputbiasingcurrent)：30nA。

4. 高的開迴路增益(open-loopgain)：70dB。

5. 寬廣的頻寬(bandwidth)：單增益(unity)時為 2.5MHz。

6. 大的輸出電壓擺動(swing)：$(V_+ - 1)V_{p-p}$。

7. 單增益時具內部頻率補償(frequencycompensated)。

8. 輸出短路(short-circuit)保護。

(三) 應用電路

1. 交流放大器。

2. *RC* 主動濾波器(activefilters)。

3. 低頻三角波(lowfrequencytriangle)、方波及脈波波形產生器。

4. 低速度、高電壓數位邏輯閘。

附錄 L （CH13）

TL081(運算放大器)

(一) 接腳圖

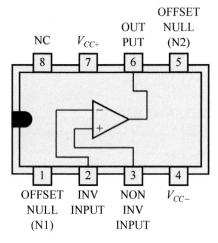

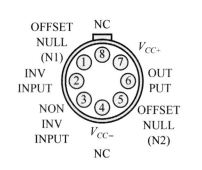

(a) JG OR P DNAL-IN-LINE PACKAGE(上視圖)　　(b) L PUG-IN METAL CAN PACKAGE

圖 L-1

(二) 一般特性

1. 接面場效電晶體(JFET)輸入型(JFET-input)式運算放大器。

2. 低功率消耗。

3. 寬廣的共模(common-mode)及差動電壓(differentialvoltage)範圍。

4. 低輸入偏壓(inputbias)及抵補電流(offsetcurrent)。

5. 輸出短路(short-circuit)保護。

6. 高輸入阻抗：使用 JFET 輸入級(inputstage)。

7. 內部頻率補償(internalfrequencycompensation)。

8. 高值轉動率(highslewrate)：典型值 13V/μs。

9. TL081M(軍用規格)：溫度操作範圍-55℃～+125℃。

10. TL081I(工業用規格)：溫度操作範圍-25℃～+85℃。

11. TL081C(商用規格)：溫度操作範圍 0℃～+70℃。

附錄 M (CH14)

ICL8069(低值參考電壓)

(一) 接腳圖

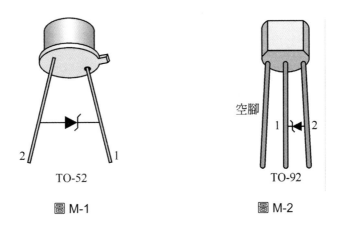

TO-52

圖 M-1

空腳

TO-92

圖 M-2

(二) 典型應用電路

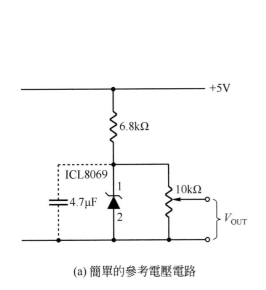

(a) 簡單的參考電壓電路

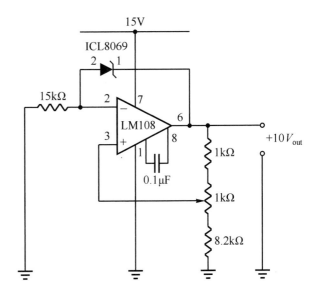

(b) 使用單電源供給的 10V 參考電壓輸出

圖 M-3

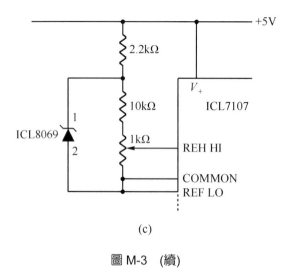

(c)

圖 M-3　(續)

(三)　電氣特性規格

CHARACTERISTICS	CONDITIONS	MIN	TYP	MAX	UNITS
Reverse breakdown Voltage	$I_R = 500\mu A$	1.20	1.23	1.25	V
Reverse breakdown Voltage change	$50\mu A \leqq I_R \leqq 5mA$		15	20	mV
Reverse dynamic Impedance	$I_R = 50\mu A$ $I_R = 00\mu A$		1 1	2 2	Ω
Forward Voltage Drop	$I_F = 500\mu A$		.7	1	V
RMS Noise Voltage	$10Hz \leqq f \leqq 10kHz$ $I_R = 500\mu A$		5		μV
Breakdown voltage Temperature coefficient： ICL 8069 A ICL 8069 B ICL 8069 C ICL 8069 D	$I_R = 500\mu A$ $T_A = $operating Temperature range			.001 .0025 .005 .01	%/°C
Reverse Current		0.5		5	mA

附錄 N　(CH15)

DAC0800(8 位元數位-類比轉換器)

(一)　接腳圖及典型應用電路

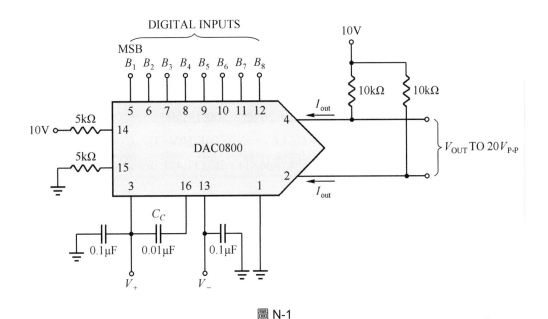

圖 N-1

(二)　一般特性

1. 快速備妥(settling)輸出電流時間：100ns。

2. 滿刻度錯誤(full scale error)：±1LSB。

3. 非線性度(nonlinearity) ± 0.1%。

4. 滿刻度電流漂移(current drift)：±10ppm/℃。

5. 高輸出電壓範圍：−10V~ +18V。

6. 互補式(complementary)電流輸出。

7. 介面直接與 TTL，COMS，POMS 及其他等相互連接。

8. 寬廣電源供應範圍：± 4.5V~ ±18V。

9. 低的功率消耗：33mW(在 5V 時)。

10. 低價格。

附錄 O (各章使用儀器及使用材料一覽表)

第一章

1. 使用儀器
   (1) 數字式複用表(DMM)×1(4 位半以上為佳)。
   (2) 雙電源供應器×1。

2. 使用材料
   (1) 固定式電阻器：R_1(2.2kΩ×1)，R_2(6.8kΩ×1)，R_3(10kΩ×1)，R_4、R_5、R_7、R_9(4.7kΩ×4)，R_6(100Ω ±1%×1)，R_8、R_{10}(3.3kΩ×2)，R_{11}、R_{12}(200Ω×2)，R_{13}(1kΩ×1)。
   (2) 可變電阻器：VR_1(2.2kΩ，B 型×1)，VR3(500Ω，B 型×1)，VR_4(100kΩ，B 型×1)。
   (3) 微調電阻器：VR_2(精密微調用，20 圈，500Ω×1)。
   (4) 電容器：C_1(10μF/25V×1)，C_2、C_5、C_6(0.1μF/50V×3)，C_3、C_4(33μF/25V×2)。
   (5) 積體電路(IC)：IC_1(OP-07 或同等品×1)，IC_2(TL431 或同等品×1)。
   (6) 感測器：Pt100×1。
   (7) 方格紙：250mm×500mm×1 張。
   (8) 螺絲起子：鐘錶螺絲起子(平口型)×1。

第二章

1. 使用儀器
   (1) 數字式複用表(DMM)×1。
   (2) 雙電源供應器×1。

2. 使用材料
   (1) 固定式電阻器：R_1(8.2kΩ×1)，R_2、R_6(10kΩ×2)，R_3、R_7(100kΩ×2)，R_4(9.1kΩ×1)，R_5(2kΩ×1)。
   (2) 可變電阻器：VR_1(5kΩ，B 型×1)，VR_2(1kΩ，B 型×1)。
   (3) 積體電路(IC)：IC_1、IC_2、IC_3(OP-07 或同等品×3)。
   (4) 感測器：AD590×1。

第三章

1. 使用儀器
   (1) 數字式複用表(DMM)×1。
   (2) 雙電源供應器×1。

2. 使用材料

(1) 固定式電阻器：R_1、$R_4 = R_6$、R_7、R_9、R_{16}(10kΩ×6)，R_2(91kΩ×1)，R_3(9.1kΩ×1)，R_5(220kΩ×1)，R_8、R_{10}、R_{12}(100Ω×2)，R_{11}、R_{14}、R_{17}、R_{18}(1kΩ×4)，R_{15}(2.2kΩ×1)。

(2) 可變電阻器：VR$_1$(20kΩ，B 型×1)，VR$_2$、VR$_4$(10kΩ，B 型×2)，VR$_3$(50kΩ，B 型×1)，VR$_5$(1kΩ，B 型×1)。

(3) 積體電路(IC)：IC$_1$~IC$_4$(OP-07 或同等品×4)，IC$_5$、IC$_6$(LM339 或同等品×1)。

(4) 電晶體：Q_1(2SC945×1)。

(5) 稽納二極體：ZD$_1$(6V/0.5W×1)。

(6) 發光二極體：LED$_1$(LED×1)。

(7) 感測器：K 型熱電耦×1。

(8) 開關：單刀雙擲式×1。

(9) 溫度計：0℃~100℃×1。

第四章

1. 使用儀器

(1) 數字式複用表(DMM)×1。

(2) 單電源供應器×1。

(3) 示波器×1。

(4) 照度計(或流明表)×1。

2. 使用材料

(1) 固定式電阻器：R_1、R_{10}(2kΩ×2)，R_2(3kΩ×1)，R_3~R_9、R_{11}~R_{18} 及 R_{28}(1kΩ×16)，R_{19}~R_{22} 及 R_{24}~R_{26}(100kΩ×7)，R_{23}(3.3kΩ×1)，R_{27}(10kΩ×1)，R_{29}(51Ω×1)(註：R_3~R_9 及 R_{11}~R_{18} 可使用 DIP 型的排阻×2 個代替)。

(2) 可變電阻器：VR$_1$(50kΩ，B 型×1)。

(3) 電容器：C_1(0.68μF/50V×1)，C_2(0.068μF/50V×1)，C_3(10μF/25V×1)。

(4) 積體電路(IC)：IC$_1$~IC$_8$(LM339 或同等品×8)，IC$_9$、IC$_{10}$(LM324 或同等品×2)。

(5) 電晶體：Q_1(2SC1815 或同等品×1)，Q_2(2SC1384 或同等品×1)，Q_3(2SA684 或同等品×1)。

(6) 發光二極體：LED$_1$~LED$_8$(LED×8)(註：可以使用 Bar 式 LED×8 代替)。

(7) 感測器：光敏電阻(CdS×1)。

(8) 喇叭：8Ω(0.25W)×1。

(9) 方格紙：250mm×500mm×1 張。

第五章

1. 使用儀器

    (1) 數字式複用表(DMM)×1。

    (2) 電源供應器×1。

    (3) 數位式儲存示波器(DSO)×1。

    (4) 計數器×1。

2. 使用材料

    (1) 固定式電阻器：R_1(150kΩ×1)，R_2、R_3、R_6、R_9(51kΩ×4)，R_4(560kΩ×4)，R_5(1kΩ×1)，R_7、R_8(10kΩ×2)。

    (2) 可變電阻器：VR_1(500kΩ，B 型×1)。

    (3) 電容器：C_1、C_4(0.01μF/50V×2)，C_2、C_5、C_6(0.1μF/50V×3)，C_3(100μF/10V×1)。

    (4) 積體電路(IC)：IC_1~IC_4(LM324 或同等品×1)。

    (5) 電晶體：Q_2(2SD476 或同等品×1)

    (6) 二極體：D_1、D_2(1N4001×2)。

    (7) 感測器：光電晶體 Q_1(TPS603 或同等品×1)。

    (8) 直流馬達：M(3V 左右×1)。

第六章

1. 使用儀器

    (1) 數字式複用表(DMM)×1。

    (2) 電源供應器×1。

    (3) 示波器×1。

2. 使用材料

    (1) 固定式電阻器：R_1、R_{10}、R_{11}、R_{17}、R_{20}(10kΩ×5)，R_3、R_8、R_{16}、R_{18}、R_{19}、R_{21}、R_{22}(1kΩ×7)，R_4(22kΩ×1)，R_5(47kΩ×1)，R_6(2Ω×1)，R_7(3.3kΩ×1)，R_{12}(25kΩ×1)，R_{13}(5kΩ×1)，R_{14}(8kΩ×1)，R_{15}(62kΩ×1)。

    (2) 可變電阻器：VR_1、VR_2(50kΩ，B 型×2)。

    (3) 電容器：C_1(0.01μF/50V×1)，C_2(47μF/50V×1)，C_3(1μF/50V×1)，C_4(0.22μF/50V×1)，C_5(0.001μF/50V×1)，C_6、C_8(10μF/25V×1)，C_7(0.1μF/50V×1)。

    (4) 積體電路(IC)：IC_1、IC_2(CD4011 或同等品×2)，IC_3、IC_4(LF351 或同等品×2)，IC_5~IC_9(LM339 或同等品×5)。

    (5) 電晶體：Q_1、Q_3、Q_4(2SC945 或同等品×3)，Q_2(2SD476 或同等品×1)。

(6) 二極體：D_1、D_3(1N4148×2)，ZD_1(稽納二極體 9.1V/0.5W×1)。

(7) 發光二極體：LED_1、LED_3、LED_4、LED_5(LED×4)

(8) 感測器：紅外線發射二極體(LED_2：LT8683-313 或同等品×1)、紅外線接收二極體(D_2：BPW84 或同等品×1)。

(9) 顏色紙：黑色、藍色、紅色及白色西卡紙(5cm×5cmc 左右×4 張)。

第七章

1. 使用儀器

   (1) 數字式複用表(DMM)×1。

   (2) 電源供應器×1。

   (3) 示波器。

2. 使用材料

   (1) 固定式電阻器：R_1、R_2、R_5、R_{10}、R_{15}、R_{17}(10kΩ×6)，R_3(1MΩ×1)，R_4、R_{14}(22kΩ×2)，R_6、R_{18}(330kΩ×2)，R_7(680Ω×2)，R_8(100Ω×1)，R_9、R_{11}(1kΩ×2)，R_{12}(560kΩ×1)，R_{13}、R_{16}(100kΩ×2)，R_{19}(2kΩ×1)。

   (2) 電容器：C_1(0.01μF/50V×1)，C_2(47μF/25V×1)，C_3(0.1μF/50V×1)，C_4(10μF/50V×1)。

   (3) 積體電路(IC)：IC_1~IC_4(LM324 或同等品×4)。

   (4) 電晶體：Q_1、Q_3(2SD476 或同等品×2)。

   (5) 二極體：D_1、D_2、D_3(1N4148×3)，D_4(1N4001×3)，ZD_1(稽納二極體 9.1V/0.5W×1)。

   (6) 發光二極體：LED_1(LED×1)。

   (7) 繼電器：RLY_1(12V，1C×1)。

   (8) 感測器：紅外線發射二極體(T_X：TSHA5203 或同等品×1)、光電晶體或紅外線接收二極體(R_X：TPS603 或 BPW84 及其同等品×2)。

   (9) 顏色紙：黑色、藍色、紅色及白色西卡紙(5cm×5cmc 左右×4 張)。

第八章

1. 使用儀器

   (1) 數字式複用表(DMM)×1。

   (2) 電源供應器×1。

   (3) 數位式儲存示波器(DSO)×1。

2. 使用材料

   (1) 固定式電阻器：R_1(1kΩ×1)，R_2、R_4、R_6、R_8、R_9(47MΩ×5)，R_3(22kΩ×1)，R_5(4.7MΩ×1)，R_7、R_{11}(470kΩ×2)，R_{10}、R_{13}(100kΩ×2)，R_{12}、R_{15}(470Ω×2)，R_{14}(4.7kΩ×1)。

(2) 可變電阻器：VR_1、VR_2(1MΩ，B 型×2)。

(3) 電容器：C_1、C_2(100μF/25V×2)，C_3、C_7(1000pF×2)，C_4、C_5、C_6、C_8(10μF/25V×4)，C_9(0.01μF×1)。

(4) 積體電路(IC)：IC_1~IC_4(LM324 或同等品×4)，IC_5(LM555 或同等品×1)。

(5) 電晶體：Q_1(2SC945 或同等品×1)。

(6) 發光二極體：LED_1、LED_2(LED×2)。

(7) 繼電器：RLY_1(5V，1C×1)。

(8) 感測器：焦電型紅外線感測器(LHi954 或同等品×1)。

第九章

1. 使用儀器

(1) 數字式複用表(DMM)×1。

(2) 電源供應器×1。

(3) 函數波產生器×1。

(4) 示波器×1。

(5) 計數器×1。

2. 使用材料

(1) V/F 轉換實習部分：

① 固定式電阻器：R_1(1MΩ×1)，R_2、R_6(100kΩ×2)，R_3(2.2kΩ×1)，R_4、R_5、R_7(10kΩ×3)。

② 可變電阻器：VR_1(100kΩ，B 型×1)，VR_2、VR_3(10kΩ，B 型×2)。

③ 電容器：C_1(820pF×1)，C_2(270pF×1)，C_3、C_4(0.1μF/25V×2)。

④ 積體電路(IC)：TSC9400×1。

(2) F/V 轉換實習部分：

① 固定式電阻器：R_1(20kΩ×1)，R_2(9.1kΩ×1)，R_3、R_4、R_9、R_{10}、R_{11}、R_{13}(10kΩ×6)，R_5、R_7(100kΩ×2)，R_6(2.2kΩ×1)，R_8(1MΩ×1)，R_{12}(4.7kΩ×1)，R_8(1kΩ×1)。

② 可變電阻器：VR_1、VR_2、VR_3(10kΩ，B 型×3)。

③ 電容器：C_1(0.1μF/25V×1)，C_2(150pF×1)，C_3(1000pF×1)，C_4(47μF/16V×1)。

④ 積體電路(IC)：OPA-741 或同等品×2、TSC9400×1。

第十章

1. 使用儀器
   (1) 數字式複用表(DMM)×1。
   (2) 電源供應器×1。
   (3) 函數波產生器×1。
   (4) 數位式儲存示波器(DSO)×1。
   (5) 計數器×1。
2. 使用材料
   (1) 固定式電阻器：R_1(100kΩ×1)，R_2(2.2kΩ×1)，R_3、R_5、R_7(10kΩ×3)，R_4(100Ω×1)，R_6、R_9(4.7kΩ×2)，R_8(1kΩ×1)。
   (2) 可變電阻器：VR_1、VR_2、VR_4、VR_5(10kΩ，B 型×4)，VR_3(500kΩ，B 型×1)。
   (3) 電容器：C_1、C_2、C_3(0.1μF/50V×3)，C_4(1μF/25V×1)。
   (4) 積體電路(IC)：IC_1、IC_2(OPA741 或同等品×2)。
   (5) 開關：單刀雙擲×1。
   (6) 感測器：近接開關×1。
   (7) 馬達：直流馬達(3V)×1。

第十一章

1. 使用儀器
   (1) 數字式複用表(DMM)×1。
   (2) 電源供應器×1。
   (3) 數位式儲存示波器(DSO)×1。
2. 使用材料
   (1) 固定式電阻器：R_1(2.2kΩ×1)，R_2、R_5(33kΩ×1)，R_3、R_6、R_7(6.8kΩ×3)，R_4、R_9(1kΩ×1)，R_8(47kΩ×1)，R_{10}(15kΩ×1)，R_{11}(100Ω×1)。
   (2) 可變電阻器：VR_1、VR_3(50kΩ，B 型×2)，VR_2(10kΩ，B 型×1)。
   (3) 電容器：C_1(0.47μF/50V×1)，C_2、C_5(10μF/25V×2)，C_3、C_4(3.3μF/25V×2)，C_6、C_7、C_9(0.1μF/50V×3)，C_8(220μF/25V×1)。
   (4) 積體電路(IC)：IC_{1A}、IC_{1B}(CD4093 或同等品×1)、IC_2(555×1)。
   (5) 電晶體：Q_1、Q_2、Q_3(2SC945 或同等品×3)。
   (6) 發光二極體：LED_1、LED_2(LED×2)。
   (7) 二極體：D_1、D_2(1N4148×2)。

(8) 感測器：微音器(ECM×1)(註：兩端子型或三端子型接可)。

第十二章

1.　使用儀器

(1)　數字式複用表(DMM)×1。

(2)　電源供應器×1。

(3)　數位式儲存示波器(DSO)×1。

2.　使用材料

(1)　固定式電阻器：R_1、R_6、R_9、R_{15} (10kΩ×4)，R_2、R_{14}、R_{16} (47kΩ×3)，R_3、R_{17}、R_{18} (4.7kΩ×3)，R_7、R_{10} (1MΩ×2)，R_{12} (5.1kΩ×1)，R_{13} (15kΩ×1)，R_{19} (470kΩ×1)。

(2)　可變電阻器：VR_1、VR_2 (1kΩ，B 型×2)，VR_3 (500kΩ，B 型×1)。

(3)　排式電阻：排阻 1～3 使用(1kΩ×8 排×3 個)。

(4)　電容器：C_1、C_2、C_4 (0.1μF/50V×3)，C_3、C_5、C_6、C_7、C_8 (1000PF×5)，C_9 (4700PF×2)，C_{10} (2200PF×1)，C_{11}、C_{12} (820PF×2)，C_{13} (1μF/25V×1)。

(5)　積體電路(IC)：IC_{1A}、IC_{7A}、IC_{7B}(CD4538×3)，IC_{2A}~IC_{2C}(CD4011×3)，IC_{3A} ～ IC_3F(CD4069×5)，IC_{4A} ～ IC_{4C}(LM3900×3)，IC_{5A}(CD4013×1)，IC_{6A} ～ IC_{6D}、IC_{10A} ～ IC_{10D}(CD4011×8)，IC_{8A}、IC_{8B}、IC_{9A}(CD4518×3)，IC_{11} ～ IC_{13}(CD4511×3)。

(6)　電晶體：Q_1(2SC1213 或同等品×1)。

(7)　二極體：D_1 ～ D_4、D_7 (1N4148×5)，D_5、D_6 (1N60×2)。

(8)　七段顯示器：共陰×3。

(9)　感測器：超音波發射器 T_X(CPST-T936 或同等品×1)、超音波接收器 R_X(CPSR-T936 或同等品×1)。

(10)　開關：JP_1(短路插梢×1)，SW_1(PB 開關×1)。

(11)　皮尺：可測量 100cm 距離長度。

第十三章

1.　使用儀器

(1)　數字式複用表(DMM)×2。

(2)　電源供應器×1。

(3)　數位式壓力測定器(或同等品)×1。

2.　使用材料

(1)　固定式電阻器：R_1、R_5、R_6、R_9、R_{10} (10kΩ×2)，R_2 (1.6kΩ×1)，R_3、R_4 (47kΩ×1)，R_7、R_8 (100kΩ×2)。

(2) 可變電阻器：VR_1 (50kΩ，B 型×1)，VR_2 (1kΩ，B 型×1)。

(3) 積體電路(IC)：IC_1(IL431×1)，IC_{2A} ~ IC_{2D}(LM324 或同等品×4)，IC_3(TL081 或同等品×1)。

(4) 感測器：壓力感測元件(P3000S-102G 或同等品×1)。

(5) 其他附件：硬質塑膠注射筒(如圖 13-19(c)所示)×1，T 型三通接頭(如圖 13-19(b)所示)×1。

第十四章

1. 使用儀器

(1) 數字式複用表(DMM)×1(4 位半以上為佳)。

(2) 電源供應器×1。

(3) 示波器×1。

2. 使用材料

(1) 固定式電阻器：R_1(100kΩ×1)，R_2(10kΩ×1)，R_3(20kΩ×1)，R_4(470kΩ×1)，R_5(4.7kΩ×1)，R_6(1kΩ×1)，R_7(1MΩ×1)，R_8(120kΩ×1)，。

(2) 可變電阻器：VR_1(5kΩ，B 型×1)，VR_4、VR_3(10kΩ，B 型×1)。

(3) 電容器：C_1(100PF×1)，C_2、C_3(0.1μF/50V×2)，C_4(0.047μF/50V×1)，C_5(0.22μF/50V×1)，C_6(10μF/25V×1)，C_7(1μF/25V×1)，C_8(0.01μF×1)，C_9(0.15μF/50V×1)，C_{10}(0.33μF/50V×1)。

(4) 積體電路(IC)：IC_1(ICL7107 或同等品×1)，IC_2、IC_4(ICL8069 或同等品×2)，IC_3(ICL7109 或同等品×1)。

(5) 七段顯示器：共陽×4。

(6) 晶體振盪器：XT1(3.579545MHz)×1。

第十五章

1. 使用儀器

(1) 數字式複用表(DMM)×1(4 位半以上為佳)。

(2) 電源供應器×1。

2. 使用材料

(1) 固定式電阻器：R_1、R_2、R_3、R_4(5kΩ×4)，R_5、R_6(10kΩ×2)。

(2) 可變電阻器：VR_1(2.2kΩ，B 型×1)，VR_3(500Ω，B 型×1)，VR_4(100kΩ，B 型×1)。

(3) 電容器：C_1(0.1μF/50V×1)，C_2、C_3(0.01μF/50V×2)。

(4) 積體電路(IC)：IC_1(DAC0800 或同等品×1)、IC_2(OP-01 或同等品×1)。

(5) 指撥開關：DIPSW(8 排)×1。

國家圖書館出版品預行編目資料

感測器原理與應用實習 / 鐘國家, 侯安桑, 廖忠興
編著. -- 三版. -- 新北市：全華圖書股份有限
公司, 2022.10
　　面；　公分
ISBN 978-626-328-329-9(平裝)

1.CST: 感測器

440.121　　　　　　　　　　　111015410

感測器原理與應用實習

作者 / 鐘國家、侯安桑、廖忠興

發行人 / 陳本源

執行編輯 / 張曉紜

出版者 / 全華圖書股份有限公司

郵政帳號 / 0100836-1 號

印刷者 / 宏懋打字印刷股份有限公司

圖書編號 / 0276202

三版一刷 / 2022 年 10 月

定價 / 新台幣 550 元

ISBN / 978-626-328-329-9 (平裝)

全華圖書 / www.chwa.com.tw

全華網路書店 Open Tech / www.opentech.com.tw

若您對本書有任何問題，歡迎來信指導 book@chwa.com.tw

臺北總公司(北區營業處)
地址：23671 新北市土城區忠義路 21 號
電話：(02) 2262-5666
傳真：(02) 6637-3695、6637-3696

南區營業處
地址：80769 高雄市三民區應安街 12 號
電話：(07) 381-1377
傳真：(07) 862-5562

中區營業處
地址：40256 臺中市南區樹義一巷 26 號
電話：(04) 2261-8485
傳真：(04) 3600-9806(高中職)
　　　(04) 3601-8600(大專)

歡迎加入 全華會員

● 會員獨享

會員享購書折扣・紅利積點・生日禮金・不定期優惠活動…等。

● 如何加入會員

掃 QRcode 或填妥讀者回函卡直接傳真 (02) 2262-0900 或寄回，將由專人協助登入會員資料，待收到 E-MAIL 通知後即可成為會員。

如何購買 全華書籍

1. 網路購書

全華網路書店「http://www.opentech.com.tw」，加入會員購書更便利，並有紅利積點回饋等各式優惠。

2. 實體門市

歡迎至全華門市（新北市土城區忠義路 21 號）或各大書局選購。

3. 來電訂購

(1) 訂購專線：(02) 2262-5666 轉 321-324
(2) 傳真專線：(02) 6637-3696
(3) 郵局劃撥（帳號：0100836-1　戶名：全華圖書股份有限公司）
※ 購書未滿 990 元者，酌收運費 80 元。

OpenTech.com.tw 全華網路書店

全華網路書店 www.opentech.com.tw
E-mail: service@chwa.com.tw

※ 本會員制如有變更則以最新修訂制度為準，造成不便請見諒。